职业技能鉴定石油石化行业题库试题选编

燃料值班员

中国石油化工集团公司职业技能鉴定指导中心　编

中国石化出版社

内 容 提 要

《燃料值班员》为《职业技能鉴定石油石化行业题库试题选编》丛书之一，由中国石油化工集团公司职业技能鉴定指导中心按照石油石化行业《燃料值班员职业资格等级标准》及《职业技能鉴定国家题库开发技术规程》组织编写。内容包括：燃料值班员初级工、中级工、高级工、技师的职业资格等级标准、鉴定要素细目表、理论知识试题和技能操作试题，是燃料值班员进行职业技能鉴定的必备学习资料。

图书在版编目(CIP)数据

燃料值班员/中国石油化工集团公司职业技能鉴定指导中心编.
—北京:中国石化出版社,2008(2023.2 重印)
(职业技能鉴定石油石化行业题库试题选编)
ISBN 978-7-80229-669-5

Ⅰ.燃… Ⅱ.中… Ⅲ.燃料油-职业技能鉴定-习题
Ⅳ.TE626.2-44

中国版本图书馆 CIP 数据核字(2008)第 106470 号

中国石化出版社出版发行

地址:北京市东城区安定门外大街 58 号
邮编:100011 电话:(010)57512500
发行部电话:(010)57512575
http://www.sinopec-press.com
E-mail:press@sinopec.com.cn
北京科信印刷有限公司印刷
全国各地新华书店经销

*

787×1092 毫米 16 开本 17.75 印张 424 千字
2023 年 2 月第 1 版第 3 次印刷
定价：65.00 元

《职业技能鉴定石油石化行业题库试题选编》
编委会名单

前　　言

为进一步加强石油石化行业技能操作队伍建设的基础工作，满足培训、鉴定工作需要，根据有关职业技能鉴定工作协议，中国石油化工集团公司职业技能鉴定指导中心和中国石油天然气集团公司职业技能鉴定指导中心共同组织，开发(修订)了167个工种的石油石化行业题库。其中，中国石油化工集团公司职业技能鉴定指导中心牵头组织了44个工种题库的开发(修订)，并于2008年6月正式启用。

为满足员工学习专业知识、提高操作技能的需要，我们选编了题库的部分试题，按职业(工种)出版《职业技能鉴定石油石化行业题库试题选编》丛书。该丛书内容包括石油石化行业职业资格等级标准、鉴定要素细目表、理论知识试题和技能操作试题等，其中，理论知识试题和技能操作试题各占总题量的70%左右。

《燃料值班员》分册由大庆油田主编，茂名石化、天津石化、辽河油田、玉门油田、大庆石化、辽阳石化等单位参编。主要执笔人张忠君、赵修、刘淑芳、潘忆南，参审人员：李荣兴、蔡兴俊、郑春菊、苏阳、焦新忠、单大睿、付晓波。

由于水平有限，书中难免有遗漏或欠妥之处，敬请谅解并提宝贵意见。

中国石油化工集团公司职业技能鉴定指导中心

目录

第一部分　初级工

第二部分　中级工

第三部分　高级工

第四部分　技师

第一部分

初 级 工

一、石油石化职业资格等级标准(初级工工作要求)

职业功能	工作内容	技能要求	相关知识
一、操作设备	（一）操作输煤及卸储煤设备	1. 能启停带式输送机 2. 能启停筛煤机 3. 能启停碎煤机 4. 能操作螺旋卸煤机 5. 能操作悬臂式斗轮堆取料机	1. 带式输送机原理及操作方法 2. 带式输送机机架结构原理 3. 筛煤机原理及操作方法 4. 碎煤机原理及操作方法 5. 螺旋卸煤机原理及操作方法 6. 悬臂式斗轮堆取料机原理及操作方法
	（二）操作燃油设备	1. 能启停离心泵 2. 能启停柱塞泵 3. 能启停齿轮泵 4. 能启停螺杆泵	1. 离心泵原理及操作方法 2. 柱塞泵原理及操作方法 3. 齿轮泵原理及操作方法 4. 螺杆泵原理及操作方法
	（三）操作燃料集控设备	1. 能使用文字处理软件 2. 能识别计算机硬件 3. 能操作计算机系统	1. 计算机软件应用 2. 计算机各部件的连接方法 3. 计算机操作常识
二、故障判断与处理	（一）判断处理输煤及卸储煤设备故障	1. 能判断带式输送机故障原因 2. 能判断筛煤机故障原因 3. 能判断碎煤机故障原因 4. 能判断螺旋卸煤机故障原因 5. 能判断悬臂式斗轮堆取料机故障原因 6. 能处理带式输送机故障	1. 带式输送机故障分析要点 2. 带式输送机的性能参数 3. 筛煤机的特性 4. 筛碎设备的参数及故障分析要点 5. 碎煤机的特性 6. 螺旋卸煤机的特性 7. 液力耦合器的结构及性能 8. 悬臂式斗轮堆取料机故障分析要点 9. 带式输送机标准及参数
	（二）判断处理燃油设备故障	1. 能判断离心泵故障原因 2. 能判断柱塞泵故障原因 3. 能判断齿轮泵故障原因 4. 能判断螺杆泵故障原因 5. 能处理离心泵故障	1. 离心泵的参数及标准 2. 柱塞泵的参数及标准 3. 齿轮泵的规格及参数 4. 螺杆泵的规格及参数 5. 离心泵的结构及组成 6. 轴承的性能
三、设备维护与保养	（一）维护保养输煤及卸储煤设备	1. 能维护保养带式输送机 2. 能维护保养筛煤机 3. 能维护保养碎煤机 4. 能维护保养螺旋卸煤机 5. 能维护悬臂式斗轮堆取料机	1. 带式输送机维护保养注意事项 2. 带式输送机管理规定 3. 筛煤机维护保养规定 4. 碎煤机维护保养规定 5. 螺旋卸煤机维护保养规定 6. 悬臂式斗轮堆取料机保养方法
	（二）维护保养燃油设备	1. 能维护保养离心泵 2. 能维护保养柱塞泵	1. 泵的种类及用途 2. 离心泵的特性 3. 柱塞泵的特性

二、理论知识鉴定要素细目表

鉴定范围						鉴定点		
一级		二级		三级		代码	名称	重要程度
代码	名称	代码	名称	代码	名称			
A	基本要求	A	基础知识	A	燃煤基础知识	001	煤的种类	X
						002	煤的特性	X
						003	煤的化学成分	X
						004	煤的发热量	Y
						005	煤的燃烧特性	X
						006	煤的密度	X
						007	煤中水分的特征	X
						008	煤自燃的条件	X
						009	水分对输煤系统的影响	Y
						010	灰分对输煤系统的影响	Z
				B	燃油基础知识	001	燃油的种类	X
						002	燃油的密度	X
						003	燃油的黏度	X
						004	燃油的闪点	X
						005	燃油的燃点	X
						006	燃油的工业元素分析	X
						007	燃油的燃烧过程	Y
						008	燃油中水分对燃烧影响	X
						009	燃油中硫对燃烧影响	X
						010	柴油的特点	X
						011	重油的特点	X
						012	原油的特点	X
						013	铁路运输燃油的特点	X
						014	船舶运输燃油的特点	X
						015	管道运输燃油的特点	X
						016	测量油面高度的方法	X
						017	燃油保管的要求	Y
						018	卸油的要求	Y
						019	船舶运输燃油的要求	Z
				C	电工基础知识	001	电路的组成	X
						002	电阻、电感、电容的基本概念	X
						003	电阻并联电路的概述	X

续表

鉴定范围						鉴定点		
一级		二级		三级		代码	名称	重要程度
代码	名称	代码	名称	代码	名称			
						004	电阻串联电路的概述	X
						005	欧姆定律的概念	X
						006	欧姆定律的计算方法	Y
						007	电压、电动势的概念	X
						008	电流的热效应	X
						009	电流对人体的危害	X
						010	人体触电的形式	X
						011	触电紧急救护的方法	X
						012	防触电的一般方法	Y
						013	安全用电的规定	X
				D	机械基础知识	001	力的基本概念	X
						002	物体的受力分析	X
						003	力的合成	X
						004	力的分解	X
						005	力矩的概念	X
						006	力偶的概念	X
						007	静力学公理的运用	X
						008	约束和约束反力的应用	X
						009	机械传动的概念	X
						010	带传动的工作原理	X
						011	带传动的特点	X
						012	链传动的工作原理	Y
						013	齿轮传动的工作原理	X
						014	螺旋传动的工作原理	X
						015	蜗轮蜗杆传动的工作原理	X
						016	摩擦力的概念	X
						017	机械制图的一般规定	X
						018	机械制图图线的应用	X
						019	制图工具的使用方法	X
						020	正投影的基本原理	X
						021	尺寸标注的要求	X
						022	直线投影的基本特点	X

续表

鉴定范围						鉴定点		
一级		二级		三级		代码	名称	重要程度
代码	名称	代码	名称	代码	名称			
						023	平面投影的基本特点	X
						024	轴测图的基本特点	Y
						025	正等轴测图的形成方法	Y
						026	斜等轴测图的形成方法	Y
						027	看零件图的方法	Z
				E	安全质量环保知识	001	安全生产的方针	X
						002	入厂三极教育的内容	X
						003	眼睛和头部的防护要求	X
						004	脚部的防护要求	X
						005	手部的防护要求	X
						006	耳部和口鼻的防护要求	X
						007	皮肤的防护要求	X
						008	车辆的安全规定	X
						009	高空作业的规定	X
						010	干粉灭火器的适用范围	Y
						011	泡沫灭火器的适用范围	X
						012	灭火的机理	X
						013	灭火器的选用	X
						014	三级验收制度的内容	X
						015	工作票的责任	X
						016	安全带的使用	X
						017	清洁生产的内容	X
						018	HSE 管理体系的概念	X
						019	HSE 管理体系的应用	X
						020	消防安全规定	X
						021	电力法的内容	Z
						022	电力设施的安全规定	X
						023	标准化的概念	X
						024	标准等级划分的类别	X
						025	ISO 8998 标准的特点	Y
						026	标准的使用范围	Y
						027	生产者的产品质量义务	X

续表

鉴定范围						鉴定点		
一级		二级		三级		代码	名称	重要程度
代码	名称	代码	名称	代码	名称			
				F	润滑基础知识	001	润滑剂的的概念	X
						002	润滑脂的特点	X
						003	滑动轴承的润滑	X
						004	滚动轴承的润滑	X
						005	润滑的作用	Y
						006	设备的润滑方法	X
B	相关知识	A	操作设备	A	操作输煤及卸储煤设备	001	皮带的构造	X
						002	带式输送机的优点	X
						003	带式输送机运行中的注意事项	X
						004	检查启动前的带式输送机	X
						005	输煤皮带运行中的注意事项	X
						006	带式输送机制动装置的应用	X
						007	输煤皮带紧停的内容	X
						008	带式输送机驱动装置的组成	X
						009	输煤设备的保护装置	X
						010	带式输送机拉紧装置的作用	X
						011	带式输送机的轮换与试验	X
						012	筛分设备的特点	X
						013	固定筛的工作原理	X
						014	滚轴筛的工作原理	X
						015	振动筛的工作原理	X
						016	运行波动筛煤机的要求	X
						017	碎煤机的工作要求	X
						018	使用碎煤设备的注意事项	X
						019	运行环锤式破碎机的要求	X
						020	环锤式碎煤机的工作原理	X
						021	锤击式碎煤机的工作原理	X
						022	反击式碎煤机的工作原理	X
						023	使用反击式碎煤机的注意事项	X
						024	环式碎煤机运行中的注意事项	X
						025	锤击式碎煤机使用的注意问题	X
						026	减振平台的工作原理	X

续表

鉴定范围						鉴定点		
一级		二级		三级		代码	名称	重要程度
代码	名称	代码	名称	代码	名称			
						027	托辊的种类	X
						028	托辊的特点	X
						029	托辊的用途	X
						030	分类托辊的作用	X
						031	缓冲锁气器的种类特点	X
						032	缓冲锁气器的使用要点	X
						033	导料槽的特点	X
						034	输煤挡板的作用	X
						035	斗轮机的结构	X
						036	斗轮机的工作原理	X
						037	斗轮机的运行中的注意事项	X
						038	斗轮机的驱动方式	X
						039	电动机的原理	X
						040	电动机的运行工况	X
						041	电动机的操作	X
						042	电动机运行中温度的要求	X
						043	电动机运行中的注意事项	X
						044	减速机的润滑标准	X
						045	减速机的特点	X
						046	运行减速机的条件	X
						047	减速机运行的注意事项	Y
						048	卸储煤机械常用的钢丝绳传动方式	Y
						049	螺旋卸煤机的工作原理	Y
						050	螺旋卸煤机的卸车过程	Y
						051	螺旋卸煤机操作的注意事项	Y
						052	液力耦合器的特点	Y
						053	液力耦合器的工作原理	Y
						054	液力耦合器使用的注意事项	Y
						055	液力耦合器的特性	Z
						056	液力耦合器的选择方法	X

续表

鉴定范围						鉴定点		
一级		二级		三级		代码	名称	重要程度
代码	名称	代码	名称	代码	名称			
				B	操作燃油设备	001	离心泵的工作原理	X
						002	离心泵的特性	X
						003	离心泵的流量规定	X
						004	离心泵扬程的计算方法	X
						005	离心泵的效率分析	X
						006	离心泵的功率计算方法	X
						007	离心泵参数的计算方法	X
						008	离心泵运行工况的调节方法	X
						009	离心泵流量损失的特点	X
						010	离心泵容积损失的产生部位	X
						011	离心泵的转速	X
						012	离心泵的比转速	X
						013	离心泵吸上真空高度的要求	X
						014	检查运行中的油泵	X
						015	泵在发电厂中的作用	X
						016	轴流泵的主要部件	X
						017	轴流泵的工作原理	Y
						018	往复泵的工作原理	Y
						019	齿轮泵的工作原理	X
				C	操作燃料集控设备	001	键盘键位作用	X
						002	鼠标功能键介绍	X
						003	显示器的调整方法	X
						004	主机的使用常识	X
						005	打印机的使用方法	X
						006	开机登录电脑的步骤	X
						007	设置桌面的方法	X
						008	开始菜单的功能	X
						009	资源管理器的功能	X
						010	输入设备的原理	X
						011	输出设备原理	X
						012	键位的功能	X
						013	操作电脑的注意事项	Y
						014	系统桌面项的作用	X

续表

鉴定范围						鉴定点		
一级		二级		三级		代码	名称	重要程度
代码	名称	代码	名称	代码	名称			
		B	故障分析与处理	A	分析处理燃煤及卸储煤设备故障	001	皮带机运行的要求	X
						002	输煤皮带的传动原理	X
						003	输煤皮带的强度及承载能力	X
						004	带式输送机的制动装置	X
						005	带式输送机主要零部件的作用	X
						006	输煤设备的摩擦特点	X
						007	输煤设备的保护装置	X
						008	带式输送机主要参数的计算	X
						009	皮带跑偏的原因	X
						010	皮带打滑的原因	X
						011	皮带划破的原因	X
						012	皮带拉断的原因	X
						013	处理输煤皮带非正常磨损的方法	X
						014	处理输煤皮带紧急停机的方法	X
						015	处理输煤皮带跑偏的方法	X
						016	处理输煤皮带打滑的方法	X
						017	处理输煤皮带拉断的方法	X
						018	处理皮带机驱动部件的故障	X
						019	钢丝绳芯胶带的特点	X
						020	波动筛煤机的常见故障	X
						021	影响筛分的因素	X
						022	筛煤设备的性能	X
						023	环锤式破碎机的常见故障	X
						024	斗轮机的常见故障	Y
						025	斗轮机的故障原因	Y
						026	电动机的常见故障	Y
						027	处理电动机常见故障的方法	Y
						028	处理减速机常见故障的方法	X
				B	分析处理燃油设备故障	001	离心泵的参数调节的要求	X
						002	离心泵平衡装置的要求	X
						003	油泵汽蚀的原因	X
						004	油泵跳闸的现象	X

续表

鉴定范围						鉴定点		
一级		二级		三级		代码	名称	重要程度
代码	名称	代码	名称	代码	名称			
						005	油泵抽空的原因	X
						006	油泵汽化的原因	X
						007	油泵转子不平衡振动的原因	X
						008	油泵油膜振动的原因	X
						009	油泵临界转速振动的原因	X
						010	油泵叶片冲击振动的原因	X
						011	油泵汽蚀振动的原因	X
						012	油泵机组振动的原因	X
						013	油泵中心不正振动的原因	X
						014	油泵在低流量振动的原因	X
						015	油泵不输油的原因	X
						016	油泵压力降低的原因	Y
						017	油泵流量小的原因	Y
						018	油泵启动负荷大的原因	X
		C	设备维护与保养	A	维护保养输煤及卸储煤设备	001	维护输煤设备的要点	X
						002	维护固定筛的内容	X
						003	滚轴筛的维护要求	X
						004	维护反击式碎煤机的内容	X
						005	维护螺旋卸煤机的内容	X
						006	维护斗轮机的要点	Y
						007	斗轮机的维护项目	X
				B	维护保养燃油设备	001	离心泵运行维护的重要性	X
						002	离心泵启动的运行维护方法	X
						003	维护离心泵正常运行的方法	X
						004	离心泵的一级保养内容	X
						005	离心泵叶轮对泵的影响	X
						006	离心泵抗汽蚀的措施	X
						007	离心泵在运行中的维护要求	Y
						008	离心泵的轴封的维护要求	X

三、理论知识试题

判断题

1. 煤按可燃基挥发分可分为无烟煤、烟煤、贫煤和褐煤四种。（√）

2. 动力用煤主要有长焰煤、褐煤、不粘结煤、弱粘结煤、贫煤、贫瘦煤和粘结性较差的气煤。（√）

3. 煤中的灰分越高固定碳也越高。（×）

正确答案：煤中的灰分越高固定碳就越低。

4. 煤中的碳和氢是产生热量的主要来源，其含量不能决定发热量的高低。（×）

正确答案：燃煤中的碳和氢是产生热量的主要来源，其含量决定了发热量的高低。

5. 煤中参与燃烧的硫分为有机硫和无机硫两部分，统称为可燃硫或挥发硫。（×）

正确答案：煤中参与燃烧的硫分为有机硫和黄铁矿硫两部分，统称为可燃硫或挥发硫。

6. 氧是煤中的有害元素，主要表现在使煤中可燃体减少，发热量降低，热稳定性也差。（√）

7. 煤是煤化程度最高的烟煤，这种煤燃点高，燃烧时火焰短，但发热量高。（√）

8. 煤中的水分增加，会使锅炉的烟气量减少。（×）

正确答案：燃煤中的水分增加，会使锅炉的烟气量增加。

9. 挥发分高的煤易着火，燃烧稳定，但火焰温度高。（×）

正确答案：挥发分高的煤易着火，燃烧稳定，但火焰温度低。

10. 随着煤变质程度的加深堆积厚度随之增大。（×）

正确答案：随着煤变质程度的加深堆积密度随之增大。

11. 煤的真密度是在20℃时煤的质量与同温度、同体积水的质量之比。（√）

12. 煤的表面水分含量与煤的类别有关，与外界条件无关。（×）

正确答案：煤的表面水分含量与煤的类别无关，与外界条件密切相关。

13. 煤的空气干燥基水分要比内在水分高些。（√）

14. 煤的自燃主要是因为空气中氢的作用。（×）

正确答案：煤的自燃主要是因为空气中氧的作用。

15. 燃煤表面的水分增加，原煤流散性逐渐恶化，会使煤仓输煤管道及给煤机粘结、堵塞。（√）

16. 煤水分过大，会造成原煤仓蓬煤堵煤，使给煤机供应不足，制粉受阻。（√）

17. 灰分越高，发热量越低，炉膛温度会上升。（×）

正确答案：灰分越高，发热量越低，炉膛温度会下降。

18. 灰分增多使热能的利用降低，而且增加了排灰负荷和环境污染。（√）

19. 燃油是以油的黏度、凝固点、闪点、燃点和密度等物理特性作为分类指标的。（√）

20. 燃油可分为轻柴油和重柴油二种。（√）

21. 燃油的温度与密度无关。（×）

正确答案：燃油的温度与密度有很大的关系，燃油温度变化时密度也会变化。

22. 燃油温度降低时，其密度会随之增大。（√）

23. 燃油的温度越高，其黏度越小。（√）

24. 通常通过比较燃油的绝对黏度来比较各种油的流动性能。 (×)

正确答案：通常通过比较燃油的相对黏度来比较各种油的流动性能。

25. 燃油的闪点温度要高于燃点温度。 (×)

正确答案：燃油的闪点温度要低于燃点温度。

26. 燃油达到闪点温度时，遇明火不会发生持续燃烧。 (√)

27. 同种燃油的自燃点温度比燃点低。 (×)

正确答案：同种燃油的自燃点温度比燃点高。

28. 通过加热、燃烧及向燃烧产物中加入化学药品的是工业分析法。 (×)

正确答案：通过加热、燃烧及向燃烧产物中加入化学药品的是元素分析法。

29. 元素分析法测定的是燃油的质量百分数。 (×)

正确答案：元素分析法测定的是燃油中碳、氧、氢、氮、硫等五种化学元素的质量分数。

30. 油滴的蒸发速度与温度及颗粒大小无关。 (×)

正确答案：油滴的蒸发速度与温度及颗粒大小有关。

31. 提高雾化细度有利于蒸发、混合。 (√)

32. 低温状态下，燃油中的水会结冰，堵塞燃油管道。 (√)

33. 燃料油中有硫时，会加速燃油氧化和胶化，使燃油喷嘴工作状态恶化。 (×)

正确答案：燃料油中有水时，会加速燃油氧化和胶化，使燃油喷嘴工作状态恶化。

34. 燃油中的硫分不能燃烧，同时对金属有腐蚀作用。 (×)

正确答案：燃油中的硫分能够燃烧，同时对金属有腐蚀作用。

35. 硫在石油中大部分以机械硫化物的形态出现。 (√)

36. 油分轻柴油和重柴油两种。 (√)

37. 柴油按闪点分为+10、+20、-10、-20 及-35 五个牌号。 (×)

正确答案：轻柴油按闪点分为 0、+20、-10、-20 及-35 五个牌号。

38. 重油的密度和黏度较大，沸点和闪点高，不易挥发。 (√)

39. 重油国家标准是按 60℃时恩氏黏度划分的。 (×)

正确答案：重油国家标准是按 20℃时恩氏黏度划分的。

40. 原油从地下开采出来时，一般含水较高，通常在外运之前对原油要作脱水处理。 (√)

41. 原油运输过程中没有着火燃烧和爆炸的危险。 (×)

正确答案：原油运输过程中有着火燃烧和爆炸的危险，必须要加强管理。

42. 路油罐车是铁路运输石油的专用车辆。 (√)

43. 润滑油罐车是装运润滑油的专用车辆，罐体为银铝色。 (×)

正确答案：润滑油罐车是装运润滑油的专用车辆，罐体为银灰色。

44. 载油船的船壳颜色几乎都油漆成暖色调。 (×)

正确答案：载油船的船壳颜色几乎都油漆成冷色调。

45. 油驳一般无自航能力，是依靠拖轮航行的。 (√)

46. 铁道运输损耗小，不受季节、气候影响 (√)

47. 电厂距炼油厂 15km 以外时，一般采用管道运输。 (×)

正确答案：电厂距炼油厂 15km 以内时，一般采用管道运输。

48. 测量油罐与车面高度，是为了求得油体积。（√）

49. 测空法即将特制钢卷尺直接放入油罐底，在油迹处读出实际高度。（×）

正确答案：测空法即将特制钢卷尺直接触到油面，读出无油空间高度。

50. 不同油品应分开储存，不能渗混。（√）

51. 油罐进油必须装满，防止车辆重心不稳。（×）

正确答案：油罐进油不能装满。

52. 卸油时必须有良好的接地，防止静电产生火花。（√）

53. 卸油时应用有铁丝的胶管吸油。（×）

正确答案：卸油时不能使用有铁丝的胶管吸油。

54. 油轮上的设备不都是防爆型。（×）

正确答案：油轮上一切设备均为防爆型。

55. 严禁穿有铁钉的鞋上船，使用铁制工具时应轻拿轻放。（√）

56. 电路由四个部分组成，即电源、负载、连接导线和控制设备（√）

57. 电流能流通的路径为电路。（√）

58. 电容的国际单位是法拉。（√）

59. 电阻的国际单位是欧姆。（√）

60. 并联电路中的总电流等于各并联电阻中的电流之和。（√）

61. 两个或两个以上的电阻一端接在一起另一端也接在一起，每个电阻都承受相同电压的连接方式叫电阻的并联。（×）

正确答案：两个或两个以上的电阻一端接在一起另一端也接在一起，每个电阻都承受相同电压的连接方式叫电阻的串联。

62. 在串联电路中，各电阻上分配的电压与各电阻值成反比。（×）

正确答案：在串联电路中，各电阻上分配的电压与各电阻值成正比。

63. 电工测量中广泛应用串联电阻的方法扩大电压表的量程。（√）

64. 在电阻分压电路中，电阻值越大，其两端分得的电压就越高。（√）

65. 电路中某点电位的高低与参考点的选择有关，若参考点选择不同，同一点电位的高低可能会不同。（√）

66. 通常人们把电阻两端间的电压称为电位差。（√）

67. 电阻两端的电压方向是由高电位指向低电位，并且电位是逐点降落的。（√）

68. 电源电动势和电源端电压的方向相同。（×）

正确答案：电源电动势和电源端电压的方向相反。

69. 电动势与电压的单位都是伏特。（√）

70. 当电流通过导体时，由于自由电子的碰撞，电能就不断地转变为热能，这种电流通过导体的现象称为电流的热效应。（√）

71. 焦耳—楞次定律反映的是电流的热效应。（√）

72. 电流对人体的危害程度与通过人体的电流频率有关，工频电流对人体伤害最重。（√）

73. 36V 工频电压是绝对安全电压。（×）

正确答案：36V 工频电压不是绝对安全电压。

74. 当人接近电气设备接地故障点时，不会发生触电现象。（×）

正确答案：当人接近电气设备接地故障点时，会发生触电现象。

75. 跨步电压触电、高压电场触电都属于直接接触触电。 (×)

正确答案：跨步电压触电、高压电场触电都属于间接接触触电。

76. 触电急救的第一步是使触电者迅速脱离电源。 (√)

77. 人工呼吸时，正常的吹气频率是每分钟约 8 次。 (×)

正确答案：人工呼吸时，正常的吹气频率是每分钟约 12 次。

78. 电气设备操作中，应防止带电挂接地线或合接地开关。 (√)

79. 湿手不准去摸触任何电气设备。 (×)

正确答案：湿手不准去摸触除安全电压的电气设备外的任何电气设备。

80. 单相触电是站在地上的人触到火线，电流通过人体流入大地。 (√)

81. 救电火时，不准随便与电线或电器设备接触，特别要留心地上的电线。 (√)

82. 速度越大的物体，受到的力越大。 (×)

正确答案：速度越大的物体，不一定受到的力越大。

83. 大小相等，方向相反，作用在同一直线上的两个力一定是平衡力。 (×)

正确答案：大小相等，方向相反，作用在同一直线上的两个力不一定是平衡力。

84. 一辆重 1200N 的小车，在 400N 的水平拉力下做匀速直线运动，小车受的阻力是 1200N。 (×)

正确答案：一辆重 1200N 的小车，在 400N 的水平拉力下做匀速直线运动，小车受的阻力是 400N。

85. 物体所受的重力，是由于地球吸引而引起的，它使物体获得自由落体加速度，又叫质量加速度。 (×)

正确答案：物体所受的重力，是由于地球吸引而引起的，它使物体获得自由落体加速度，又叫重力加速度。

86. 两人用一条绳子向同一方向拉一只船，一人用力 300N，另一人用力 170N，船受到的合力是 130N。 (×)

正确答案：两人用一条绳子向同一方向拉一只船，一人用力 300N，另一人用力 170N，船受到的合力是 470N。

87. 同一物体放在不同液体中，稳定后受的浮力一定不同。 (×)

正确答案：同一物体放在不同液体中，稳定后受的浮力一定相同。

88. 物体受的重力越大，对支持面的压力就越大。 (×)

正确答案：物体受的重力越大，对支持面的压力不一定就越大。

89. 平行力对任何一个异面垂直轴的总力矩等于合力对同一轴的力矩。 (√)

90. 平行力合力的作用点可以根据平行力的力偶原理来求得。 (×)

正确答案：平行力合力的作用点可以根据平行力的力矩原理来求得。

91. 力偶中的二力在任意轴上的合力为零，可以用大小相等、方向相反、在同一作用线上的两力来代替。 (×)

正确答案：力偶中的二力在任意轴上的合力为零，不能用大小相等、方向相反、在同一作用线上的两力来代替。

92. 在力偶矩的大小与转向不变的条件下，力偶可在其作用空间内任意移动位置。(√)

93. 任何两物体间相互作用关系，无论物体处于静止状态还是运动状态，作用与反作用力不会同时存在同时消失。 （×）

正确答案：任何两物体间相互作用关系，无论物体处于静止状态还是运动状态，作用与反作用力总是同时存在同时消失。

94. 力系共线时，合力大小等于各分力的代数和。 （√）

95. 约束反力的大小不由平衡条件确定。 （×）

正确答案：约束反力的大小由平衡条件确定。

96. 约束反力的作用点就是物体与约束体的接触点。 （√）

97. 机械传动是采用带轮、轴、齿轮等机械零件组成的传动装置来进行能量的传递。（×）

正确答案：机械传动是采用带轮、轴、齿轮等机械零件组成的传动装置来进行能量的交换。

98. 低摩擦副的接触表面一般是圆柱面和平面，容易制造和维修。 （√）

99. V 带是一种没有接头的环状带，通常几根带不可以同时使用。 （×）

正确答案：V 带是一种没有接头的环状带，通常几根带同时使用。

100. 带轮槽磨损后，可加深轮槽，并修整外缘尺寸。 （√）

101. 带本身不具有弹性，但可以缓和冲击，使传动平稳。 （×）

正确答案：带本身具有弹性，因而可以缓和冲击，使传动平稳。

102. 牵引链用于运输机械驱动输送带等。 （√）

103. 常用的传动链有套筒滚子链和齿形链。 （√）

104. 齿轮传动，结构紧凑，工作可靠，可实现较小的传动比。 （×）

正确答案：齿轮传动，结构紧凑，工作可靠，可实现较大的传动比。

105. 螺旋传动可以把回转运动变成曲线运动。 （×）

正确答案：螺旋传动可以把回转运动变成直线运动。

106. 常用螺旋传动有普通螺旋传动、差动螺旋传动和滚珠螺旋传动。 （√）

107. 当蜗杆的模数、直径相同时，三线蜗杆比四线蜗杆的导程角大。 （×）

正确答案：当蜗杆的模数、直径相同时，三线蜗杆比四线蜗杆的导程角小。

108. 蜗杆传动机构是用来传递相互垂直的两轴向动力。 （√）

109. 滑动摩擦力的方向与物体相对运动方向相同。 （×）

正确答案：滑动摩擦力的方向与物体相对运动方向相反。

110. 当一个物体沿着另一个物体滚动时，所产生的摩擦力叫滚动摩擦力。 （√）

111. 各种幅面的图纸装订边缘宽是 50mm。 （×）

正确答案：各种幅面的图纸装订边缘宽是 25mm。

112. 图纸中虚线用来表示被挡住的轮郭。 （√）

113. 在同一张图样中，同类线形的宽度不应一致。 （×）

正确答案：在同一张图样中，同类线形的宽度应基本一致。

114. 圆的中心画法为十字中心交点。 （√）

115. 铅芯较硬的 B 用来画细线。 （×）

正确答案：铅芯较硬的 H 用来画细线。

116. 圆规用来画圆或画弧。 （√）

117. 当平面垂直于投影面时，它的投影是一个点。 (×)

正确答案： 当平面垂直于投影面时，它的投影是一条直线。

118. 利用相互平行的投影线进行投影的方法叫做平行投影法，是正投影法的一种方法。 (√)

119. 一个完整的尺寸由尺寸线、尺寸界线和尺寸数字三部分组成。 (√)

120. 机件的真实大小应以图样上所注尺寸数值为依据，与周围大小及画图的准确度有关。 (×)

正确答案： 机件的真实大小应以图样上所注尺寸数值为依据，与周围大小及画图的准确度无关。

121. 水平线的水平投影反映的是线段实长。 (√)

122. 当直线与投影面垂直时，直线的投影仍为直线。 (×)

正确答案： 当直线与投影面垂直时，直线的投影积聚为一点。

123. 平行于投影面的平面，统称为投影面的垂直面。 (×)

正确答案： 平行于投影面的平面，统称为投影面的平面。

124. 空间平面与投影面相交，其交线称为平面的迹线。 (√)

125. 轴测图俗称立体图，有正等轴测图和斜等轴测图两种。 (√)

126. 轴测图能如实地反映物体的全部形状。 (×)

正确答案： 轴测图不能如实地反映物体的全部形状。

127. 空间的直线相互平行，画在正等轴测图上不平行。 (×)

正确答案： 空间的直线相互平行，画在正等轴测图上仍然平行。

128. 平行于轴测投影面的圆，其轴测投影一般为圆。 (√)

129. 物体上的直线画在斜等轴测图上仍为直线。 (√)

130. 空间两直线互相平行，画在斜等轴测图上不平行。 (×)

正确答案： 空间两直线互相平行，画在斜等轴测图上仍然平行。

131. 零件图的技术要求中主要说明必须达到零件加工工艺和使用的要求。 (√)

132. 防护罩、安全阀不属于安全防护设施。 (×)

正确答案： 防护罩、安全阀属于安全防护设施。

133. 坚决贯彻电力生产的方针是"安全第一"。 (√)

134. 安全检查的任务是发现和查明各种危险和隐患，督促整改并监督各项安全管理规章制度的实施，制止违章指挥、违章作业。 (√)

135. 对外厂来支援的工人、临时工、参加劳动的干部，在开始工作前必须向其介绍现场安全措施和注意事项。 (√)

136. 在生产区域、建筑施工现场、起重作业现场、设备维修和检修现场，所有作业人员必须按要求戴好合格的安全帽。 (√)

137. 女工在从事转动设备作业时必须将长发或发辫盘卷在工作帽内。 (√)

138. 穿用防护鞋时应将裤脚插入鞋筒内。 (×)

正确答案： 穿用防护鞋时应将裤脚插入鞋筒外。

139. 在有带电设备等潮湿地工作时可以不穿绝缘靴。 (×)

正确答案： 在有带电设备等潮湿地工作时应穿绝缘靴。

140. 对于在生产过程中能通过接触皮肤侵入人体的有害尘毒作业人员，只需发放防护服。（×）

正确答案：对于在生产过程中能通过接触皮肤侵入人体的有害尘毒作业人员，需穿防护服。

141. 从事焊接、切割作业时需戴相应的绝缘专用手套。（√）

142. 在超过噪声标准的岗位工作的职工，要注意保护自己的听力，可戴上企业发给的各种耳塞、耳罩等。（×）

正确答案：在超过噪声标准的岗位工作的职工，要注意保护自己的听力，需戴上企业发给的专用耳塞、耳罩等。

143. 口鼻的防护即口腔和鼻腔的防护。（×）

正确答案：口鼻的防护即口和鼻的防护。

144. 人体皮肤是生产中有毒有害物质侵入人体的主要途径。（√）

145. 在夏季生产中可以穿短袖衣、短裤上岗。（×）

正确答案：在夏季生产中不可穿短袖衣、短裤上岗。

146. 限于厂内行驶的机动车不得用于载人。（√）

147. 行人和骑车人可以进入检修、吊装作业现场。（×）

正确答案：行人和骑车人不可以进入检修、吊装作业现场。

148. 从事高处作业应制定应急预案，现场人员应熟知应急预案的内容。（√）

149. 高处作业人员应系与作业内容相适应的安全带，安全带应系挂在施工作业处上方的牢固挂件上，不得系挂在有尖锐的棱角部位。（√）

150. 干粉灭火器能迅速扑灭液体火焰，同时泡沫能起到及时冷却作用。（√）

151. 干粉灭火器不能用于扑灭电器着火。（×）

正确答案：干粉灭火器适用于扑灭电器着火。

152. 泡沫灭火器不应设在高温地方。（√）

153. 电气设备着火时可用泡沫灭火器灭火。（×）

正确答案：电气设备着火时不能用泡沫灭火器灭火。

154. 1211 灭火器仅适用于扑灭易燃、可燃气体或液体，不适用于扑灭一般易燃固体物质的火灾。（×）

正确答案：1211 灭火器不仅适用于扑灭易燃、可燃气体或液体，也适用于扑灭一般易燃固体物质的火灾。

155. 油品着火时，不可用水灭火，可用 1211 灭火器灭火。（√）

156. 凡发生重大火灾情节严重的，对其单位有关的负责人应追究法律责任。（×）

正确答案：凡发生重大火灾情节严重的，对其单位有关的负责人应追究刑事责任。

157. 二氧化碳灭火器可以用来扑救精密仪器和图书资料室的火灾。（√）

158. 三级验收制度是指班组、车间和厂对检修后的设备质量进行逐级验收的一种制度。（√）

159. 总验收是在检修过程中，由车间组织有关人员验收已修好的设备和部件。（×）

正确答案：分段验收是在检修过程中，由车间组织有关人员验收已修好的设备和部件。

160. 工作票必须由分厂主任或副主任签发，或由分厂主任提出经企业领导批准的人员

签发，其他人员签发的工作票无效。（√）

161. 检修工作开始前，工作许可人应到现场检查安全措施确已正确地执行，然后在工作票上签字，才允许开始工作。（×）

正确答案：检修工作开始前，工作许可人和工作负责人应到现场检查安全措施，确已正确地执行，然后在工作票上签字才允许开始工作。

162. 安全带的挂钩或绳子应挂在结实牢固的构件上，或专为挂安全带用的钢丝绳上。（√）

163. 在没有脚手架或者在没有栏杆的脚手架上工作，高度超过 2.5m 时，必须使用安全带，或采取其他可靠的安全措施。（×）

正确答案：在没有脚手架或者在没有栏杆的脚手架上工作，高度超过 1.5m 时，必须使用安全带，或采取其他可靠的安全措施。

164. 清洁生产通过末端治理污染来实现。（×）

正确答案：清洁生产通过预防和减少污染来实现。

165. 清洁的服务不属于清洁生产的内容。（×）

正确答案：清洁的服务属于清洁生产的内容。

166. HSE 管理体系是指实施安全、环境与健康管理的组织机构、职责、做法、程序、过程和资源等而构成的整体。（√）

167. HSE 中的 S(安全)是指在劳动生产过程中，努力改善劳动条件、克服安全因素，使劳动生产在保证劳动者健康、企业财产不受损失、人民生命安全的前提下顺利进行。（×）

正确答案：HSE 中的 S(安全)是指在劳动生产过程中，努力改善劳动条件、克服不安全因素，使劳动生产在保证劳动者健康、企业财产不受损失、人民生命安全的前提下顺利进行。

168. 建立 HSE 管理体系可改善企业形象、取得经济效益和社会效益。（√）

169. 建立 HSE 管理体系不能控制 HSE 风险和环境影响。（×）

正确答案：建立 HSE 管理体系能控制 HSE 风险和环境影响。

170.《中华人民共和国治安管理处罚条例》为我国现行的基本消防法规之一。（√）

171. 防火三级检查制为单位年检查、部门月检查、班组周检查。（×）

正确答案：防火三级检查制为单位月检查、部门周检查、班组日检查。

172.《电力法》适用于中华人民共和国境内的电力建设、生产、供应和使用活动。（√）

173.《电力法》在 1995 年 12 月 28 日颁布、实施。（×）

正确答案：《电力法》在 1995 年 12 月 28 日颁布，1996 年 4 月 1 日实施。

174. 电力设施不受国家保护。（×）

正确答案：电力设施受国家保护。

175. 为了保障和促进电力事业的发展，维护电力投资者、经营者和使用者的合法权益，保障电力安全运行，制定《电力法》。（√）

176. ISO 9000 族标准是质量保证模式标准之一，用于合同环境下的外部质量保证。可作为供方质量保证工作的依据，也是评价供方质量体系的依据。（√）

177. 任何标准，都是在一定条件下的“统一规定”，标准化的统一是相对的。（√）

178. 按约束力分，国家标准、行业标准可分为强制性标准、推荐性标准和指导性技术文件三种。（√）

179. 生产设备、交通运输线路、公共设施发生故障，影响生产和公众利益，必须及时抢修的，延长工作时间不受《劳动法》第四十一条规定的限制。 （√）

180. 只要企业活动和要素具有“重复性”，都可以进行标准化。 （√）

181. GB/T 19001—2000 标准中所述的“产品”，仅指组织预期提供给顾客的产品或指组织的顾客所要求的产品，不包括产品实现过程中可能会产生的一些非预期的产品。 （√）

182. 产品质量义务分为积极义务和消极义务，“生产者不得伪造产地，不得伪造或者冒用他人的厂名、厂址”属于产品生产者的积极义务。 （×）

正确答案：产品质量义务分为积极义务和消极义务，“生产者不得伪造产地，不得伪造或者冒用他人的厂名、厂址”属于产品生产者的消极义务。

183. 产品质量检验合格证明是生产产品质量合格的标志。 （√）

184. 固体润滑剂有石墨、二硫化钼和聚四氟乙烯三种。 （√）

185. 润滑剂只有润滑、冷却、洗涤三种作用。 （×）

正确答案：润滑剂不仅有润滑、冷却、洗涤三种作用，还具有防锈，密封的作用。

186. 铝基脂的抗水防蚀效果不是很好。 （×）

正确答案：铝基脂有很好的抗水防蚀效果。

187. 在一般环境温度条件下工作时，可选用铝基润滑脂。 （×）

正确答案：在一般环境温度条件下工作时，可选用钙-钠基润滑脂。

188. 润滑脂的滴点一般应高于工作温度 20~30℃。 （√）

189. 比球轴承和圆柱滚子轴承需要低黏度的润滑油。 （×）

正确答案：比球轴承和圆柱滚子轴承需要高黏度的润滑油。

190. 润滑之所以增加了磨损，是由于润滑将磨损的根源降低到最低限度。 （×）

正确答案：润滑之所以能减少磨损，是由于润滑将磨损的根源降低到最低限度。

191. 润滑材料中虽存在着状态和性质的不同，但摩擦面的摩擦系数是大小一样的。 （×）

正确答案：润滑材料中存在着状态和性质的不同，所以摩擦面的摩擦系数是大小不一的。

192. 润滑脂杯是行走移动设备供脂最常用的装置。 （×）

正确答案：润滑脂杯是小压力下分散间歇供脂最常用的装置。

193. 油池或溅油润滑的作用是利用转动的机械将油带到相互咬合和紧紧靠近的各个磨擦副上。 （√）

194. 皮带衬层先覆盖上、下胶层，再用硫化胶合法连接。 （×）

正确答案：皮带衬层用硫化胶合法连接，再覆盖上、下胶层。

195. 皮带衬层的经线主要承受横向张力。 （×）

正确答案：皮带衬层的经线主要承受纵向张力。

196. 带式输送机适用于输送各种粒状、粉状等散体物料 （√）

197. 带式输送机运行费用高、维修方便。 （×）

正确答案：带式输送机运行费用低、维修方便。

198. 皮带运行中如煤中粉尘较大需进行水浴除尘时，应注意控制水量。 （√）

199. 输煤皮带启动前应检查清扫装置是否完好，有无严重黏煤现象。 （√）

200. 输煤皮带运行前应确认拉线开关是否完好可靠，无损坏。 （√）

201. 皮带运行中，允许人工清理上皮带滚筒上的黏煤或对设备进行其他清理工作。(×)
正确答案：皮带运行中禁止人工清理上皮带滚筒上的黏煤或对设备进行其他清理工作。
202. 皮带运行中，禁止对除铁器进行操作。(√)
203. 制动器失灵，会造成皮带尾部积煤，影响运行。(√)
204. 当转动部件卷绞异物时，应立即拉出。(×)
正确答案：当转动部件卷绞异物时，应紧急停机处理。
205. 当现场照明全部中断时，应立即停止设备运行。(√)
206. 电动滚筒驱动装置，壳体外的散热有风冷和油冷两种方式。(×)
正确答案：电动滚筒驱动装置，壳体内的散热有风冷和油冷两种方式。
207. 皮带机一般采用封闭鼠笼式异步电动机。(√)
208. 继电保护装置要随时保持断电状态。(×)
正确答案：继电保护装置要随时保持工作状态。
209. 当电气设备或线路发生故障时，电流会大量增加，继电器就动作。(√)
210. 拉紧装置可以为输送带重新接头提供必要的行程。(×)
正确答案：拉紧装置无法为输送带重新接头提供必要的行程。
211. 拉紧装置可以起到使滚筒与胶带之间产生所需要的摩擦力的作用。(√)
212. 拉线开关试验完后程控员要将转换开关切至“联锁”位置。(×)
正确答案：拉线开关试验完后程控员要将转换开关切至“程控”位置。
213. 每周都应对带式输送机的联锁做试验。(√)
214. 链条筛链子易磨损断裂，维护量较滚轴筛大。(√)
215. 共振筛能达到较高的筛分量，对基础的载荷较大。(×)
正确答案：共振筛能达到较高的筛分量，对基础的载荷较小。
216. 固定筛为防止粉尘溢出，法兰间不能用橡胶等柔性材料进行密封。(×)
正确答案：固定筛为防止粉尘溢出，法兰间用橡胶等柔性材料进行密封。
217. 从实际情况来看，固定筛的筛孔采用过小的是没有必要的。(√)
218. 振动筛的筛分效率和防堵塞性能都很好。(×)
正确答案：振动筛的筛分效率和防堵塞性能都不算太好。
219. 波动筛煤机运行前应先给煤。(×)
正确答案：波动筛煤机运行后，再给煤。
220. 波动筛煤机落煤管应无堵塞现象。(√)
221. 碎煤机破碎后的原煤粒度过大不会降低磨煤机的生产率。(×)
正确答案：碎煤机破碎后的原煤粒度过大会降低磨煤机的生产率。
222. 碎煤机必须将原煤破碎成 50mm 以下的料度后再送入原煤仓。(×)
正确答案：碎煤机必须将原煤破碎成适合制粉要求的料度后再送入原煤仓。
223. 反击式碎煤机常用的是单转子式和双转子式两种。(√)
224. 电力系统中，冲击式碎煤机广泛应用的是双转子式。(×)
正确答案：电力系统中，冲击式碎煤机广泛应用的是单转子式。
225. 环锤式碎煤机下部落煤管应畅通，挡板位置应符合运行。(√)
226. 环锤式碎煤机运行中应防止进入较大的金属、木块等杂物。(√)

227. 环锤式碎煤机破碎后的颗粒从筛板栅孔中落下排出。 （√）

228. 当环锤式碎煤机发生故障时，不可用旁路应急上煤。 （×）

正确答案：当环锤式碎煤机发生故障时，可用旁路应急上煤。

229. 锤击式碎煤机的破碎是击碎和磨碎的过程。 （√）

230. 锤击式碎煤机锤头组件与锤盘采用柔性联接，可对软杂物避让，能有效避免机件的损伤。 （×）

正确答案：锤击式碎煤机锤头组件与锤盘采用柔性联接，可对硬杂物避让，能有效避免机件的损伤。

231. 反击式碎煤机转动风量调节装置的手柄，就可在一定的范围内改变鼓风量。 （√）

232. 反击式碎煤机机体的前后面都设有检查孔门。 （√）

233. 反击式碎煤机运行中电流的变化，不允许超过额定电流。 （√）

234. 反击式碎煤机运行中，如果煤相对密度小，煤块多、黏度大，给煤量应适当增加。 （×）

正确答案：反击式碎煤机运行中，如果煤相对密度小，煤块多、黏度大，给煤量应适当减少。

235. 环式碎煤机转子转动过程中，不准进行任何维护工作。 （√）

236. 环式碎煤机正常运行时，机体振动应小于0.1mm/s。 （×）

正确答案：环式碎煤机正常运行时，机体振动应小于0.07mm/s。

237. 锤击式碎煤机转子转动过程中，不准进行任何维护工作。 （√）

238. 锤击式碎煤机正常运行时，机体振动应小于0.1mm/s。 （×）

正确答案：锤击式碎煤机正常运行时，机体振动应小于0.07mm/s。

239. 减振平台由上、下框架和减振弹簧组所组成。 （√）

240. 减振平台上、下框架之间采用铁制的弹簧组连接。 （×）

正确答案：减振平台上、下框架之间采用钢制的弹簧组连接。

241. 缓冲托辊可分为橡胶圈式、弹簧式和胶环式三种。 （×）

正确答案：缓冲托辊可分为橡胶圈式和弹簧式二种。

242. 自动调心托辊可分为槽形自动调心托辊和平形自动调心托辊两类。 （√）

243. 前倾托辊能防止皮带跑偏，但增加托辊表面黏煤。 （×）

正确答案：前倾托辊能防止皮带跑偏，减少托辊表面黏煤。

244. 托辊密封的特点是由内、外两个密封环组成迷宫式密封结构。 （√）

245. 平形托辊主要用在下托辊，支撑空载段皮带。 （√）

246. 缓冲托辊的作用就是用来在受料处增加物料对胶带的冲击，以保护胶带。 （×）

正确答案：缓冲托辊的作用就是用来在受料处减少物料对胶带的冲击，以保护胶带。

247. 缓冲托辊的作用是用来在受料处减少物料对胶带的冲击。 （√）

248. 平形托辊一般为一长托辊，用于支撑承载段皮带。 （×）

正确答案：平形托辊一般为由两个短托辊组成，用于支撑承载段皮带。

249. 单板锁气器用于单一交叉落料管。 （×）

正确答案：单板锁气器用于单一直供落料管。

250. 双板锁气器用于交叉落料管。 （√）

251. 缓冲锁气器使尾部输煤槽密封良好，可增加除尘器的出力。 (×)

正确答案：缓冲锁气器使尾部输煤槽密封良好，可减少除尘器的出力。

252. 缓冲锁气器可承受 80kg 重物从 12m 高自由下落的长期冲击。 (√)

253. 导料槽前段配有喷雾装置，以降低槽内气流的粉尘含量及外溢。 (√)

254. 迷宫式挡煤皮对降低粉尘污染、提高胶带的使用寿命起到的作用都不是很好。 (×)

正确答案：迷宫式挡煤皮对降低粉尘污染、提高胶带的使用寿命起到了较好的作用。

255. 手动挡板执行机构，通常都要频繁切换。 (×)

正确答案：手动挡板执行机构，不可以频繁切换。

256. 输煤挡板是安装在落煤管中起切换作用的装置。 (√)

257. 斗轮机中斗子与轮体连接方式是链接。 (×)

正确答案：斗轮机中斗子与轮体连接方式是铰接。

258. 斗轮机前臂架装有斗轮机构，后部的配重架装有平衡配重。 (√)

259. 斗轮机启动前，首先要落实好设备的运行方式是堆料还是取料。 (√)

260. 斗轮机堆料前应将悬臂皮带后端挡煤板打开。 (×)

正确答案：斗轮机堆料前应将悬臂皮带前端挡煤板打开。

261. 斗轮机的斗轮液压系统最大工作压力不应超过 25MPa。 (×)

正确答案：斗轮机的斗轮液压系统最大工作压力不应超过 13MPa。

262. 斗轮机取底层煤时，要防止有大块沿尾车斜坡滚下卡刮坏皮带。 (√)

263. 斗轮的机械驱动方式可以改善臂架受力状况，减小斗轮自由切削角。 (×)

正确答案：斗轮的机械驱动方式可以改善臂架受力状况，增大斗轮自由切削角。

264. 斗轮传动大轴与减速机之间的联接，多采用涨环或压缩盘联接，具有机械过载保护作用。 (√)

265. 当电动机一次设备发生故障时，二次设备能将故障部分迅速切除。 (×)

正确答案：当电动机一次设备发生故障时，继电保护能将故障部分迅速切除。

266. 电动机动力回路又称一次回路，控制回路又称二次回路。 (√)

267. 一般情况下不允许对电动机进行频繁的启动，以防绕组过热老化。 (√)

268. 电动机熔体的额定电流不得小于变压器或上一级配电盘的额定电流。 (×)

正确答案：电动机熔体的额定电流不得大于变压器或上一级配电盘的额定电流。

269. 定期检查电动机温升、声音、振动情况，不得超过最低允许值。 (×)

正确答案：定期检查电动机温升、声音、振动情况，不得超过最高允许值。

270. 电动机应避免频繁启动，尽量减少启动次数。 (√)

271. 电动机熔体的额定电流不得大于变压器的额定电流。 (√)

272. 电压过高会导致电动机发热增加，过低会导致电动机发热减少。 (×)

正确答案：电压过高或过低都会导致电动机发热增加。

273. 电动机在运行中滑动轴承最高允许温度 80℃。 (×)

正确答案：电动机在运行中轴承最高允许温度 60℃。

274. 减速机循环润滑时的贮油量应满足齿轮各啮合点润滑、轴承润滑及散热冷却的需要。 (√)

275. 减速机在投入使用前必须在输入轴轴承注油点及视孔处注入润滑油，油面应达到

油尺中部。（×）

正确答案：减速机在投入使用前必须在输入轴轴承注油点及视孔处注入润滑油，油面应达到油尺上限。

276. 摆线针轮减速机的特点之一是输入轴、输出轴不在同一直线上。（×）

正确答案：摆线针轮减速机的特点之一是输入轴、输出轴在同一直线上。

277. 减速机具有轴及轴承上所受的压力较小的特点。（√）

278. 减速机启动前应用手将高速轴低速级第一根轴转动一周。（×）

正确答案：减速机启动前应用手将高速轴低速级最末一根轴转动一周。

279. 高速轴电动减速机的转速一般不大于1500r/min。（√）

280. 减速机有故障时，应停止运转，查明原因，消除故障方可重新启动。（√）

281. 减速机更换润滑油时不用同时清洗机体。（×）

正确答案：减速机更换润滑油时应同时清洗机体。

282. 钢丝绳按捻绕方法可分为顺绕、绞绕两种。（√）

283. 绞绕钢丝绳的钢丝间为线接触，因而容易磨损，使用寿命较短。（×）

正确答案：绞绕钢丝绳的钢丝间为点接触，因而容易磨损，使用寿命较短。

284. 螺旋卸煤机的出力一般为300~400t/h。（√）

285. 螺旋卸煤机靠机械力强制压下卸煤，吃煤的力是强加的，吃煤深度不可以人为控制。（×）

正确答案：螺旋卸煤机靠机械力强制压下卸煤，吃煤的力是强加的，吃煤深度可以人为控制。

286. 螺旋卸煤机能够完全减去工人的劳动强度。（×）

正确答案：螺旋卸煤机只能在一定程度上减轻工人的劳动强度。

287. 螺旋卸煤机两套螺旋可以垂直升降，也可以一高一低，以增加吃煤厚度，提高出力。（√）

288. 螺旋卸煤机的螺旋在煤中发生蹦跳现象时，立即停止螺旋。（×）

正确答案：螺旋卸煤机的螺旋在煤中发生蹦跳现象时，立即停止行走，提高螺旋。

289. 螺旋卸煤机的螺旋吃上煤层时应慢速下降，不能使用快速行走速度卸车。（√）

290. 当主动轴有周期性波动时，便会通过液力耦合器传至从动轴上。（×）

正确答案：当主动轴有周期性波动时，不会通过液力耦合器传至从动轴上。

291. 液力耦合器能提高电动机的启动性能，使电动机能带负载平稳启动。（√）

292. 液力耦合器的主动部分与原动机连接，从动部分与工作机连接。（√）

293. 液力耦合器的涡轮将工作液体的动能转变为势能，通过输出轴驱动负载。（×）

正确答案：液力耦合器的涡轮将工作液体的动能转变为机械能，通过输出轴驱动负载。

294. 液力耦合器一般3000h检查一次油质乳化情况。（×）

正确答案：液力耦合器一般500h检查一次油质乳化情况。

295. 液力耦合器过载时主从动轮速差增大，工作油温升高，电动机和工作机的传动分离。（√）

296. 液力耦合器的过载系数只有一个，即最大过载系数与启动过载系数相同。（√）

297. 转速在1500r/min以上的中小型机器，可选用入口调节式液力耦合器。（×）

正确答案：转速在 1500r/min 以下的中小型机器，可选用入口调节式液力耦合器。

298. 转速在 1500r/min 以上的大型机器，可选用出口调节式液力耦合器。 (√)

299. 离心泵是由原动机拖动叶轮旋转，叶轮上的叶片对流体做功，从而使流体获得压能。 (√)

300. 离心泵旋转时，叶轮中央为高压区。 (×)

正确答案：离心泵旋转时，叶轮中央为真空区。

301. 离心泵的流量比压力的稳定性好。 (√)

302. 离心泵启动前无须灌泵。 (×)

正确答案：离心泵启动前必须灌泵。

303. 单位时间内通过管道的流体量称为管道的流量。 (√)

304. 离心泵的流量与管道口径无关，只与泵的扬程和压力有关。 (×)

正确答案：离心泵的流量与管道口径有关，也与泵的扬程和压力有关。

305. 泵的压头就是扬程。 (√)

306. 扬程就是泵将流体降低的程度。 (×)

正确答案：扬程就是泵将流体升高的程度。

307. 泵内部有各种损失，要消耗一部分能量，轴功率不可能全部变为有效功率。 (√)

308. 当有效功率一定时，轴功率越小，则泵的总效率越低。 (×)

正确答案：当有效功率一定时，轴功率越小，则泵的总效率越高。

309. 泵的功率可分为有效功率，轴功率和原动机功率。 (√)

310. 泵对流体所做的有效功率，必须从泵自身获得。 (×)

正确答案：泵对流体所做的有效功率，是从原动机获得的。

311. 大型离心泵维修时，一般采用压铅法测轴承间隙，轴承间隙不能过大，防止设备运行中发生振动。 (√)

312. 轴承主要用来支承轴套，并减少泵旋转时的摩擦阻力，所以轴承间隙不能调节的过大，防止振动。 (×)

正确答案：轴承主要用来支承转动设备，并减少泵旋转时的摩擦阻力，所以轴承间隙不能调节的过大，防止振动。

313. 采用汽蚀调节的水泵，叶轮容易发生损坏。 (√)

314. 变转速调节成本较低，在中小型机组中被广泛采用。 (×)

正确答案：变频速调节成本较低，在中小型机组中被广泛采用。

315. 在泵与风机的所有损失中，流动损失最大。 (√)

316. 离心泵的流动损失在设计流量的右边。 (×)

正确答案：离心泵的流动损失在设计流量的左边。

317. 通常情况下，离心泵密封效果越好，容积损失越严重。 (×)

正确答案：通常情况下，离心泵密封效果越好，容积损失越小。

318. 离心泵的动静部间的间隙，造成了容积损失的存在。 (√)

319. 转速是指泵的转轴每分钟的转数。 (√)

320. 泵可以按随意的转速运转。 (×)

正确答案：泵不可以按随意的转速运转。

321. 可以用比转速来确定泵的效率。 (×)

正确答案：不可以用比转速来确定泵的效率。

322. 低比转速的离心泵泵体轴面与混流泵泵体轴面结构相同。 (√)

323. 当增加泵的几何安装高度时，会在更小的流量下发生汽蚀。 (√)

324. 泵的几何安装高度是由泵的汽蚀余量决定的。 (×)

正确答案：泵的几何安装高度是由泵的吸上真空高度决定的。

325. 油泵运行时冷却水中断应立即停泵。 (√)

326. 油系统运行时应检查轴承温度不超过 80℃，否则应停止运行。 (×)

正确答案：油系统运行时应检查轴承温度不超过 95℃，否则应停止运行。

327. 发电厂中泵与风机的电耗占厂用电很小一部分，可以忽略不计。 (×)

正确答案：发电厂中泵与风机的电耗占厂用电很大一部分。

328. 轴流泵主要部件有叶轮、轴、导叶、吸入喇叭管等。 (√)

329. 中小型轴流泵多采用环形吸入室。 (×)

正确答案：中小型轴流泵多采用螺旋吸入室。

330. 轴流泵是通过叶片挤压，使流体获得动能。 (√)

331. 往复泵主要依靠活塞往复运动使流体获得压能和动能。 (√)

332. 往复泵依靠齿轮往复运动产生的压力将液体吸入、压出，形成连续工作。 (×)

正确答案：往复泵依靠活塞往复运动产生的压力将液体吸入、压出，形成连续工作。

333. 齿轮泵中两个齿轮并列旋转产生的动能，推动液体流动。 (×)

正确答案：齿轮泵中两个齿轮互相啮合产生的动能，推动液体流动。

334. 齿轮泵依靠两个齿轮在密封的泵壳内旋转将液体挤压出去。 (√)

335. 键盘上的 shift 键是大小写切换功能键。 (×)

正确答案：键盘上的 caps losk 键是大小写切换功能键。

336. 鼠标可以方便、准确地移动光标进行定位。 (√)

337. 鼠标是用来操纵屏幕对象的输出设备。 (×)

正确答案：鼠标是用来操纵屏幕对象的输入设备。

338. 显示器上的字符和图形是由一个个像素组成的。 (√)

339. 笔记本计算机使用阴极射线 CRT 显示器。 (×)

正确答案：笔记本计算机使用液晶显示器。

340. 中央处理器简称 CPU，它是计算机系统的核心。 (√)

341. 主机内只包含电源和处理器。 (×)

正确答案：主机内主要包括主板、CPU、内存、显卡、电源。

342. 打印机是计算机系统中最常用的一种输出设备。 (√)

343. 激光打印机具有噪声大、但印字质量好等特点。 (×)

正确答案：激光打印机具有噪声小、印字质量好等特点。

344. 共享计算机通常意味着别人可以看到用户的私人文件或更改计算机设置。 (√)

345. WindowsXP 的有限账户访问功能允许不是计算机常规用户的某些人操作该计算机。 (×)

正确答案：WindowsXP 的有限账户访问功能允许计算机常规用户操作该计算机。

346. 自动排列桌面图标可通过在桌面的快捷菜单中，选择“排列图标”—“自动排列”。 (√)

347. 如果想漫游 WindowsXP，可以依次单击开始、所有程序、附件、漫游Windows XP。（√）

348. WindowsXP 的关闭计算机对话框中只有关闭按钮、取消按钮和重新启动按钮。（×）

正确答案：WindowsXP 的关闭计算机对话框中有关闭按钮、取消按钮、待机按钮和重新启动按钮。

349. 在资源管理器中，右击左窗格内与右窗格内的文件夹，会弹出一样的菜单。（×）

正确答案：在资源管理器中，右击左窗格内与右窗格内的文件夹，会弹出不一样的菜单。

350. 数码相机不属于输入设备。（×）

正确答案：数码相机属于输入设备。

351. 键盘属于输入设备。（√）

352. 显示器不属于输出设备。（×）

正确答案：显示器属于输出设备。

353. 音箱属于输出设备。（√）

354. 如果选择文件夹中多个连续的文件和文件夹，可以按 Shift 键来进行选择。（√）

355. Alt 键、Ctrl 键、Shift 键单独使用也能完成具体任务。（×）

正确答案：Alt 键、Ctrl 键、Shift 键单独使用不能完成具体任务。

356. 电压不稳对计算机没有影响。（×）

正确答案：电压不稳对计算机影响很大。

357. 计算机设备应接地良好，并要做到先开外设，后开主机；先关主机，后关外设。（√）

358. 桌面上的网上邻居可以利用和管理网络资源。（√）

359. WindowsXP 桌面系统定义的快捷方式图标不可以更改。（×）

正确答案：WindowsXP 桌面系统定义的快捷方式图标可以更改。

360. 皮带机正常运行时，各部轴承温升正常。（√）

361. 皮带机正常运行时，允许有跑偏、撒煤等异常现象。（×）

正确答案：皮带机正常运行时，应无跑偏、撒煤等异常现象。

362. 输煤皮带与传动滚筒相遇点和分离点的张力只要满足牛顿第三定律，就能保证输送机的正常运转。（×）

正确答案：输煤皮带与传动滚筒相遇点和分离点的张力只要满足欧拉公式确定的关系，就能保证输送机的正常运转。

363. 在输煤皮带主动段的相遇点到分离点之间，张力都是逐渐增加的。（×）

正确答案：在输煤皮带主动段的相遇点到分离点之间，张力都是逐渐减小的。

364. 输煤皮带机的输送量取决于设备运行的稳定性。（×）

正确答案：输煤皮带机的输送量取决于输煤皮带机设计出力。

365. 在带式输送机中担负承载运送物料的部分是托辊。（×）

正确答案：在带式输送机中担负承载运送物料的部分是皮带。

366. 制动器是用来使运转设备迅速准确可靠地启动的安全装置。（×）

正确答案：制动器是用来使运转设备迅速准确可靠地停止的安全装置。

367. 制动器失灵，会造成皮带尾部积煤，影响运行。（√）

368. 钢丝绳芯胶带可满足短距离，小运量的技术要求。（×）

正确答案：钢丝绳芯胶带可满足长距离，大运量的技术要求。

369. 驱动装置的作用是电动机通过联轴器、减速器带动传动滚筒转动，借助于滚筒与胶带之间的摩擦力使胶带运转。（√）

370. 带式输送机落煤管内安装拉线开关，以防落煤管堵塞。（×）

正确答案：带式输送机落煤管内安装堵煤开关，以防落煤管堵塞。

371. 皮带传动可用在两轴距离较远的场合，当机器过载时，皮带就会在轮上打滑，对机器有保护作用。（√）

372. 用于运送含有400mm以下煤块的原煤时，最大提升角为30°。（×）

正确答案：用于运送含有400mm以下煤块的原煤时，最大提升角为18°。

373. 带宽500mm的胶带输送能力应为140t/h。（√）

374. 皮带制造质量不良，带心沿带宽方向受力不均，不可能造成皮带在运行中跑偏。（×）

正确答案：皮带制造质量不良，带心沿带宽方向受力不均，会使皮带在运行中跑偏。

375. 皮带头部、尾部或改向滚筒偏斜，会造成皮带局部跑偏。（√）

376. 初张力太大会引起输煤皮带打滑。（×）

正确答案：初张力太小会引起输煤皮带打滑。

377. 皮带过长有可能造成皮带打滑。（√）

378. 输煤皮带在运行中发生局部破损的原因之一是大块物料在转运点对胶带冲击。（√）

379. 皮带接头胶接质量不良或严重磨损，造成开胶或有横向伤痕时，皮带易断裂。（√）

380. 多次带负荷启动，不可能造成皮带拉断。（×）

正确答案：多次带负荷启动，极可能造成皮带拉断。

381. 输煤皮带头部严重积煤，造成堵煤，如不及时清理会导致皮带拉断。（√）

382. 如发现输煤皮带非工作面非正常磨损时，应检查清理回程段。（√）

383. 物料水分过大，造成自流时，可能会造成输煤皮带工作面非正常磨损，应及时减少物料水分。（√）

384. 输煤皮带紧急停机后，应做好防止故障扩大或再次发生的措施。（√）

385. 输煤皮带紧急停机后，再进行启动，每次启动的间隔应少于5min。（×）

正确答案：输煤皮带紧急停机后，再进行启动，每次启动的间隔应多于半小时。

386. 滚筒或托辊上有黏煤会使其表面变形，导致皮带跑偏，应停止皮带运行，清理滚筒或托辊上的黏煤。（√）

387. 输煤皮带在滚筒上跑偏时，收紧跑偏侧的滚筒轴承座，皮带就会往紧的侧边移动。（×）

正确答案：输煤皮带在滚筒上跑偏时，收紧跑偏侧的滚筒轴承座，皮带就会往松的侧边移动。

388. 传动滚筒与皮带之间的摩擦力不够，造成打滑时，可用鼓风设备将松香沫吹在滚筒表面上。（√）

389. 部分改向滚筒轴承损坏不转，应及时停止给煤机，使皮带空转几圈，如无问题方可正常运行。（√）

390. 头尾部严重积煤，造成堵塞，应停机消除，否则会导致皮带打滑。（×）

正确答案：头尾部严重积煤，造成堵塞，应停机消除，否则会导致皮带拉断。

391. 拉紧装置失灵卡住会造成皮带拉断，遇此情况应该立即停机清理卡塞。 (√)

392. 轴承损坏会造成减速机温度降低。 (×)

正确答案：轴承损坏会造成减速机温度升高。

393. 电动机发生异常时，电流指示到零或最大。 (√)

394. 钢丝绳芯胶带有较高的弯曲疲劳强度和较好的抗冲击性能。 (√)

395. 钢丝绳胶带有二层芯体，是沿胶带纵向排列的。 (×)

正确答案：钢丝绳胶带只有一层芯体，是沿胶带纵向排列的。

396. 波动筛煤机发生故障可能是传动部件卡住或损坏。 (√)

397. 波动筛煤机发生堵塞现象，是因为煤过分干或杂物过多。 (×)

正确答案：波动筛煤机发生堵塞现象，是因为煤过分粘湿或杂物过多。

398. 当物料的水分大时，筛分的效率会提高。 (×)

正确答案：当物料的水分大时，筛分的效率会降低。

399. 筛网如采用倾斜安装的形式时，可适当增大筛分量。 (√)

400. 筛煤设备耗用动力，不节能。 (×)

正确答案：筛煤设备不耗用动力，节能。

401. 筛分量和筛分效率是筛煤的两项主要性能指标。 (√)

402. 环锤式破碎机入料口堵塞，产量就会明显降低。 (√)

403. 环锤式破碎机环锤磨损过大，排料粒度会明显减少。 (×)

正确答案：环锤式破碎机环锤磨损过大，排料粒度会明显增加。

404. 斗轮机的电动机与泵中心不正，应及时校正中心。 (√)

405. 斗轮机大车开不出可能原因是夹轨器未松开，松开夹轨器即可。 (√)

406. 斗轮机取煤时噪声大、油路振动的原因可能是斗轮吃煤过深。 (√)

407. 油温过低或过高会导致斗轮机运行中斗轮自动停止。 (×)

正确答案：系统油压过低会导致斗轮机运行中斗轮自动停止。

408. 电动机润滑油老化，地脚螺栓松动会发出嗡嗡声。 (√)

409. 如果电动机静动之间相碰，必须检修电动机。 (√)

410. 如电动机电流过小，应减少运载量，不超负荷。 (×)

正确答案：如电动机电流过大，应减少运载量，不超负荷。

411. 当减速机轴弯曲或齿轮折断发出强烈振动或异常声响时，应立即通知检修处理。 (√)

412. 减速机轴承内外套间不合标准不会造成轴承烧损。 (×)

正确答案：减速机轴承内外套间不合标准会造成轴承烧损。

413. 大型离心泵维修时，一般采用压铅法测轴承间隙，轴承间隙不能过大，防止设备运行中发生振动。 (√)

414. 轴承主要用来支承轴套，并减少泵旋转时的摩擦阻力，所以轴承间隙不能调节的过大，防止振动。 (×)

正确答案：轴承主要用来支承转动设备，并减少泵旋转时的摩擦阻力，所以轴承间隙不能调节的过大，防止振动。

415. 平衡盘尺寸应足够大，否则不能平衡轴向推力。 (√)

416. 平衡盘和平衡座的材料应耐磨，两者硬度一样。 (×)

正确答案：平衡盘和平衡座的材料应耐磨，两者硬度不一样。

417. 燃油温度对于油泵汽化没有影响。 （×）

正确答案：燃油温度对于油泵汽化有很大的影响。

418. 运行罐的油位低导致流量小也可能产生油泵汽化。 （√）

419. 油泵发生跳闸时对油温没有影响。 （×）

正确答案：油泵发生跳闸时供油温度会升高。

420. 油泵入口处密封程度对油泵抽空没有影响。 （×）

正确答案：油泵入口处密封程度对油泵是否抽空有很大的影响。

421. 滤油器堵塞导致流量过小也会引起油泵抽空。 （√）

422. 汽化故障一般发生在输送温度、压力较高的泵中。 （√）

423. 运行中，发生盘根冒汽，供油中断时，证明发生了振动故障。 （×）

正确答案：运行中，发生盘根冒汽，供油中断时，证明发生了汽蚀故障。

424. 对于低速油泵，启动前只需做静平衡。 （√）

425. 油泵的振幅，仅与油泵的吸入压头有关。 （×）

正确答案：油泵的振幅，不仅与油泵的吸入压头有关，还与油泵的转动速度有关。

426. 当泵转速等于或稍大于临界转速的 2 倍时，很容易出现油膜振动。 （√）

427. 当半速滑动频率低于临界转速时，会产生油膜振动。 （×）

正确答案：当半速滑动频率低于临界转速时，不会产生油膜振动。

428. 油泵超过临界转速时，油泵振动会停止。 （√）

429. 油泵的泵轴越长，越不容易产生振动。 （×）

正确答案：油泵的泵轴越短，越不容易产生振动。

430. 适当减少叶轮外罩与导叶之间的距离，可以减少振幅。 （×）

正确答案：适当增加叶轮外罩与导叶之间的距离，可以减少振幅。

431. 油泵汽蚀会升高管路压力。 （×）

正确答案：油泵汽蚀会降低管路压力。

432. 油泵汽蚀时会使油泵产生振动，甚至损坏油泵。 （√）

433. 油泵装置不当，转子不平衡，会使油泵发生振动和噪声。 （√）

434. 油泵的安装高度与油泵产生振动没有关系。 （×）

正确答案：油泵的安装高度与油泵产生振动有关系。

435. 对轮端面平行度不好，会造成油泵振动。 （√）

436. 轴承磨损对改变油泵振动没有影响。 （×）

正确答案：轴承磨损对改变油泵振动有影响。

437. 油泵在低于所规定最小流量运行时，会产生振动。 （√）

438. 再循环门开度与油泵振动无关。 （×）

正确答案：再循环门开度对油泵振动有影响。

439. 油泵的叶轮及出油口堵塞，会造成油泵不出油。 （√）

440. 油泵的电机转速低，不会影响油泵正常供油。 （×）

正确答案：油泵的电机转速低，会影响油泵正常供油。

441. 油泵的叶轮损坏，会导致油泵运行中压头降低。 （√）

442. 油中的水分和空气含量，对油泵的压头没有影响。（×）
正确答案： 油中的水分和空气含量，对油泵的压头有很大的影响。
443. 油泵叶轮损坏，可以引起油泵运行中流量减少。（√）
444. 油泵进口滤网堵塞，会造成油泵跳闸。（×）
正确答案： 油泵进口滤网堵塞，会造成油泵抽空。
445. 当填料压得太紧，会使启动负载过大。（√）
446. 选用较厚的覆盖胶层，可以杜绝装有犁煤器的皮带的磨蚀损害。（×）
正确答案： 选用较厚的覆盖胶层，可以缓减装有犁煤器的皮带的磨蚀损害。
447. 及时做好皮带的清扫工作，否则会导致缩短皮带的运行寿命。（√）
448. 为消除煤中杂物，最好在固定筛前布置除铁器和振动器。（×）
正确答案： 为消除煤中杂物，最好在固定筛前布置除铁器和除木装置。
449. 工作人员应定期清理固定筛筛网上的杂物和黏煤等。（√）
450. 滚轴筛联轴器上的过载保护能够起到保护齿轮的作用。（×）
正确答案： 滚轴筛联轴器上的过载保护能够起到保护机械的作用。
451. 滚轴筛投入运行后，要监视并检查运行工况。（√）
452. 反击式碎煤机下煤筒应无堵煤现象。（√）
453. 反击式碎煤机可以在机器转动中进行维护工作。（×）
正确答案： 反击式碎煤机严禁在机器转动中进行维护工作。
454. 螺旋卸煤机应定期用柴油清洗，达到摩擦表面光滑。（×）
正确答案： 螺旋卸煤机应定期用煤油清洗，达到摩擦表面光滑。
455. 斗轮机取料机对阀门部件要正确使用，不必定期维护。（×）
正确答案： 斗轮机取料机对阀门部件要正确使用，定期维护。
456. 斗轮机油路系统有振动和异常响声出现时要随时停机认真检查。（√）
457. 斗轮机各减速箱机械油每三个月须过滤或更换一次新油。（×）
正确答案： 斗轮机各减速箱机械油每六个月须过滤或更换一次新油。
458. 油系统中供回油的动力设备主要是供油泵。（√）
459. 维护供油泵时，由于场合不同，其处理原则也不同。（×）
正确答案： 维护供油泵时，场合不同，但其处理原则是一样的。
460. 离心泵启动前必须要灌泵，保证吸上真空度。（√）
461. 离心泵运行中出现噪音时，可以继续运行。（√）
462. 离心泵运行时，应经常监视油压变化，保持稳定。（√）
463. 离心泵润滑油的加入量应为油窗的1/4~3/4处。（×）
正确答案： 离心泵润滑油的加入量应为油窗的1/2~3/4处。
464. 离心泵一级保养后，机泵同轴度径向公差小于0.08mm。（√）
465. 对应叶轮有一个最佳流量，低于这个流量时，叶片工作面上会发生逆流。（√）
466. 单级离心泵一般要采用预旋。（×）
正确答案： 单级离心泵一般不需要采用预旋。
467. 离心泵末级叶轮采取较好材料，可有效提高抗汽蚀能力。（×）
正确答案： 离心泵首级叶轮采取较好材料，可有效提高抗汽蚀能力。

468. 提高离心泵抗汽蚀能力是克服汽蚀的重要措施。（√）

469. 油泵投入运行后，首先要注意它和电动机有无异音，碰撞和振动。（√）

470. 冷却机械密封的冷却水，水温度要在85℃以下。（×）

正确答案：冷却机械密封的冷却水，水温度要在65℃以下。

471. 泵的填料不要压的太紧。（√）

472. 轴封结构是否合理，对泵的长期安全运行关系不大。（×）

正确答案：轴封结构是否合理，与泵的长期安全运行关系很大。

单选题

1. 长焰煤是变质程度(B)、挥发分最高的烟煤。
   A. 最快　B. 最低　C. 最高　D. 最慢
2. 最不宜着火的燃料是(B)。
   A. 贫煤　B. 纯炭　C. 褐煤　D. 无烟煤
3. 低挥发分煤粉的着火温度可高达(B)℃。
   A. 1000　B. 1100　C. 1200　D. 1300
4. 褐煤的挥发分含量为(D)。
   A. 10%~20%　B. 30%~40%　C. 20%~30%　D. 大于40%
5. 燃煤的炭化程度越高，(C)。
   A. 挥发分越高　B. 灰分越高　C. 越不易自燃　D. 越易自燃
6. 燃煤灰分增加，会使炉膛温度(D)。
   A. 升高　B. 不变　C. 增加　D. 降低
7. 标准煤的发热量为(B)kJ/kg。
   A. 20934　B. 29397.6　C. 25120.7　D. 7000
8. 煤的密度有真密度、(D)和视密度三种。
   A. 假密度　B. 累计密度　C. 纯密度　D. 堆积密度
9. 煤的密度决定于煤的(D)程度、煤的组成和煤中矿物质的特性及其含量。
   A. 假密度　B. 累计密度　C. 纯密度　D. 堆积密度
10. 存在于煤料表面和煤料缝隙及非毛细管的孔隙中的水是煤的(C)。
    A. 内在水分　B. 固有水分　C. 表面水分　D. 结晶水
11. 存在于煤毛细管中的水，是煤的(C)。
    A. 外在水分　B. 表面水分　C. 内在水分　D. 结晶水
12. 煤在无需外来(B)受自身氧化作用蓄热而引起的着火称为自燃。
    A. 压力　B. 火源　C. 动力　D. 变化
13. 煤的自燃是一个复杂的(D)变化过程。
    A. 物理　B. 化学　C. 化合　D. 物理和化学
14. 输煤胶带上有大量的水会导致(B)。
    A. 跑偏　B. 煤自流　C. 打滑　D. 出力降低
15. 当煤的(C)增大时，会降低筛分设备效率并加速设备的锈蚀。
    A. 松散性　B. 颗粒　C. 含水率　D. 容重

16. 运行中煤的挥发分和硫分增大时，输煤系统应注意做好(D)和煤自燃的措施。

A. 防自流　　B. 防事故停机　　C. 防尘　　D. 防爆

17. 各种重油性能大同小异，其中闪点为130℃，凝固点为45℃的重油称(D)号重油，又称渣油。

A. 20　　B. 60　　C. 100　　D. 250

18. 发电厂用的燃油有重油、(B)和原油。

A. 汽油　　B. 柴油　　C. 煤油　　D. 沥青

19. 单位体积燃油的质量称为燃油的(B)。

A. 质量　　B. 密度　　C. 黏度　　D. 凝固点

20. 燃油的装卸、输送和储存都以燃油的(B)作为计量依据。

A. 凝固点　　B. 密度　　C. 黏度　　D. 质量

21. 燃油的(D)是影响燃油在管道中流动速度的主要因素。

A. 水分　　B. 闪点　　C. 密度　　D. 黏度

22. 燃油流动时，其内部层面间的摩擦力用(B)来表征。

A. 机械杂质　　B. 黏度　　C. 密度　　D. 凝固点

23. 燃油加热后的气体与空气混合，达到一定温度后遇明火首先要发生(C)。

A. 燃烧　　B. 自燃　　C. 闪燃　　D. 爆燃

24. 燃油在受热后会析出可燃气体，同空气混合后在没有明火的情况下受热发生持续燃烧的温度称为燃油的(B)。

A. 燃点　　B. 自燃点　　C. 闪点　　D. 着火点

25. 从燃油工业分析中可以看出，全碳Ct等于固定碳和(D)中碳Cr之和。

A. 硫化物　　B. 灰化物　　C. 水分　　D. 挥发分

26. 燃油燃烧时，在油蒸汽(D)形成燃烧区，剧烈燃烧变成高温烟气。

A. 下层　　B. 上层　　C. 中间　　D. 表面

27. 燃油着火以前称为(C)。

A. 燃烧阶段　　B. 放热阶段

C. 准备阶段　　D. 排汽阶段

28. 燃油中的水分在(C)时，燃油的燃烧效果最好。

A. 1%　　B. 2%　　C. 5%　　D. 10%

29. 锅炉采用低氧燃烧，可以使(C)的产量大大减少。

A. 水分　　B. 二氧化硫　　C. 三氧化硫　　D. 焦炭

30. 0号柴油的凝固点为(B)℃。

A. −10　　B. 0　　C. −20　　D. −35

31. 0号柴油的闪点为(C)℃。

A. 40　　B. 50　　C. 65　　D. 70

32. 250号渣油的凝固点为(D)℃。

A. 15　　B. 20　　C. 25　　D. 45

33. 250号渣油的闪点为(D)℃。

A. 80　　B. 100　　C. 120　　D. 130

34. 从油井开采出来未经加工炼制的石油称为(B)。

A. 渣油　　B. 原油　　C. 汽油　　D. 柴油

35. 原油的闪点和燃点较(B)为低。

A. 渣油　　B. 重油　　C. 汽油　　D. 柴油

36. 目前，我国石油主要的运输方式是(B)运输。

A. 船舶　　B. 铁路　　C. 公路　　D. 管道

37. 一般油罐的容积约为(B)m^3，故铁路运输具有很大运输量。

A. 30　　B. 50　　C. 100　　D. 150

38. 为便于载油，油轮除了有航行系统，还装有(B)系统。

A. 吊货　　B. 加热　　C. 加工　　D. 排水

39. 石油运输中成本最低的运输方式是(D)运输。

A. 铁路　　B. 船舶　　C. 公路　　D. 管道

40. 油面低于(C)m 时，在油柱高度的 1/2 处测温。

A. 1　　B. 2　　C. 3　　D. 5

41. 油罐的顶部应装有透气孔和(C)，确保安全。

A. 采光井　　B. 人孔　　C. 阻火器　　D. 温测点

42. 燃油在保管时，重油的温度不能超过(B)℃。

A. 70　　B. 100　　C. 120　　D. 150

43. 卸油过程中，对原油加热一般不超过(B)℃。

A. 30　　B. 45　　C. 60　　D. 75

44. 在卸油时，为了防止静电产生火花，卸油的轨道必须有良好的接地电阻，大小不能超过(B)Ω。

A. 1　　B. 5　　C. 10　　D. 16

45. 油轮卸油时，船体周围(D)m 内不得有明火作业。

A. 200　　B. 300　　C. 400　　D. 50

46. 油轮装卸油后，应立即(C)。

A. 检尺　　B. 离岸　　C. 盖上油舱　　D. 化验油品质量

47. 电路中形成电流的必要条件是有(C)存在，而且电路必须闭合。

A. 电阻　　B. 电流　　C. 电源　　D. 用电器

48. 导体对电流的阻碍作用叫(D)。

A. 电感　　B. 电抗　　C. 电容　　D. 电阻

49. 电容器在刚充电瞬间相当于(A)。

A. 短路　　B. 开路　　C. 断路　　D. 通路

50. 电阻 R_1、R_2并联的直流电路中，其总电流为 I，则 R_1支路的电流 I_1 =(B)。

A. $I[R_1/(R_1+R_2)]$　　B. $I[R_2/(R_1+R_2)]$

C. I　　D. $I[1/(R_1+R_2)]$

51. 并联电路的等效电阻的(B)，等于各并联电阻的倒数之和。

A. 倍数　　B. 倒数　　C. 平方数　　D. 基数

52. 凡是将电阻的首尾依次相连，使电流以只有一条通路的接法叫做电阻的(C)。

A. 并联　　B. 混联　　C. 串联　　D. 交叉连接

53. 在串联电路中，总电压等于各电阻上电压降(B)。

A. 之差　　B. 之和　　C. 的商　　D. 的乘积

54. 全电路欧姆定律的数学表达式为(D)。

A. $I=U/R$　　B. $I=U/(R+R_0)$

C. $I=E/R$　　D. $I=E/(R+R_0)$

55. 有一电源的电动势为 3V，内阻 R_0 为 0.4Ω，外接负载电阻为 9.6Ω，则电源端电压为(A)V。

A. 0.88　　B. 0.12　　C. 0.3　　D. 3.25

56. 某电炉接在 220V 电源上，正常工作时流过电阻丝的电流为 5A，此时电阻丝的电阻为(D)Ω。

A. 40　　B. 42　　C. 46　　D. 44

57. 对一导体而言，$R=U/I$ 的物理意义是(D)。

A. 导体两端电压越大，则电阻越大

B. 导体中电流越小，则电阻越大

C. 导体中电流越大，则电阻越小

D. 导体的电阻等于导体两端电压与通过导体的电流的比值

58. 电源电动势的大小表示(D)做功本领的大小。

A. 电场力　　B. 电场力和外力　　C. 电源　　D. 外力

59. 电场中两点之间的电位差称为(A)。

A. 电压　　B. 电流　　C. 电阻　　D. 电感

60. 采用电流热效应发光的灯是(D)。

A. 荧光灯　　B. 碘钨灯　　C. 高压钠灯　　D. 白炽灯

61. 电流热效应的产生是因为导体中存在(B)。

A. 电抗　　B. 电阻　　C. 电容　　D. 感抗

62. 电流经人体任何途径都可以致人死亡，但是电流通过人体最危险的途径是(A)。

A. 左手到胸　　B. 两脚之间　　C. 右手　　D. 右手到胸

63. 在一般情况下，人体能忍受的安全电流可按(D)mA 考虑。

A. 100　　B. 50　　C. 10　　D. 30

64. 属于直接接触触电的是(D)。

A. 接触电压触电　　B. 跨步电压触电

C. 两相触电　　D. 高压电场伤害

65. 在三相四线制线路上，当发生两相触电时，人体承受的电压是(D)V。

A. 380　　B. 220　　C. 160　　D. 600

66. 发现有人触电而附近没有开关时，可用(B)切断电路。

A. 电工刀　　B. 铁锨　　C. 铁剪子　　D. 斧头

67. 在触电者脱离带电导线后迅速将其带到(D)m 以外场地，立即开始触电急救。

A. 6~10　　B. 5~10　　C. 10~15　　D. 8~10

68. 对于间接触电可采取(D)等措施。

A. 布置安全电压　　B. 漏电保护装置　　C. 保持间距　　D. 电气隔离

69. 对于直接触电可采取(B)等措施。

A. 加强绝缘　　B. 布署安全电压
C. 电气隔离　　D. 等电位环境

70. 采用电气隔离的方法防止间接触电，被隔离回路的电压不应超过(D)V。

A. 110　　B. 220　　C. 380　　D. 500

71. 电气设备采用(D)V以上的安全电压时，必须采用防止直接接触带电体的保护措施。

A. 6　　B. 12　　C. 36　　D. 24

72. 关于力的正确说法是(D)。

A. 垂直线总是下垂的，所以重力的方向总是垂直向下的
B. 力是物体间的相互作用，因此只有相互接触的物体才发生力的作用
C. 在平衡力的作用下，物体一定处于静止状态
D. 相互接触的物体，不一定发生力的作用

73. 在粗糙水平面上静止的物体，受到的力有(A)。

A. 重力、支持力　　B. 重力、摩擦力
C. 重力、支持力、摩擦力　　D. 物体不受力

74. 火车在平直轨道上匀速运动，这是由于火车(B)。

A. 受的牵引力大于阻力　　B. 受的牵引力等于阻力
C. 只受到牵引力的作用　　D. 受到外力的作用

75. 重为6300N的直升飞机，在下列情况中螺旋桨产生的举力大于6300N的是(D)时。

A. 停留在空中　　B. 匀速向上升
C. 匀速向下降　　D. 加速向上升

76. 光滑水平面上的一个物体，受水平方向两个推力作用，两力之间夹角为90°，大小为10N，物体所受合力大小为(D)N。

A. 10　　B. 20　　C. 8　　D. 14

77. 甲、乙推一张桌子，甲用30N的力向右推，乙用50N的力向左推，两力沿同一直线，桌子受到的合力是(D)。

A. 30N向右　　B. 20N向右　　C. 50N向左　　D. 20N向左

78. 两个人用绳子提水，形成的夹角是120°，其中每个人用的力是(B)N。

A. 15　　B. 10　　C. 12　　D. 5

79. 把竖直向下的180N的力分解成两个力，使其中一个分力在水平方向上等于240N，那么另一个分力为(B)N。

A. 350　　B. 300　　C. 260　　D. 150

80. 杠杆的平衡条件是作用在杠杆上的各力对固定点的(B)的代数和为零。

A. 力偶矩　　B. 力矩　　C. 力偶　　D. 力臂

81. 力偶对物体的(A)效果不仅与力的大小有关，而且与两力作用线的垂直距离有关。

A. 转动　　B. 移动　　C. 平衡　　D. 推动

82. 力偶与力矩的单位相同，都用(B)来表示。

A. N　　B. Nm　　C. kgm　　D. gm

83. 作用于刚体上某点的两个力，其(B)也作用在该点上，它的大小和方向由这两个力

为邻边所构成的平行四边形的对角线来表示。

A. 重力　B. 合力　C. 质量　D. 衡力

84. 对物体的运动起限制阻碍作用的力，称为(D)。

A. 重力　B. 约束力　C. 合力　D. 约束反力

85. 所谓(B)就是阻碍物体运动的一切限制条件。

A. 被约束　B. 约束　C. 自由体　D. 约束反力

86. 将能量由(D)传递到工作机的一套装置称为传动装置。

A. 发动机　B. 汽油机　C. 柴油机　D. 原动机

87. 两构件作点或线接触的运动副称为(A)。

A. 高副　B. 低副　C. 次高副　D. 次低副

88. 采用带传动时，带轮上的包角不能小于(D)。

A. 135°　B. 130°　C. 125°　D. 120°

89. 交叉式传动用于两轴轴线互不(B)且空间交错的场合。

A. 垂直　B. 平行　C. 交错　D. 交叉

90. 带传动的结构不紧凑，不能保证(A)的速比，效率低，寿命短。

A. 准确　B. 正确　C. 稳定　D. 相同

91. 带传动是用皮带做(A)靠皮带与皮带轮的摩擦作用传递轴间的扭矩。

A. 媒体　B. 中间体　C. 介体　D. 介质

92. 使用链节数为奇数的链节时，应采取(D)固定活动销轴。

A. 开口销　B. 弹簧卡片　C. 圆柱销　D. 过渡链节

93. 齿轮在轴上固定，当要求配合过盈量很大时，应采用(D)。

A. 敲击法装入　B. 压力机压入

C. 冲压装配　D. 液压套合装配

94. 安装渐开线圆柱齿轮时，接触斑点处于异向偏接触的不正确位置，其原因是两齿轮(B)。

A. 轴线平行　B. 轴线歪斜

C. 轴线不平行　D. 中心距不准确

95. 传动平稳，无噪声，能缓冲，吸振的传动是(D)。

A. 带传动　B. 斜齿轮传动

C. 蜗杆传动　D. 螺旋传动

96. 不管是螺母位移或螺杆位移，其移量 L 和螺旋传动时转速 n 之间的关系为(A)。s 为螺纹的导程。

A. $L=ns$　B. $s=nL$　C. $n=Ls$　D. $s=1/2nL$

97. 传动比大而且准确的传动是(D)。

A. 带传动　B. 链传动

C. 齿轮传动　D. 蜗杆传动

98. 滚动摩擦力与加在滚子上的垂直正压力成正比，与滚子直径大小成(B)。

A. 正比　B. 反比

C. 倍数关系　D. 积数关系

99. 互相接触的两个物体相对运动或者有相对运动的趋势时，在两个接触面之间所产生的阻碍对运动的力叫做(D)。

A. 静摩擦力　　B. 滑动摩擦力

C. 滚动摩擦力　　D. 摩擦力

100. 通常所使用的图纸中，(A)幅面尺寸最大。

A. A0　　B. A1　　C. A2　　D. A3

101. 图纸中尺寸的三要素中不包括(D)。

A. 尺寸界线　　B. 尺寸位置　　C. 尺寸数字　　D. 尺寸线

102. 在机械制图中，细实线图线宽度为(D)。

A. b　　B. 2b/3　　C. 4b/3　　D. b/3

103. 所有剖面图的剖面线为(B)。

A. 30°　　B. 45°　　C. 60°　　D. 90°

104. 要想准确而迅速地绘制图样，必须掌握(D)的使用方法。

A. 绘图标准　　B. 丁字尺　　C. 图板　　D. 绘图工具

105. 铅芯较软的(D)可用来画粗实线。

A. H　　B. 2H　　C. 3H　　D. 2B

106. 在正立投影面上得到的视图叫做(A)。

A. 主视图　　B. 俯视图　　C. 左视图　　D. 右视图

107. 当直线平行于投影面时，投影显示(A)。

A. 实际长度的直线　　B. 缩短了的直线

C. 一个点　　D. 延长了的直线

108. 图样中的尺寸以(B)为单位的不需要标注计量单位代号或名称。

A. m　　B. mm　　C. cm　　D. dm

109. 机件上的每一个尺寸一般只标注一次，应标注在反映结构最清晰的(D)上。

A. 位置　　B. 外型　　C. 方位　　D. 图形

110. 直线的投影可由直线上任意(A)点的投影来决定。

A. 二　　B. 三　　C. 四　　D. 一

111. 若两直线的同面投影均相交，且交点连线垂直于投影轴，则该两直线必须(B)。

A. 平行　　B. 相交　　C. 重叠　　D. 垂直

112. 当取属于定平面的点时，要取自属于该平面的(B)。

A. 点　　B. 面　　C. 直线　　D. 线

113. 平面上的一切图形，其正面投影反映的是(A)。

A. 实形　　B. 实体　　C. 面　　D. 直线

114. 正等轴测图的各轴间角均为(B)。

A. 60°　　B. 120°　　C. 131°　　D. 41°

115. 在正等轴测图中，为作图方便，三个轴的轴向缩短率都取 1，称为(D)缩短率。

A. 标准　　B. 放大　　C. 缩小　　D. 简化

116. 在画管道的斜等轴测图时，选定三个轴的简化变形系数都等于(B)。

A. 0.5　　B. 1　　C. 1.5　　D. 2

117. 零件图是直接指导生产的重要(D)文件。

A. 质量　　B. 测量　　C. 加工　　D. 技术

118. 看零件图时，应把视图、尺寸和形体结构三者密切结合起来，切勿孤立地进行(D)分析。

A. 结构　　B. 形体　　C. 视图　　D. 尺寸

119. 生产与安全工作发生矛盾时，要把(B)放在首位。

A. 生产　　B. 安全　　C. 产量　　D. 利润

120. “三级安全教育”即厂级教育、车间级教育、(A)级教育。

A. 班组　　B. 分厂　　C. 处　　D. 工段

121. 厂级安全教育对象不包括(C)。

A. 新调入人员　　B. 临时工　　C. 厂内调动人员　　D. 外用工

122. 为保护头部不因重物坠落或其他物件碰撞而伤害头部的防护用品是(A)。

A. 安全帽　　B. 防护网　　C. 安全带　　D. 防护罩

123. 从事计算机、焊接及切割作业、光或其他各种射线作业时，需佩戴专用(C)。

A. 防护罩　　B. 防护网　　C. 防护镜　　D. 防护服

124. 从事电气作业时需戴相应的(A)手套。

A. 绝缘专用　　B. 皮　　C. 线　　D. 棉

125. 线手套或(B)手套只可做为一般的劳动防护用品。

A. 皮　　B. 布　　C. 橡胶　　D. 塑料

126. 工作地点有有毒的气体、粉尘、雾滴时，为保护呼吸系统，作业人员应按规定戴好(A)。

A. 过滤式防毒面具　　B. 防护服

C. 口罩　　D. 防护面罩

127. 在严重污染或事故抢救中，因污染严重，作业人员应佩戴(B)。

A. 过滤式防毒面具　　B. 隔绝式防毒面具

C. 口罩　　D. 防护面罩

128. 进入有毒设备内的作业人员，应备有(C)。

A. 防护口罩　　B. 过滤式防毒面具

C. 长管呼吸器　　D. 普通面具

129. 从事易燃、易爆岗位的作业人员应穿(B)工作服。

A. 晴纶　　B. 防静电　　C. 涤纶　　D. 防渗透

130. 从事酸碱作业人员应穿(C)工作服。

A. 棉布　　B. 防静电　　C. 耐酸碱　　D. 阻燃隔热

131. 厂内机动车装载货物超高、超宽时，必须经厂内(A)管理部门审核批准。

A. 安全　　B. 环保　　C. 监察　　D. 交通

132. 进行(B)m(含)以上高处作业，应办理“高处作业许可证”。

A. 10　　B. 15　　C. 20　　D. 30

133. MF4 型手提式干粉灭火器的灭火参考面积是(B)m^2。

A. 1.5　　B. 1.8　　C. 2.0　　D. 2.5

134. MFT70 型推车式干粉灭火器的灭火射程在(D)m。

A. 8~10　　B. 17~20　　C. 30~35　　D. 10~13

135. 对于液体火灾使用泡沫灭火器应将泡沫喷到(B)。

A. 液面　　B. 燃烧区上空

C. 火点周围　　D. 火点附近

136. MY2 型手提式 1211 灭火器的灭火射程是(C)m。

A. 1　　B. 2　　C. 3　　D. 4

137. MYT40 型 1211 灭火器的灭火射程在(A)m。

A. 3~5　　B. 7~8　　C. 8~9　　D. 6~8

138. 对于可能带电的电气设备着火时，应使用(B)灭火器。

A. 泡沫　　B. 二氧化碳　　C. 水雾式　　D. 1211

139. 在检修过程中，(D)是由车间组织有关人员验收已修好的设备和部件。

A. 冷态验收　　B. 热态验收

C. 三级验收　　D. 分段验收

140. 在检修工作中，(D)负责的事项是：①工作是否必要和可能；②工作票上所填写的安全措施是否正确和完善；③经常到现场检查工作是否安全地进行。

A. 参加工作人　　B. 工作许可人

C. 工作负责人　　D. 工作票签发人

141. 安全带在使用前应进行检查，并应定期进行静荷重试验；试验荷重为(B)kg，试验时间为 5min，试验后检查是否有变形、破裂等情况，并做好试验记录。

A. 300　　B. 225　　C. 150　　D. 100

142. 清洁生产的内容包括清洁的能源、(D)、清洁的产品、清洁的服务。

A. 清洁的原材料　　B. 清洁的工艺

C. 清洁的资源　　D. 清洁的生产过程

143. HSE 中的 H(健康)是指人身体上没有(B)，在心理上保持一种完好的状态。

A. 生命　　B. 疾病　　C. 健康　　D. 安全

144. 建立 HSE 管理体系可减少各类事故的发生、(C)。

A. 预防污染　　B. 节约能源　　C. 降低风险　　D. 减少成本

145. 建立 HSE 管理体系可提高企业安全、环境和健康(A)。

A. 管理水平　　B. 操作水平　　C. 使用水平　　D. 能源水平

146. 建立 HSE 管理体系可(C)污染、节约资源和能源。

A. 减少　　B. 预防　　C. 减少及预防　　D. 增加

147. 我国消防工作的根本法律依据是(D)。

A. 宪法　　B. 刑法　　C. 环境保护法　　D. 消防条例

148. 消防管理处罚条例形式为(D)。

A. 教育为主　　B. 拘役

C. 追究刑事责任　　D. 警告、罚款、拘留

149.《电力法》由(C)颁布。

A. 国务院　　B. 人民代表大会　　C. 政协　　D. 地方政府

150. 电力建设企业、电力生产企业、电网经营企业依法实行自主经营、自负盈亏，并接受(B)的监督。

A. 供电企业　　B. 电力管理部门
C. 变电所　　D. 地方政府

151. 电网运行实行统一调度(C)管理。

A. 统一　　B. 计划　　C. 分级　　D. 基层

152. 为在一定的范围内获得最佳秩序，对(A)制定共同的和重复使用的规则的活动，称为标准化。

A. 实际的或潜在的问题　　B. 实际问题
C. 事物和概念　　D. 潜在问题

153. 根据《国家标准管理办法》和《行业标准管理办法》，下列标准不属于强制性标准的是(D)。

A. 药品、食品卫生、兽药、农药和劳动卫生标准
B. 产品生产、贮运和使用中的安全及劳动安全标准
C. 工程建设的质量、安全、卫生等标准
D. GB/T 13387—1992《电子材料晶片参考面长度测量方法》

154. 我国在国家标准管理办法中规定国家标准的有效期一般为(C)年。

A. 3　　B. 4　　C. 5　　D. 7

155. 为了增进顾客满意，组织应按(B)标准的要求建立、实施和持续改进质量管理体系。

A. ISO 9000　　B. ISO 9001　　C. ISO 9004　　D. ISO 19011

156. 2000 版 ISO 9000 族标准适用的范围是(D)。

A. 小企业　　B. 大中型企业
C. 制造业　　D. 所有行业和各种规模的组织

157. 产品质量义务是法定义务中的一种，是指产品质量法律关系的主体为一定质量行为或不为一定质量行为，以满足对方利益需要的(D)性。

A. 必然　　B. 重要　　C. 强制　　D. 必要

158. 下列各项不属于生产产品质量消极义务的是(A)。

A. 限期使用的产品，应当在显著位置清晰地标明生产日期和安全使用期或者失效日期
B. 生产者不得伪造产地，不得伪造或者冒用他人的厂名、厂址
C. 生产者生产产品，不得掺杂、掺假，不得以假充真、以次充好，不得以不合格产品冒充合格产品
D. 生产者不得生产国家明令淘汰的产品

159. 适用于工作温度不高和潮湿的场合的是(A)润滑剂。

A. 钙基　　B. 钠基　　C. 锂基　　D. 铝基

160. 润滑剂在磨擦表面之间有(D)作用。

A. 密封　　B. 洗涤　　C. 冷却　　D. 防锈

161. 润滑脂习惯上称为黄油或干油的是一种(C)材料。
A. 固状　　B. 液态　　C. 凝胶状　　D. 气态
162. 润滑脂可说是一种稠化了的(B)。
A. 润滑剂　　B. 润滑油　　C. 石墨　　D. 润滑液
163. 油润滑的滑动轴承，其(B)随温度的升高而降低。
A. 基础油液　　B. 油液黏度　　C. 稠化剂　　D. 添加剂
164. 当速度低，负荷大时，应选用黏度较高的(C)。
A. 基础油液　　B. 稠化剂　　C. 润滑油　　D. 添加剂
165. 滚动轴承的结构不同，会影响(C)黏度的选择。
A. 油脂　　B. 稠化剂　　C. 润滑油　　D. 添加剂
166. 润滑脂只装满轴承，但上盖则只填空间的(D)。
A. 2/3　　B. 3/4　　C. 1/3　　D. 1/2
167. 润滑的一个重要作用是(B)摩擦面的温度。
A. 提高　　B. 降低　　C. 饱和　　D. 增加
168. 润滑就是在相对运动的两摩擦面之间加入(C)，使两摩擦面之间形成润滑膜。
A. 润滑油　　B. 润滑脂　　C. 润滑剂　　D. 物质
169. 一般由运行维护人员用油壶或油枪向油孔嘴加油称为(B)。
A. 机械润滑　　B. 手工润滑　　C. 自润滑　　D. 手工加油
170. 加入油池的油应先经过滤清，油池温度一般不宜超过(D)℃。
A. 30　　B. 50　　C. 60　　D. 70
171. 皮带是由橡胶与织物衬层组成，(A)包括帆布、维尼龙、尼龙等几种。
A. 带心　　B. 衬层　　C. 胶层　　D. 绳心
172. 皮带衬层的纬线主要承受(C)张力。
A. 平行　　B. 垂直　　C. 横向　　D. 纵向
173. 带式输送机具有易于实现(A)控制及远方操作的优点。
A. 自动　　B. 集中　　C. 联锁　　D. 手动
174. 具有生产率高，运行平稳可靠，输送连续均匀等优点的是(A)
A. 带式输送机　　B. 气垫式输送机
C. 花纹式输送机　　D. 中间驱动输送机
175. 皮带运行中发现煤中夹有大型杂物或雷管，应立即(C)。
A. 汇报班长　　B. 换路运行　　C. 停机处理　　D. 清除
176. 带式输送机减速机油位应在油标刻度的(C)处。
A. 1/5　　B. 2/5　　C. 1/3~2/3　　D. 1/2
177. 在轴承上行走和坐立是(B)的。
A. 允许　　B. 禁止　　C. 可以　　D. 必要
178. 带式输送机倾角超过(A)时，需设置制动装置。
A. 4°　　B. 16°　　C. 30°　　D. 36°
179. 为防止重载停机时发生倒转事故，一般都要设置(C)装置。
A. 清扫　　B. 拉紧　　C. 制动　　D. 喷淋

180. 输煤系统中常用的(C)装置有带式逆止器、滚柱逆止器、电动液压制动器和电磁制动器等。

A. 清扫　B. 拉紧　C. 制动　D. 喷淋

181. 皮带运行中发生危及人身或设备安全时，应(B)。

A. 向上级汇报　B. 紧急停机　C. 迅速逃生　D. 立即处理

182. 碎煤机、落煤管严重堵塞，不能排除时，应(A)。

A. 紧急停机　B. 向上级汇报　C. 减小煤量　D. 继续运行

183. 电动机和减速滚筒组成的(D)装置，有利于电动机的冷却、散热。

A. 拉紧　B. 制动　C. 清扫　D. 驱动

184. 电动滚筒驱动装置就是将电动机、减速机都装在滚筒(A)。

A. 壳内　B. 上部　C. 下部　D. 左右

185. 电气设备采用(C)后，当绝缘损坏、机壳带电时，人体接触机壳不会造成触电。

A. 继电保护　B. 相间保护　C. 保护接地　D. 低压保护

186. 输煤设备的(A)装置应对各种故障有足够的反应能力。

A. 继电保护　B. 相间保护　C. 保护接地　D. 低压保护

187. 继电保护装置仅动作于(D)设备，使停电范围尽可能缩小。

A. 连接　B. 专属　C. 停运　D. 故障

188. 拉紧装置的作用是：(C)；使带式输送机稳定运行。

A. 限制胶带在各支撑托辊间的跑偏　B. 限制胶带在各支撑托辊间的载荷

C. 限制胶带在各支撑托辊间的垂度　D. 限制胶带在各支撑托辊间的张力

189. 每日白班接班后，班长在确认无异常或无设备检修时方可对带式输送机进行(A)。

A. 试验　B. 轮换　C. 检修　D. 启动

190. 滚筒筛的特点是维修工作量小，筛分效率高，一般在(B)左右。

A. 75%　B. 80%　C. 85%　D. 90%

191. 固定筛主要由一个固定式(C)布置的筛算组成。

A. 平行　B. 垂直　C. 倾斜　D. 横向

192. 固定筛的原理是靠煤落在筛算上(A)后，小于筛算缝隙的漏入料斗，大于筛算缝隙的进入碎煤机。

A. 自然流动　B. 机械挑选　C. 人工分流　D. 弹起

193. 滚轴筛煤机是利用多轴旋转推动物料前移，并(B)进行筛分的一种机械。

A. 分别　B. 同时　C. 分段　D. 分块

194. 滚轴筛入口端增装电动挡板，煤流即可以经(C)筛分，又可以经旁路通过。

A. 筛轴　B. 筛片　C. 筛面　D. 滚轴

195. 惯性振动筛偏心块产生的离心力是(D)的，振动力比较分散。

A. 单方向　B. 双向　C. 四面　D. 全方向

196. 惯性(A)共振筛两偏心块的相对角度变化，将明显改变激振力的方向和大小，进而影响筛分效率。

A. 直线　B. 曲线　C. 概率　D. 离心

197. 按型式(A)可分为偏心振动筛、惯性振动筛、直线共振筛、惯性概率筛、自定中心振动筛等。

A. 振动筛　　B. 波动筛　　C. 滚轴筛　　D. 概率筛

198. 波动筛煤机不准带负荷启动，每次停机前必须待(B)上没有物料后方可停机。

A. 筛轴　　B. 筛面　　C. 筛板　　D. 筛片

199. 从煤矿来的原煤粒度大多不符合锅炉制粉系统的要求，所以燃煤电厂都有(C)设备。

A. 筛煤　　B. 运煤　　C. 碎煤　　D. 卸煤

200. 碎煤机的破碎质量对于(B)设备运行的可靠性有很大的影响。

A. 输煤　　B. 制粉　　C. 锅炉　　D. 卸煤

201. 造成碎煤机电流摆动的原因是(C)。

A. 粒度大　　B. 入料口堵塞　　C. 给料不均匀　　D. 动能不足

202. 环锤式破碎机运行前应检查(D)有没有积煤、铁皮、石块等杂物。

A. 周围　　B. 机内　　C. 破碎机上方　　D. 除铁室内

203. 环锤式破碎机运行中滚动轴承温度不应超过(C)℃。

A. 65　　B. 70　　C. 75　　D. 80

204. 环锤式碎煤机的环锤与筛板的间隙一般为(B)mm。

A. 10~20　　B. 20~25　　C. 25~30　　D. 30~35

205. 锤击式碎煤机不宜于用其破碎(A)大和含黏土的物料。

A. 湿度　　B. 黏度　　C. 温度　　D. 粒度

206. 锤击式碎煤机高速旋转的锤头由于离心力的作用，呈(C)状张开。

A. 伞　　B. 合并　　C. 放射　　D. 桶

207. 反击式碎煤机一般都采用整体(C)结构，该结构重量较大能满足工作要求。

A. 铸铁　　B. 纯铁　　C. 铸钢　　D. 精钢

208. 反击式碎煤机由于板锤极易磨损，其在硬物料破碎的应用上，通常用来粗碎、中碎或细碎(B)以下的脆性物料。

A. 高硬度　　B. 中硬度　　C. 低硬度　　D. 低软度

209. 反击式碎煤机是利用(D)的高速冲击和反击板的回弹作用，使物料受到反复冲击而破碎的机械。

A. 机体　　B. 转子　　C. 液压开启机构　　D. 板锤

210. 反击式碎煤机一定要在达到额定(A)后，方可施加载荷工作。

A. 转速　　B. 电流　　C. 功率　　D. 电压

211. 环式碎煤机每隔(D)加油一次，一般为二硫化钼锂基脂。

A. 一个月　　B. 二个月　　C. 半年　　D. 三个月

212. 环式碎煤机轴承每年最少清洗(C)次，全部换注新油。

A. 4　　B. 5　　C. 1~2　　D. 3

213. 锤击式碎煤机轴承每年最少清洗(C)次，全部换注新油。

A. 4　　B. 5　　C. 1~2　　D. 3

214. 减振平台主要与(B)配套使用，起减振作用。

A. 筛煤机　B. 碎煤机　C. 皮带机　D. 给料机

215. 减振平台能有效减少碎煤机对(C)的振动危害。

A. 环锤　B. 反击板　C. 机房　D. 破碎板

216. 托辊按其用途可分为槽型托辊，平行托辊和(A)。

A. 缓冲托辊　B. 大托辊　C. 中托辊　D. 下托辊

217. 目前新型托辊大多采用(D)润滑。

A. 钙基润滑脂　B. 钠基润滑脂

C. 钙钠基润滑脂　D. 二号锂基润滑脂

218. 托辊在输煤皮带中起(C)作用。

A. 拉紧　B. 输煤　C. 支撑皮带　D. 稳定运行

219. 自动调心托辊的调心原理是：当托辊受到皮带边缘的磨擦力后，它给回转架施加回转力矩，使回转架转过一定的角度，从而给跑偏胶带施加(B)，而达到调心目的。

A. 压力　B. 反向力　C. 作用力　D. 正压力

220. 电子皮带秤专用托辊是(D)的托辊。

A. 防尘　B. 防水　C. 低精度　D. 高精度

221. 为减少皮带上黏结的煤而设计的托辊是(C)托辊。

A. 平行　B. 梳形倾斜　C. 梳形水平　D. 缓冲

222. 调心托辊的作用是调整皮带(B)。

A. 拉紧　B. 跑偏　C. 角度　D. 方向

223. 双板缓冲锁气器更能使煤流居中，减少下级皮带的(A)现象。

A. 跑偏　B. 划破　C. 打滑　D. 断裂

224. 缓冲锁气器利用物料堆高自封闭效果大大减少了(D)诱导上翻。

A. 燃煤　B. 石灰石　C. 水流　D. 风量

225. 通过缓冲锁气器缓冲后下段胶带上的料流均匀，减少了(A)的损坏量。

A. 缓冲托辊　B. 皮带　C. 落煤管　D. 导料槽

226. 导料槽的上盖板制成(D)，便于积尘后水冲洗。

A. 方形　B. 圆形　C. 梭形　D. 弧形

227. 皮带输送机尾部导料槽主要的密封装置是(D)挡煤皮。

A. 固定式　B. 封尘式　C. 弯曲式　D. 迷宫式

228. 手动挡板执行机构，一般用作(C)的装置。

A. 减速　B. 旋转　C. 切换　D. 拉紧

229. 导料槽中，金属挡板应与皮带保持(B)mm 间隙。

A. 10　B. 30　C. 60　D. 50

230. 只在斗轮机取料时工作，在斗轮机堆料时处理停止状态的是(D)部件。

A. 挖煤　B. 取料　C. 堆料　D. 挖煤取料

231. 斗轮机有液压驱动、机械驱动和机械液压联合驱动三种驱动方式的是(A)。

A. 斗轮　B. 悬架　C. 门柱　D. 门架

232. 斗轮机堆料法中，(A)可分为断续回转加断续行走堆料法和连续回转堆料法。

A. 回转堆料法　B. 定点堆料法　C. 行走堆料法　D. 固定堆料法

233. 斗轮机堆料法中，耗功大，机器振动大，较不经济的是(C)。

A. 回转堆料法　　B. 定点堆料法

C. 行走堆料法　　D. 固定堆料法

234. 斗轮堆取料机工作地点在正常工作时风压小于(D)Pa。

A. 100　　B. 150　　C. 200　　D. 250

235. 斗轮机取料能力为(A)t/h。

A. 800　　B. 1000　　C. 1200　　D. 1500

236. 斗轮机械液压联合驱动不仅具有(A)的优点，而且传动效率较高。

A. 液压传动　　B. 机械传动　　C. 液压驱动　　D. 机械驱动

237. 斗轮机驱动在悬臂皮带上的管路长(C)m。

A. 10　　B. 20　　C. 30　　D. 40

238. 斗轮机转速可实现无级调速和过载保护的是(A)方式。

A. 液压驱动　　B. 机械驱动　　C. 机械液压联合　　D. 电机驱动

239. 电动机(C)是直接控制执行机构的设备。

A. 动力设备　　B. 用电设备　　C. 一次设备　　D. 二次设备

240. 电动机(D)是对一次设备进行监视、测量、保护与控制的设备。

A. 动力设备　　B. 用电设备　　C. 一次设备　　D. 二次设备

241. 电动机在运行中不应超过其额定电流，否则将会因过热而烧损电动机(C)。

A. 电容　　B. 齿轮　　C. 绕组　　D. 机体

242. 使用中 40kW 以上的电动机一般要安装监视(A)。

A. 电流表　　B. 欧姆表　　C. 电压表　　D. 电度表

243. 电动机各相电流不平衡值不得超过(A)量程，不得缺相运行。

A. 电流表　　B. 欧姆表　　C. 电压表　　D. 电度表

244. 电动机运行时，巡检员应检查三相电源电压之差不得大于(C)。

A. 1%　　B. 3%　　C. 5%　　D. 10%

245. 启动多台电动机时，一般应(A)有秩序地一台台启动，不能同时启动。

A. 从大到小　　B. 从小到大　　C. 从头到尾　　D. 从后到前

246. 电动机静子最大允许温度是(D)℃。

A. 60　　B. 70　　C. 80　　D. 100

247. 电动机的温升是指实际运行温度(B)环境温度的差额。

A. 加上　　B. 减去　　C. 乘以　　D. 除以

248. 电动机绕组和铁心的最高温度不得超过 105℃，温升不得超过(B)℃。

A. 50　　B. 65　　C. 80　　D. 105

249. 电动机可以在额定电压的-5%～+10%的范围内运行，其相间电压的不平衡值不得超过(A)。

A. 5%　　B. 10%　　C. 15%　　D. 20%

250. 当减速机连续停机超过(C)h，再启动时，应空负荷运转，待齿轮和轴承充分润滑后，方可带负荷运转。

A. 6　　B. 12　　C. 24　　D. 48

251. 减速机初始运行(A)h后必须首次换油。

A. 200~400　B. 100~200　C. 50~100　D. >400

252. 减速机是机械设备减速(A)的主要的主体部件。

A. 驱动　B. 传动　C. 运行　D. 启动

253. 减速机有结构紧凑，适用广泛，传动比(D)，机械效率高等特点。

A. 随时变化　B. 随机变化　C. 固定不变　D. 恒定不变

254. 减速机启动前应先将润滑油加热到(D)℃。

A. 60　B. 40　C. 30　D. 10

255. 减速机闲置时间较长，启动前须对减速机进行(C)。

A. 继电保护　B. 清理　C. 防锈保护　D. 加油

256. 新减速机在啮合齿面有(B)的情况下方可启动。

A. 故障　B. 润滑油　C. 水　D. 灰尘

257. 减速机允许在(C)的情况下工作。

A. 无保护　B. 无润滑　C. 有润滑　D. 无监护

258. 绞绕钢丝绳的绳股捻绕方向与股绕成绳的方向(B)，起吊重物中不会扭转和松散。

A. 相同　B. 相反　C. 一致　D. 错开

259. 螺旋卸煤机是利用正反两套螺旋的旋转对煤产生(A)。

A. 推力　B. 摩擦力　C. 引力　D. 向心力

260. 螺旋卸煤机(D)传动的目的是增加螺旋的有效工作长度，以尽量减少车底余煤。

A. 电动机　B. 联轴器　C. 链轮　D. 中间

261. 螺旋卸煤机在下降过程中，一般需要留(D)mm左右的煤层。

A. 10　B. 30　C. 70　D. 100

262. 当重车在卸车线对位后，(C)将敞车侧门全部打开。

A. 惯性　B. 卸车机　C. 人工　D. 机械智能

263. 司机在操作螺旋卸煤机前应首先查看各操作把手是否在(C)。

A. 活动状态　B. 固定位置　C. 零位　D. 前面

264. 螺旋卸煤机接触煤层前，应先转动(C)。

A. 大车　B. 小车　C. 螺旋　D. 回转机构

265. 液力耦合器能(C)设备运行过程中的冲击和震动。

A. 消除　B. 增加　C. 减缓　D. 提升

266. 液力耦合器是利用(B)动能来连接电动机与机械传递功率的动力式液力传动机械。

A. 固体　B. 液体　C. 气体　D. 原子

267. 液力耦合器(A)部分主要包括涡轮和从动轴。

A. 从动　B. 主动　C. 泵轮　D. 涡轮

268. 液力耦合器连续运转时，工作油温不超过(C)℃。

A. 30　B. 60　C. 90　D. 100

269. 不允许随意拆卸(D)，以免破坏密封及装配精度。

A. 泵轮　B. 涡轮　C. 联轴器　D. 耦合器

270. 在零速工况前液力耦合器运转则为(C)工况。

A. 启动　B. 停止　C. 制动　D. 驱动

271. 液力耦合器由于特性曲线没有跌落部分，故其(A)力矩就是最大力矩。

A. 启动　B. 停止　C. 制动　D. 驱动

272. 选择液力耦合器的主要依据是机器的(B)特性。

A. 启动　B. 转矩　C. 停止　D. 制动

273. 特性平坦的限矩型或启动调速型液力耦合器适合(C)这类恒转矩负载的机器。

A. 调速的机器　B. 卷扬机　C. 带式输送机　D. 叶片式机器

274. 过载系数较大的普通型液力耦合器适合(B)使用。

A. 调速的机器　B. 卷扬机　C. 带式输送机　D. 叶片式机器

275. 离心泵主要是依靠叶轮旋转产生(A)使流体获得能量。

A. 离心力　B. 向心力　C. 真空　D. 高压

276. 离心泵叶轮连续旋转，在入口处形成(C)。

A. 离心力　B. 向心力　C. 真空　D. 高压

277. 离心泵启动前需灌液体并关闭(B)。

A. 上油门　B. 出口门　C. 入口门　D. 回油门

278. 固定的管道，泵转速提高，流量(A)。

A. 变大　B. 变小　C. 不变　D. 不稳定

279. 某台离心泵，当其输送流体的压力提高，其扬程(B)。

A. 会降低　B. 不受影响　C. 会提高　D. 会波动

280. 离心泵的扬程可通过(C)来换算测量。

A. 温度　B. 流量　C. 压力　D. 体积

281. 离心泵的总效率等于有效功率和(A)之比。

A. 轴功率　B. 最大功率　C. 最小功率　D. 实际功率

282. 功率是指单位时间内(B)的大小。

A. 位移　B. 所做功　C. 速度　D. 力

283. 配套功率 P_g，轴功率 P，有效功率 P_e 三者之间的关系是(A)。

A. $P_g>P>P_e$　B. $P_g>P_e>P$

C. $P>P_g>P_e$　D. $P>P_e>P_g$

284. 油泵在维修时，如轴承直径为 20~30mm，测量的许可磨损量为(A)mm。

A. 0.1　B. 0.2　C. 0.4　D. 0.5

285. 离心泵轴套主要是保护(B)，使其不受磨损。

A. 叶轮　B. 泵轴　C. 机械磨损　D. 泵壳

286. 在离心泵的出口管路中利用改变阀门开度使管路局部阻力发生变化达到调节目的的调节称为(A)调节。

A. 出口端　B. 变速　C. 动叶　D. 汽蚀

287. 动叶安装角可随不同工况而改变，从而提高泵在低负荷时效率的调节方法称(C)调节。

A. 出口端　B. 变速　C. 动叶　D. 汽蚀

288. 离心泵的流量损失是用(C)来衡量的。

A. 冲击损失　B. 摩擦损失　C. 流动损失　D. 扩散损失

289. 油泵叶轮转动时，部分获得能量的流体从高压侧向低压测泄漏，这种损失叫(C)损失。
A. 机械　B. 流动　C. 容积　D. 动能

290. 在供油泵中发生容积损失的部位主要发生在(A)与外壳密封环之间的间隙。
A. 叶轮入口　B. 密封　C. 泵轴　D. 平衡管

291. 离心泵转轴每分钟转动的次数称为离心泵的(A)。
A. 转速　B. 压力　C. 比转速　D. 额定转速

292. 当比转速 $ns<30$ 时，采用(D)泵。
A. 轴流　B. 混流　C. 离心　D. 容积

293. 当比转速 $300<ns<600$ 时，采用(B)泵。
A. 轴流　B. 混流　C. 离心　D. 容积

294. 正确的确定泵的(C)是保证在设计工况下不发生汽蚀的重要条件。
A. 转速　B. 效率　C. 几何安装高度　D. 功率

295. 输送流体的温度越高，所对应的汽化压力就越高，流体容易汽化，这时，泵的允许吸上真空高度也就(B)。
A. 越大　B. 越小　C. 越高　D. 无法确定

296. 供油泵运行时电动机允许振动值是(B)mm/s。
A. 0.02　B. 0.06　C. 0.6　D. 0.8

297. 供油泵运行时，泵轴承的温度不能超过(C)℃。
A. 50　B. 65　C. 75　D. 80

298. 在电厂中(A)担负着为锅炉输送液体、燃油等的任务。
A. 泵　B. 管道　C. 汽轮机　D. 风机

299. 将原动机的机械能转换为液体压能和动能的设备是(D)，是发电厂中主要耗电设备。
A. 风机　B. 叶轮　C. 管道　D. 泵

300. 轴流泵的叶片多为机翼型，有(C)片。
A. 1~2　B. 2~3　C. 4~6　D. 6~8

301. 轴流泵的叶轮旋转能够产生较大的推力，适合(B)工作场所使用。
A. 大流量，高压头　B. 大流量，小压头
C. 小流量，高压头　D. 小流量，小压头

302. 轴流泵主要是依靠旋转叶片产生的(C)使流体获得能量。
A. 离心力　B. 向心力　C. 推进力　D. 真空

303. 往复泵主要依靠(C)使流体获得能量。
A. 叶轮旋转　B. 叶电推进　C. 活塞往复　D. 齿轮啮合

304. 往复泵通过活塞往复产生了很大(C)，因此往复泵适用于高压力的工作场所。
A. 流量　B. 势能　C. 压力　D. 离心力

305. 齿轮泵是靠一对齿轮啮合产生的(D)使流体获得能量。
A. 离心力　B. 向心力　C. 真空　D. 推进力

306. 齿轮泵是由一对(C)的齿轮来使流体获得能量。
A. 半开　B. 全开　C. 相互啮合　D. 半圆

307. 提供计算器方式进行数字和算术符号输入的键盘区域是(D)键盘区。

A. 字母　B. 功能　C. 编辑　D. 数字

308. 鼠标是计算机的(B)。

A. 输出设备　B. 输入设备　C. 辅助设备　D. 内部设备

309. 计算机的显示系统包括(A)和显示器。

A. 显示卡　B. 声卡　C. 网卡　D. 内存条

310. 计算机的心脏是(D)。

A. 运算器　B. 存储器　C. 显示器　D. 中央处理器

311. ATX 标准主板具有节电功能，它让(C)具有控制电源的能力。

A. BIOS　B. RAM　C. CPU　D. BUS

312. 激光打印机通过(D)将碳粉印到纸上。

A. 色带　B. 喷嘴　C. 墨盒　D. 硒鼓

313. WindowsXP 通过选择开始菜单中(A)命令，可以实现不同用户之间的切换。

A. 注销　B. 切换　C. 控制面板　D. 关机

314. 使用一个受限制的账户，您不可以做的是(D)。

A. 更改密码　B. 更改您的主题

C. 查看文件　D. 更改他人账户

315. 在 WindowsXP 中，排列桌面图标可以按图标的名称、大小、类型和(A)进行排列。

A. 修改时间　B. 图标　C. 组　D. 属性

316. 在 WindowsXP 中，通过(A)可以完成多种任务，如启动程序、设置系统、打开文档、关闭计算机等。

A. 开始菜单　B. 快捷菜单　C. 下拉菜单　D. 对话框

317. 在 WindowsXP 中，开始菜单上带有黑色向右三角箭头的项目表示该项目下(B)。

A. 有对话框　B. 有子菜单　C. 无子菜单　D. 有选项卡

318. 在资源管理器中，先选中文件夹或文件，再按(D)键的同时，按鼠标左键拖到目的文件夹。

A. Ctrl　B. Alt　C. CapsLock　D. Shift

319. 在资源管理器中，(B)操作可以格式化磁盘。

A. 文件/格式化　B. 右击磁盘驱动器/格式化

C. 选中驱动器/文件/格式化　D. 单击磁盘驱动器/格式化

320. 扫描仪属于外部设备中的(A)。

A. 输入设备　B. 输出设备　C. 辅助存储器　D. 外存储器

321. 既可以作为输入设备又可作为输出设备的是(B)。

A. 扫描仪　B. 磁盘驱动器　C. 绘图仪　D. 显示器

322. 如果选择文件夹中的不连续文件和文件夹，可以先按(C)键，然后单击要选择的文件和文件夹。

A. Enter　B. Tab　C. Ctrl　D. Capslock

323. WindowsXP 桌面系统定义的默认图标有我的电脑、我的文档、回收站、(C)和 IE。

A. 开始菜单　B. 控制面板　C. 网上邻居　D. 程序

324. 皮带机正常运行时(A)必须转动灵活无异音。
A. 托辊　B. 犁刀　C. 皮带　D. 导料槽
325. 传动滚筒传给皮带的牵引力是(C)。
A. 作用力　B. 反作用力　C. 摩擦力　D. 重力
326. 普通型皮带横向扯断强度为每层(A)kg/cm。
A. 56　B. 60　C. 95　D. 140
327. 为防止重载停机时发生倒转事故，一般都要设置(C)装置。
A. 清扫　B. 拉紧　C. 制动　D. 喷淋
328. 带式输送机拉线开关的作用是(A)。
A. 事故停机　B. 启动设备　C. 接通电路　D. 切断电路
329. 在胶带运送机上，(B)滚筒由于具有摩擦系数大，不易黏煤的特点，而被广泛应用。
A. 光面　B. 包胶　C. 改向　D. 传动
330. 当传动滚筒与胶带间的摩擦力不够时，可能会引起胶带(C)。
A. 跑偏　B. 停机　C. 打滑　D. 倒转
331. 运煤系统中的带式输送机由于运行环境条件差，一般采用封闭(C)异步电动机。
A. 绕线　B. 直流　C. 鼠笼　D. 交流
332. 带式输送机沿皮带安装(A)开关，以防皮带跑偏。
A. 跑偏　B. 拉线　C. 减速　D. 堵煤
333. 输送带的(A)取决于带式输送机的速度和输送量。
A. 宽度　B. 长度　C. 牵引力　D. 拉力
334. 输煤皮带带宽为 500 或 600，其推荐选用的带速应为(A)m/s。
A. 1.25~2.5　B. 1.25~3.15　C. 1.25~3.15　D. 1.25~4.0
335. 不可能造成带式输送机胶带跑偏的原因是(C)。
A. 头尾滚筒中心线不平行　B. 落煤点不正
C. 皮带机过载　D. 皮带接口不正
336. 引起运煤胶带跑偏的原因是(A)。
A. 胶带接头不正　B. 减速器轴承缺油
C. 皮带机过载　D. 初张力太小
337. 当输煤量过大、非工作面有水时，皮带发生(C)现象。
A. 划破　B. 拉断　C. 打滑　D. 跑偏
338. 皮带打滑可能的原因是传动滚筒或皮带间的(B)不够。
A. 间隙　B. 摩擦力　C. 摩擦系数　D. 距离
339. 犁煤器犁板磨损，易造成皮带(C)
A. 跑偏　B. 拉断　C. 划破　D. 打滑
340. 拉紧滚筒或尾滚筒轧入尖硬物，易造成(C)。
A. 跑偏　B. 拉断　C. 划破　D. 打滑
341. 强力型胶带的径向扯断强度为(A)kg/(cm · 层)。
A. 160　B. 150　C. 120　D. 130

342. 导致皮带拉断的条件不包括(B)。

A. 皮带粘接口有裂纹　B. 带负荷启动次数多　C. 煤中有铁件、大块杂物碰刮皮带　D. 皮带粘接不牢

343. 因为输煤皮带导料槽胶板过硬而引起的工作面非正常磨损应(A)胶板。

A. 更换　B. 检修　C. 继续使用　D. 撤掉

344. 输煤皮带(A)因皮带打滑而造成非正常磨损，处理方法应是检修拉紧装置。

A. 非工作面　B. 工作面　C. 托辊　D. 滚筒

345. 输煤皮带因故紧急停机后，需(A)启动，易造成打滑冒烟、电动机过载甚至被烧毁等严重故障。

A. 带负荷　B. 就地　C. 重新　D. 马上

346. 如果是因为安装中心线不直而造成输煤皮带(A)，可以停机调整机架纵梁。

A. 跑偏　B. 打滑　C. 划破　D. 断裂

347. 输煤皮带采用胶接接头时皮带切口与(D)方向不垂直，使皮带承受不均匀的拉力，这时，应将接头重新接正。

A. 端口　B. 接头　C. 切口　D. 带宽

348. 输煤皮带中心线与滚筒中心线不垂直，应调整拉紧装置，否则会造成皮带(A)。

A. 跑偏　B. 打滑　C. 划破　D. 断裂

349. 初张力太小，拉紧器拉力不够或拉紧小车被卡住都会造成皮带(B)，解决的方法是调整拉紧装置，将卡物取出或加重锤以加大初张力。

A. 跑偏　B. 打滑　C. 划破　D. 断裂

350. 当超载运行时，为防止皮带(D)，应该减少输煤量。

A. 跑偏　B. 打滑　C. 划破　D. 拉断

351. 电动机有强烈的振动的原因是轴承破裂或间隙过大，应(B)。

A. 及时更换　B. 通知检修处理　C. 换路运行　D. 继续运行

352. 轴承接合面间隙大，会引发减速机(B)。

A. 升温　B. 异常　C. 漏油　D. 跳闸

353. 钢丝绳芯胶带强度高，可满足长距离(A)输送量的要求。

A. 大　B. 小　C. 中　D. 少

354. 钢丝绳芯胶带芯体无横丝，(A)强度很低，容易引起纵向划破。

A. 横向　B. 纵向　C. 竖向　D. 斜向

355. 波动筛煤机电动机损坏为(A)故障。

A. 电气　B. 机构　C. 常见　D. 设备

356. 波动筛煤机因筛条脱落或断落，发生故障是(A)。

A. 机构故障　B. 电气故障　C. 常见故障　D. 设备故障

357. 当进入筛煤机的煤层厚度太大或不均匀时，会(B)煤筛的筛分效率。

A. 提高　B. 降低　C. 增加　D. 减少

358. 当筛煤机的出力小于额定值时，随着筛煤机出力的增大，筛分效率(C)。

A. 变大　B. 变小　C. 不变　D. 波动

359. 具有结构简单，维护检修工作量小等优点，用来筛分原煤的是(A)。

A. 固定筛　B. 波动筛　C. 振动筛　D. 滚筒筛

360. 滚筒筛箅条可采用(C)于回转中心轴纵向排列的方式。
A. 垂直　B. 倾斜　C. 平行　D. 垂直或平行

361. 环锤式破碎机因轴承损坏而出现的现象是(A)。
A. 振动　B. 异响　C. 产量降低　D. 油温过高

362. 环锤窜动太大会造成环锤式破碎机内(B)。
A. 振动　B. 连续敲击声响　C. 堵塞　D. 损坏

363. 斗轮机因限位未恢复造成(B)机构不动作，应使其复位。
A. 旋转　B. 回转　C. 行走　D. 尾车

364. 斗轮机臂架升降不均匀，有抖动现象，应检查油质，必要时(C)。
A. 更换臂架　B. 清洗阀芯　C. 换油　D. 重新过滤

365. 造成斗轮机回转油泵出口无压力或压力低的原因是(A)齿轮损坏。
A. 减速器　B. 联轴器　C. 斗轮　D. 油路

366. 引起斗轮机油泵过度发热的原因可能是(C)。
A. 补油压力不足　B. 系统油压过低
C. 轴承损坏　D. 斗轮转速高

367. 造成电动机温度升高、振动的原因可能是电动机(B)运行。
A. 单相　B. 两相　C. 三相　D. 低负荷

368. 如电动机机体部分不平衡，会引发振动，应通知(D)解决。
A. 班长　B. 电工　C. 程控　D. 检修

369. 引起减速机振动的原因是(D)。
A. 电机故障　B. 联轴器故障　C. 油位过低　D. 齿轮掉齿

370. 离心泵轴套主要是保护(B)，使其不受磨损。
A. 叶轮　B. 泵轴　C. 机械磨损　D. 泵壳

371. 平衡盘工作面内径(A)。
A. 至少要稍大于叶轮口环处直径　B. 等于叶轮口环处直径
C. 小于叶轮口环处直径　D. 与叶轮口环处直径无关

372. 燃油的温度过高，有可能导致油泵发生(C)。
A. 停机　B. 跳闸　C. 汽蚀　D. 振动

373. 由于油罐中油含水较多，可能使供油泵在运行中发生(C)现象。
A. 停机　B. 跳闸　C. 汽蚀　D. 振动

374. 油泵运行中，发生电流表回零事故喇叭响，泵停止转动，可以判断此时发生(A)。
A. 油泵跳闸　B. 油泵汽化　C. 油泵振动　D. 油泵抽空

375. 在系统运行过程中，油泵转动声音消失，电压未变，电流表回零，可以判断此时发生(B)。
A. 油泵汽化　B. 油泵跳闸　C. 油泵振动　D. 油泵抽空

376. 油泵的入口管进入空气，会导致离心泵(D)。
A. 振动　B. 升温　C. 跳闸　D. 抽空

377. 供油罐的油位低于规定值，油在罐中产生漩涡，油泵就会(C)。
A. 振动　B. 跳闸　C. 抽空　D. 升温

378. 油泵在运行中，某一局部区域的压力降低到与液体温度相对应的饱和压力以下时，会使液体(C)。

A. 升温　B. 蒸发　C. 汽化　D. 沸腾

379. 在离心泵内反复地出现液体的汽化和凝聚过程，导致油泵的(D)故障。

A. 跳闸　B. 振动　C. 串轴　D. 汽化

380. 油泵运行中振动频率仅与(C)有关。

A. 负荷　B. 压头　C. 转速　D. 温度

381. 油泵因局部损坏，造成转子不平衡，会引起油泵(D)。

A. 抽空　B. 跳闸　C. 串轴　D. 振动

382. 解决油泵油膜振动，在设计时应尽可能使临界转速在工作转速的(C)。

A. 1/4　B. 1/3　C. 1/2　D. 1 倍

383. 提高轴径在轴心内的相对偏心率，可避免在工况改变时油泵发生(A)。

A. 油膜振动　B. 汽蚀　C. 跳闸　D. 停机

384. 油泵发生振动时的转速称(D)。

A. 最高转速　B. 最低转速　C. 振动转速　D. 临界转速

385. 当油泵叶轮叶片旋转使油经过导叶头部时，产生的油力冲击会使油泵产生(C)。

A. 汽蚀　B. 损坏　C. 振动　D. 串轴

386. 油泵振动频率与(A)有关。

A. 叶片数　B. 流量　C. 压力　D. 温度

387. 泵入口压力低于相应水温汽化压力时，泵会发生(C)。

A. 跳闸　B. 抽空　C. 汽蚀　D. 振动

388. 汽蚀发生时，油泵会产生(D)现象。

A. 流量升高　B. 压力升高　C. 效率提高　D. 振动

389. 油泵汽蚀的振动频率，最高可以达到(D)Hz，因此必须重视。

A. 500　B. 5000　C. 10000　D. 25000

390. 油泵的吸油管和压轴管的固定装置松动，会导致油泵运行中发生(D)。

A. 串轴　B. 平衡盘移位　C. 跳闸　D. 振动

391. 导致油泵机组发生振动的原因是(D)。

A. 润滑油质不良　B. 转速降低

C. 电机反转　D. 机械部分损坏

392. 油泵基础下沉，会造成(B)。

A. 跳闸　B. 振动　C. 抽空　D. 汽化

393. 油泵与原动机结合状态不平衡，会造成油泵强制性(A)。

A. 振动　B. 跳闸　C. 抽空　D. 汽化

394. 油泵的最小流量介于额定流量的 15%时，油泵会产生(B)。

A. 跳闸　B. 振动　C. 停机　D. 发热

395. 油泵的流量过低会引起油泵(C)。

A. 抽空　B. 跳闸　C. 振动　D. 停机

396. 油泵的吸油管路不严密，有空气漏入，可能会造成油泵启动后(C)。
A. 振动 B. 串轴 C. 发热 D. 不出油
397. 油泵启泵前未灌满油，会造成油泵启动后(A)。
A. 不出油 B. 跳闸 C. 串轴 D. 停机
398. 造成油泵运行中压头降低的原因可能是(C)。
A. 电机过热 B. 油泵振动 C. 转速降低 D. 电机振动
399. 油泵的压油管损坏，可能会引起油泵运行中(D)。
A. 振动 B. 跳闸 C. 发热 D. 压头降低
400. 油中含水过多时或油中含有空气，会使油泵运行中(C)。
A. 振动 B. 跳闸 C. 压头降低 D. 发热
401. 油泵进口滤油器网堵塞，会造成油泵(C)。
A. 振动 B. 串轴 C. 流量减少 D. 跳闸
402. 造成油泵运行中流量减少的原因可能是(C)。
A. 电机过热 B. 转子不平衡
C. 转速降低 D. 堵料发热
403. 油泵在安装时，由于(B)使推力轴承和平衡盘失掉止推作用，造成启动负载过大。
A. 推力间隙过小 B. 推力间隙过大
C. 设计高度过高 D. 设计高度过底
404. 机械各部件是否正确地安装到工作位置，直接关系到摩擦件的磨损速度，决定着(D)。
A. 机械精度 B. 机械效率
C. 机械使用寿命 D. 摩擦件使用寿命
405. 为及时消除堵煤，可以在固定筛筛子上安装(C)。
A. 箅条 B. 护罩 C. 振动器 D. 除铁器
406. 滚轴筛电机与轴承齿轮箱应有(A)装置。
A. 过载保护 B. 护罩 C. 过热保护 D. 继电保护
407. 当滚轴筛筛轴被卡住超过允许扭矩时，联轴器上的(A)即被剪断，
A. 过载保护 B. 继电保护
C. 过热保护 D. 过热继电保护
408. 为保证反击式碎煤机运行通畅，应定期清理(D)内积煤。
A. 轴承 B. 反击板 C. 衬板 D. 转子机腔
409. 反击式碎煤机(D)如有严重磨损应及时更换，避免事故发生。
A. 轴承 B. 反击板 C. 衬板 D. 板锤
410. 螺旋卸煤机制动带中部厚度磨损减少到原来的(A)应及时更换。
A. 1/2 B. 1/3 C. 1/4 D. 1/5
411. 斗轮机启动前应将机器的各种启动开关的电源(A)。
A. 投入 B. 断开 C. 封闭 D. 关闭
412. 斗轮机上的斗子应完好，斗齿无脱落和连接螺栓无(A)现象。
A. 松动 B. 磨损 C. 缺油 D. 移动

413. 斗轮机启动前应投入斗轮机与地面皮带及斗轮机本身的各种(C)。

A. 开关　B. 按扭　C. 连锁　D. 电源

414. 斗轮(C)应清洗或更换各滤油器滤芯。

A. 每日　B. 每周　C. 每月　D. 每季度

415. 斗轮机各挡板及皮带机应(B)进行一次调整。

A. 每日　B. 每周　C. 每月　D. 每季度

416. 在燃油系统设备中，(C)是运行中的动力设备，对其维护的好坏，对燃油系统安全性，经济性起着重要作用。

A. 加热器　B. 油罐　C. 离心泵　D. 滤油器

417. 为保证系统正常运行，在(A)运行中，除了监视仪表外，还应查看运转声音，保证正常运行。

A. 离心泵　B. 加热器　C. 滤油器　D. 油罐

418. 在离心泵启动前应先检查电源，并对电动机的(D)进行测定，防止运行时发生接地现象。

A. 电压　B. 电流　C. 感抗　D. 绝缘电阻

419. 离心泵启动前，应用手转动(A)，检查动静部是否摩擦，此措施又称盘车。

A. 对轮　B. 轴承　C. 手轮　D. 地脚螺丝

420. 离心泵正常运行中，应检查轴承温度不能过热，一般规定不能超过(C)℃。

A. 50　B. 60　C. 70　D. 80

421. 离心泵在进行一级保养时应对转子、(B)做静平衡。

A. 叶轮　B. 平衡盘　C. 平衡管　D. 泵轴

422. 离心泵一级保养内容有：清洗检查过滤器、检查联轴器、卸轴承端盖和(A)。

A. 检查填料函　B. 更换压力表　C. 切削叶轮　D. 重较轴瓦间隙

423. 离心泵通过原动机将能量传给(A)使流体获得压能和动能。

A. 叶轮　B. 对轮　C. 轴　D. 轴承

424. 离心泵的叶片厚度使流道有效断面积减小的程度称为(C)。

A. 叶片系数　B. 流道系数　C. 排挤系数　D. 运动系数

425. 当降低叶轮入口部分(C)时，发生汽蚀可能性会下降。

A. 压降　B. 压力　C. 流量　D. 流速

426. 采用诱导轮可有效的改善泵的性能，减少(C)发生。

A. 振动　B. 跳闸　C. 汽蚀　D. 泵不打油

427. 在运行中，油泵润滑油的油位在油面镜的(A)为宜。

A. 1/2~2/3　B. 1/3~2/3　C. 1/4~2/3　D. 1/2~4/5

428. 在运行中，供油泵的串油允许值为(B)mm。

A. 2~8　B. 2~4　C. 4~6　D. 4~8

429. 在填料函外端约(C)mm，冷却水达不到的部位，不要加装填料。

A. 10　B. 20　C. 30　D. 40

430. 填料装入时要使每圈填料的接头彼此错开，大于(D)。

A. 30°　B. 40°　C. 60°　D. 90°

四、技能操作鉴定要素细目表

鉴定范围						鉴定点	
一级		二级		三级		代码	名　称
代码	名　称	代码	名　称	代码	名　称		
A	技能要求	A	操作设备	A	操作输煤及卸储煤设备	001	带式输送机的就地启动
						002	带式输送机的就地停止
						003	带式输送机启动前的检查
						004	带式输送机运行中的检查
						005	筛煤机启动前的检查
						006	波动筛煤机的就地启动
						007	碎煤机启动前的检查
						008	碎煤机的就地启动
						009	斗轮机运行中的检查
				B	操作燃油设备	001	离心泵的切换
						002	齿轮泵的启停
						003	螺杆泵的启动
						004	柱塞泵的启停
		B	故障分析与处理	A	分析处理输煤及卸储煤设备故障	001	带式输送机跑偏原因的分析
						002	带式输送机打滑原因的分析
						003	带式输送机撒煤的处理方法
						004	皮带机就地无法启动原因的分析
						005	碎煤机堵塞原因的分析
				B	分析处理燃油设备故障	001	离心泵不出油原因的分析
						002	离心泵振动原因的分析
						003	离心泵启动后不输油原因的分析
						004	离心泵运行中流量减小原因的分析
						005	离心泵运行中压力降低原因的分析
						006	离心泵轴承发热原因的分析
						007	离心泵电动机过热原因的分析
						008	离心泵启动后泵不输油的处理方法
						009	离心泵运行中流量减小的处理方法
						010	离心泵运行中压力降低的处理方法
						011	离心泵振动故障的处理方法
						012	离心泵重大故障的处理方法
						013	油泵不输油的原因的分析
						014	油泵压力降低的原因的分析
						015	油泵流量小的原因的分析
						016	油泵跳闸的原因的分析
						017	柱塞泵压力低的原因的分析
		C	设备维护与保养	A	维护输煤设备	001	带式输送机的维护
						002	带式输送机滚筒积煤的清理
						003	皮带局部跑偏的调整
				B	维护燃油设备	001	离心泵的维护
						002	齿轮泵的维护

五、技能操作试题

试题 1：带式输送机的就地启动（现场模拟操作）

（考核时间：25min）

序号	考核内容	考核要点	配分	评分标准	检测结果	扣分	得分	备注
1	准备工作	工具、用具准备	2	工具、用具不齐全扣 2 分				
		穿戴劳保用品规范	3	穿戴不规范扣 3 分				
		检查带式输送机，符合启动条件后方可启动	10	未检查扣 10 分				
		向程控值班员汇报，就地启动带式输送机	10	未通知程控值班员扣 10 分				
2	启动操作	将控制箱内的转换开关切换到就地位置	10	未切换扣 10 分				
		按下电铃按钮，警告要启动带式输送机	10	未按警铃扣 10 分				
		按下启动按钮	10	未启动扣 10 分				
3	检查设备运行情况	检查电动机的振动、声音、温度	5	未检查振动情况扣 2 分				
				未检查声音情况扣 2 分				
				未检查温度情况扣 1 分				
		检查滚筒运转情况	5	未检查滚筒扣 5 分				
		检查皮带跑偏情况	10	未检查皮带扣 10 分				
		检查清扫器、拉紧装置工作状况	10	未检查清扫器扣 5 分				
				未检查拉紧装置扣 5 分				
4	完成启动操作	将运行情况汇报程控值班员	10	未向程控汇报扣 10 分				
		巡视运行中的设备	5	未巡视扣 5 分				
				巡视不到位一项扣 1 分				
5	安全及其他	按国家或企业有关安全规定执行操作		违规一次从总分中扣 5 分；严重违规停止操作			—	
		在规定时间内完成		超时停止操作			—	
合计			100					

试题 2：带式输送机的就地停止（现场模拟操作）

（考核时间：25min）

序号	考核内容	考核要点	配分	评分标准	检测结果	扣分	得分	备注
1	准备工作	工具、用具准备	2	工具、用具不齐全扣 2 分				
		穿戴劳保用品规范	3	穿戴不规范扣 3 分				
		向程控值班员汇报，就地停止皮带机运行	10	未向程控值班员汇报扣 10 分				

续表

序号	考核内容	考核要点	配分	评分标准	检测结果	扣分	得分	备注
		通知料口停止上煤	10	未通知料口扣 10 分				
		关闭除尘设备	10	未关闭扣 10 分				
2	停止操作	将控制箱内的转换开关切换到就地位置	10	未切换扣 10 分				
		检查煤仓煤位	5	未检查扣 5 分				
		皮带上余煤全部进入原煤斗	10	有余煤扣 10 分				
		抬起犁煤器	10	未抬犁煤器扣 10 分				
		按顺煤流方向依次停止皮带机	10	未按顺序停止扣 10 分				
3	清理现场	清理除铁器	10	未清理除铁器扣 10 分				
		清理现场	10	未清理扣 10 分,				
				未清理干净扣 5 分				
4	安全及其他	按国家或企业有关安全规定执行操作		违规一次从总分中扣 5 分；严重违规停止操作			—	
		在规定时间内完成		超时停止操作			—	
合　计			100					

试题 3：带式输送机启动前的检查(现场模拟操作)

（考核时间：25min）

序号	考核内容	考核要点	配分	评分标准	检测结果	扣分	得分	备注
1	准备工作	工具、用具准备	2	工具、用具不齐全扣 2 分				
		穿戴劳保用品规范	3	穿戴不规范扣 3 分				
2	检查外部设施	检查紧固螺栓	5	未检查地脚螺栓扣 5 分				
		检查各安全罩	5	未检查安全罩扣 5 分				
		检查电动机电源线、接地线	5	未检查电源线扣 3 分				
				未检查接地线扣 2 分				
		检查皮带	10	未检查皮带扣 10 分				
		检查犁煤器	10	未检查犁煤器扣 10 分				
		检查滚筒	10	未检查滚筒扣 10 分				
		检查各种托辊	5	未检查托辊扣 5 分				
3	检查内部情况	检查减速机油质、油位	10	未检查油质、油位扣 10 分				
		检查落煤管	10	未检查落煤管扣 10 分				
		检查导料槽	5	未检查导料槽扣 5 分				

续表

序号	考核内容	考核要点	配分	评分标准	检测结果	扣分	得分	备注
4	检查电源	检查操作箱	5	未检查操作箱扣5分				
		检查电源供电情况	5	未检查电源扣5分				
5	完成检查工作	将检查情况向程控值班员汇报	5	未向程控值班员汇报扣5分				
		作运行准备	5	离开岗位扣5分				
6	安全及其他	按国家或企业有关安全规定执行操作		违规一次从总分中扣5分；严重违规停止操作			—	
		在规定时间内完成		超时停止操作			—	
合计			100					

试题4：带式输送机运行中的检查(现场模拟操作)

(考核时间：25min)

序号	考核内容	考核要点	配分	评分标准	检测结果	扣分	得分	备注
1	准备工作	工具、用具准备	2	工具、用具不齐全扣2分				
		穿戴劳保用品规范	3	穿戴不规范扣3分				
2	检查皮带	检查皮带跑偏情况	10	未检查跑偏情况扣5分				
		检查皮带完好情况	10	未检查皮带扣10分				
		检查煤中杂物	5	未检查煤中杂物扣5分				
		检查煤流变化	10	未检查煤流变化扣10分				
3	检查电气设备	检查电动机温度、声音、振动	10	未检查电动机温度扣3分				
				未检查电动机声音扣3分				
				未检查电动机振动扣4分				
		检查减速机温度、声音、振动	10	未检查减速机温度扣3分				
				未检查减速机声音扣3分				
				未检查减速机振动扣4分				
		检查测速仪表	5	未检查测速仪表扣5分				
4	检查辅助设备	检查滚筒	10	未检查滚筒扣10分				
		检查各种托辊	5	未检查托辊扣5分				
		检查犁煤器	10	未检查犁煤器扣10分				
		检查三通挡板	5	未检查三通挡板扣5分				
		检查清扫器	5	未检查清扫器扣5分				
5	安全及其他	按国家或企业有关安全规定执行操作		违规一次从总分中扣5分；严重违规停止操作			—	
		在规定时间内完成		超时停止操作			—	
合计			100					

试题5：筛煤机启动前的检查(现场模拟操作)

(考核时间：25min)

序号	考核内容	考核要点	配分	评分标准	检测结果	扣分	得分	备注
1	准备工作	工具、用具准备	2	工具、用具不齐全扣2分				
		穿戴劳保用品规范	3	穿戴不规范扣3分				
2	检查外部	检查筛煤机地脚螺栓	10	未检查地脚螺栓扣5分				
		检查电动机防护罩	5	未检查电动机护罩扣5分				
		检查检修门	10	未检查检修门扣10分				
		检查传动部件	10	未检查传动部件扣10分				
3	检查内部	检查筛片	10	未检查筛片扣10分				
		检查落料管	10	未检查落料管扣10分				
4	检查电源	检查操作开关位置	10	未检查操作开关扣10分				
		检查电源供电情况	10	未检查电源扣10分				
5	完成检查工作	向程控值班员汇报检查情况	10	未向程控值班员汇报扣10分				
		做运行准备	10	未做准备扣10分				
6	安全及其他	按国家或企业有关安全规定执行操作		违规一次从总分中扣5分；严重违规停止操作			—	
		在规定时间内完成		超时停止操作			—	
合计			100					

试题6：波动筛煤机的就地启动(现场模拟操作)

(考核时间：25min)

序号	考核内容	考核要点	配分	评分标准	检测结果	扣分	得分	备注
1	准备工作	工具、用具准备	2	工具、用具不齐全扣2分				
		穿戴劳保用品规范	3	穿戴不规范扣3分				
		检查筛煤机，符合启动条件后方可启动	10	未检查扣10				
		向程控值班员汇报，就地启动筛煤机	10	未向程控值班员汇报扣10分				
2	启动操作	将控制箱内的转换开关切换到就地位置	10	未切换扣10分				
		按下电铃按钮，警告要启动筛煤机	10	未按警铃扣10分				
		按下启动按钮	10	未启动扣10分				

续表

序号	考核内容	考核要点	配分	评分标准	检测结果	扣分	得分	备注
3	检查设备运行情况	检查筛煤机的振动、温度、声音	10	未检查筛煤机振动情况扣4分				
				未检查筛煤机声音情况扣3分				
				未检查筛煤机温度情况扣3分				
		检查筛煤机的出力	10	未检查出力情况扣10分				
		检查电动机运行情况	10	未检查电动机扣10分				
4	完成启动操作	将运行情况汇报程控值班员	10	未向程控值班员汇报扣10分				
		巡视运行中的设备	5	未巡视扣5分				
				巡视不到位扣2分				
5	安全及其他	按国家或企业有关安全规定执行操作		违规一次从总分中扣5分；严重违规停止操作			—	
		在规定时间内完成		超时停止操作			—	
合计			100					

试题7：碎煤机启动前的检查(现场模拟操作)

(考核时间：25min)

序号	考核内容	考核要点	配分	评分标准	检测结果	扣分	得分	备注
1	准备工作	工具、用具准备	2	工具、用具不齐全扣2分				
		穿戴劳保用品规范	3	穿戴不规范扣3分				
2	检查外部	检查碎煤机地脚螺栓	10	未检查地脚螺栓扣5分				
		检查电动机防护罩	5	未检查电动机护罩扣5分				
		检查底座护帘	5	未检查底座护帘扣5分				
		检查检修门	10	未检查检修门扣10分				
		检查挡板	5	未检查挡板扣5分				
3	检查内部	检查环锤	10	未检查环锤扣10分				
		检查落料管	10	未检查落料管扣10分				
4	检查电源	检查操作开关位置	10	未检查操作开关扣10分				
		检查电源供电情况	10	未检查电源扣10分				
5	完成检查工作	向程控值班员汇报检查情况	10	未向程控值班员汇报扣10分				
		做运行准备	10	未做运行准备扣10分				
6	安全及其他	按国家或企业有关安全规定执行操作		违规一次从总分中扣5分；严重违规停止操作			—	
		在规定时间内完成		超时停止操作			—	
合计			100					

试题 8：碎煤机的就地启动(现场模拟操作)

(考核时间：25min)

序号	考核内容	考核要点	配分	评分标准	检测结果	扣分	得分	备注
1	准备工作	工具、用具准备	2	工具、用具不齐全扣 2 分				
		穿戴劳保用品规范	3	穿戴不规范扣 3 分				
		检查环锤	5	未检查环锤扣 5 分				
		检查落料管	5	未检查落煤管扣 5 分				
		锁紧观察口	10	未锁紧扣 10 分				
		向程控值班员汇报，就地启动碎煤机	10	未向程控值班员汇报扣 10 分				
2	启动操作	将控制箱内的转换开关切换到就地位置	10	未切换扣 10 分				
		按下电铃按钮，警告要启动碎煤机	10	未按电铃扣 10 分				
		按下启动按钮	10	未启动扣 10 分				
3	检查运行情况	启动后检查碎煤机振动、温度、声音情况	10	未检查振动情况扣 4 分				
				未检查温度情况扣 3 分				
				未检查声音情况扣 3 分				
		检查碎煤机的出力	10	未检查扣 10 分				
4	完成启动操作	将运行情况向程控值班员汇报	10	未向程控值班员汇报扣 10 分				
		巡视运行中的设备	5	未巡视扣 5 分				
5	安全及其他	按国家或企业有关安全规定执行操作		违规一次从总分中扣 5 分；严重违规停止操作			—	
		在规定时间内完成		超时停止操作			—	
合计			100					

试题 9：离心泵的切换(现场模拟操作)

(考核时间：25min)

序号	考核内容	考核要点	配分	评分标准	检测结果	扣分	得分	备注
1	准备工作	工具准备	2	未准备工具扣 2 分				
		穿戴劳保用品规范	3	穿戴不规范扣 3 分				
		检查暖泵情况	5	未检查暖泵情况扣 5 分				
		检查润滑油情况	5	未检查润滑油扣 5 分				
		检查冷却水情况	5	未检查冷却水扣 5 分				
		检查盘车情况	5	未检查盘车情况扣 5 分				
		检查阀门泄漏情况	5	未检查阀门扣 5 分				

续表

序号	考核内容	考核要点	配分	评分标准	检测结果	扣分	得分	备注
2	切换操作	关闭旁路门、循环门	10	未关闭旁路门扣5分				
				未关闭循环门扣5分				
		解除备用泵联动开关	5	未解除联动扣5分				
		打开备用泵压力表门、调整压力	10	未打开压力表门扣5分				
				未调整压力扣5分				
		启动备用泵	5	未启动扣5分				
		打开备用泵出口阀门	5	未打开出口阀扣5分				
		停止原运行泵	5	未停止原运行泵扣5分				
		调整供油压力	10	未检查调整扣10分				
3	操作后检查	检查供油压力	10	未检查供油压力扣10分				
		检查轴承温度	5	未检查轴承温度扣5分				
		检查运转声音	5	未检查运转声音扣5分				
4	安全及其他	按国家或企业有关安全规定执行操作		违规一次从总分中扣5分；严重违规停止操作			—	
		在规定时间内完成		超时停止操作			—	
合　计			100					

试题10：齿轮泵的启动(现场模拟操作)

(考核时间：25min)

序号	考核内容	考核要点	配分	评分标准	检测结果	扣分	得分	备注
1	准备工作	工具准备	2	未准备工具扣2分				
		穿戴劳保用品规范	3	穿戴不规范扣3分				
		解除联动开关	10	未解除联动扣10分				
		关闭暖泵循环门	10	未关闭循环门扣10分				
		观察油压变化	10	未观察油压扣10分				
2	启动操作	投入操作开关	10	未投入操作开关扣10分				
		检查电流摆幅	5	未检查电流扣5分				
		缓慢开启出口门	10	快速开扣10分				
		观察电流变化	10	未观察电流扣10分				
		观察出口油压变化	5	未观察出口油压扣5分				
3	启动后调节	调节齿轮泵出口门开度	10	未调节出口门扣10分				
		调整母管压力	10	未调整母管压力扣10分				
		投入联动开关	5	未投入联动开关不得分				

续表

序号	考核内容	考核要点	配分	评分标准	检测结果	扣分	得分	备注
4	安全及其他	按国家或企业有关安全规定执行操作		违规一次从总分中扣5分；严重违规停止操作			—	
		在规定时间内完成		超时停止操作			—	
		合　计	100					

试题11：带式输送机跑偏原因的分析(笔试)

(考核时间：25min)

序号	考核内容	考核要点	配分	评分标准	检测结果	扣分	得分	备注
1	准备工作	皮带跑偏严重时，拉动拉线开关，停止皮带机运行	10	未答此项扣10分				
		向程控值班员汇报故障情况	10	未答此项扣10分				
2	分析原因	安装中心线不直	10	未答此项扣10分				
		胶带接头不直	10	未答此项扣10分				
		滚筒中心线同胶带中心线不垂直	10	未答此项扣10分				
		托辊组轴线同胶带中心线不垂直	10	未答此项扣10分				
		滚筒的轴线不水平	10	未答此项扣10分				
3	查找原因	滚筒上有黏煤	10	未答此项扣10分				
		落煤点不正	10	未答此项扣10分				
		托辊表面变形，不转	10	未答此项扣10分				
4	考核时限	在规定时间内完成		超时停止答卷			—	
		合　计	100					

试题12：带式输送机打滑原因的分析(笔试)

(考核时间：25min)

序号	考核内容	考核要点	配分	评分标准	检测结果	扣分	得分	备注
1	准备工作	工具准备	5	未答此项扣5分				
		皮带打滑时，拉动拉线开关，停止皮带机运行	10	未答此项扣10分				
		向程控值班员汇报故障情况	10	未答此项扣10分				

续表

序号	考核内容	考核要点	配分	评分标准	检测结果	扣分	得分	备注
2	分析原因	初张力太小	10	未答此项扣10分				
		初张力过大	5	未答此项扣5分				
		滚筒与胶带间磨擦力不够	10	未答此项扣10分				
3	查找原因	部分改向滚筒轴承损坏	10	未答此项扣10分				
		输煤量过大	10	未答此项扣10分				
		皮带与机架有严重磨擦	10	未答此项扣10分				
		落煤管堵煤	10	未答此项扣10分				
		皮带跑偏严重	10	未答此项扣10分				
4	考核时限	在规定时间内完成		超时停止答卷			—	
合　计			100					

试题13：带式输送机撒煤的处理方法(现场模拟操作)

(考核时间：25min)

序号	考核内容	考核要点	配分	评分标准	检测结果	扣分	得分	备注
1	准备工作	工具准备	2	未准备工具扣2分				
		穿戴劳保用品规范	3	穿戴不规范扣3分				
		皮带撒煤时，拉动拉线开关，停止皮带机运行	10	未停机扣10分				
		向程控值班员汇报故障情况	5	未向程控值班员汇报扣5分				
2	处理因跑偏造成的撒煤故障	将撒煤送回皮带	10	未将撒煤送回扣10分				
		清理滚筒黏煤	10	未清理滚筒黏煤扣10分				
		重新启动皮带	5	未启动扣5分				
		调整跑偏托辊	10	未调整扣10分				
3	处理因导料槽故障造成的撒煤现象	更换磨损严重的导料槽挡煤皮	5	未更换扣5分				
		皮带偏出挡煤皮，送回	10	未送回扣10分				
		导料槽内卡有杂物，清除	10	未清除扣10分				
		导料槽挡煤皮过低，调高	10	未调整扣10分				
		清理现场	5	未清理扣5分				
		处理完毕，向程控值班员汇报，恢复运行	5	未向程控值班员汇报扣5分				

续表

序号	考核内容	考核要点	配分	评分标准	检测结果	扣分	得分	备注
4	安全及其他	按国家或企业有关安全规定执行操作		违规一次从总分中扣5分；严重违规停止操作			—	
		在规定时间内完成		超时停止操作			—	
合计			100					

试题14：皮带机就地无法启动原因的分析(笔试)

（考核时间：25min）

序号	考核内容	考核要点	配分	评分标准	检测结果	扣分	得分	备注
1	准备工作	工具准备	5	未答此项扣5分				
2	电气设备的原因	皮带机电源开关跳闸	10	未答此项扣10分				
		电动机故障或缺相	10	未答此项扣10分				
		选择开关未打在“就地”位置	10	未答此项扣10分				
		减速机故障卡死	10	未答此项扣10分				
		操作开关损坏	10	未答此项扣10分				
3	机械部分的原因	联轴器解列	10	未答此项扣10分				
		拉线开关未恢复	10	未答此项扣10分				
		皮带机传动滚筒卡死	10	未答此项扣10分				
		皮带跑偏严重，跑偏信号未恢复	5	未答此项扣5分				
		负载太大	5	未答此项扣5分				
		皮带被大块物体挤住	5	未答此项扣5分				
4	考核时限	在规定时间内完成		超时停止答卷			—	
合计			100					

试题15：碎煤机堵塞原因的分析(笔试)

（考核时间：25min）

序号	考核内容	考核要点	配分	评分标准	检测结果	扣分	得分	备注
1	准备工作	工具准备	10	未答此项扣10分				
2	黏煤及杂物的因素	煤中水分过大，可能造成碎煤机堵塞	10	未答此项扣10分				
		碎煤机中大量黏煤造成堵塞	10	未答此项扣10分				

续表

序号	考核内容	考核要点	配分	评分标准	检测结果	扣分	得分	备注
		落煤管中有黏煤	10	未答此项扣10分				
		碎煤机转子被卡住	10	未答此项扣10分				
		转子及筛板上挂有大量软体杂物	10	未答此项扣10分				
3	机械部分原因	筛板与转子间隙过小	10	未答此项扣10分				
		联轴器运行中解列	10	未答此项扣10分				
		碎煤机跳闸，上一级设备未联锁停止运行	10	未答此项扣10分				
		上煤量过大，超过额定负荷	10	未答此项扣10分				
4	考核时限	在规定时间内完成		超时停止答卷			—	
合计			100					

试题16：离心泵不出油原因的分析(笔试)

(考核时间：25min)

序号	考核内容	考核要点	配分	评分标准	检测结果	扣分	得分	备注
1	密封及杂物的影响	检查离心泵吸油管路密封情况，不严密离心泵不出油	10	未答此项扣10分				
		检查入口截门或盘根密封情况，泄漏离心泵不出油	10	少答一项扣5分				
		检查水封水管畅通情况，堵塞离心泵不出油	10	未答此项扣10分				
		检查离心泵入口管路阀门，脱落或误关离心泵不出油	10	未答此项扣10分				
		检查离心泵前过滤器，堵塞离心泵不出油	10	未答此项扣10分				
		检查泵体叶轮及出油口畅通情况，堵塞离心泵不出油	10	少答一项扣5分				
2	电动机的原因	检查电动机旋转方向，反转离心泵不出油	10	未答此项扣10分				
		检查电动机转速，过低离心泵不出油	10	未答此项扣10分				

续表

序号	考核内容	考核要点	配分	评分标准	检测结果	扣分	得分	备注
3	油的因素	检查油罐内油位，过低离心泵不出油	10	未答此项扣10分				
		检查油品黏度，过大离心泵不出油	10	未答此项扣10分				
4	考核时限	在规定时间内完成		超时停止答卷			—	
合　计			100					

试题17：离心泵振动原因的分析(笔试)

（考核时间：25min）

序号	考核内容	考核要点	配分	评分标准	检测结果	扣分	得分	备注
1	查看离心泵状态	检查离心泵声音	10	未答此项扣10分				
		检查离心泵振动	10	未答此项扣10分				
		检查离心泵电流	10	未答此项扣10分				
		检查离心泵油压	10	未答此项扣10分				
2	分析故障原因	根据离心泵轴承情况进行分析	10	未答此项扣10分				
		根据泵轴的情况进行分析	10	未答此项扣10分				
		根据离心泵对轮情况进行分析	10	未答此项扣10分				
		根据离心泵动静部磨擦情况进行分析	10	未答此项扣10分				
		根据电动机情况进行分析	10	未答此项扣10分				
		根据地脚螺丝情况进行分析	10	未答此项扣10分				
3	考核时限	在规定时间内完成		超时停止答卷			—	
合　计			100					

试题18：离心泵运行中压力降低原因的分析(笔试)

（考核时间：25min）

序号	考核内容	考核要点	配分	评分标准	检测结果	扣分	得分	备注
1	准备工作	工具准备	10	未答此项扣10分				
2	分析事故原因	用户负荷增加	10	未答此项扣10分				
		油区高压回油开度太大	10	未答此项扣10分				

续表

序号	考核内容	考核要点	配分	评分标准	检测结果	扣分	得分	备注
		供油管路断裂	10	未答此项扣 10 分				
		油罐油位过低	10	未答此项扣 10 分				
		油温过低	10	未答此项扣 10 分				
		叶轮堵塞	10	未答此项扣 10 分				
		油中含有空气	10	未答此项扣 10 分				
		油品黏度大	10	未答此项扣 10 分				
		出口管路破裂	10	未答此项扣 10 分				
3	考核时限	在规定时间内完成		超时停止答卷			—	
合　计			100					

试题 19：离心泵轴承发热原因的分析(笔试)

(考核时间：25min)

序号	考核内容	考核要点	配分	评分标准	检测结果	扣分	得分	备注
1	准备工作	工具准备	10	未答此项扣 10 分				
2	轴承的原因	轴与电动机轴不同心	10	未答此项扣 10 分				
		轴承尺寸不够	10	未答此项扣 10 分				
		泵轴弯曲	10	未答此项扣 10 分				
		泵轴串轴	10	未答此项扣 10 分				
		轴承损坏	10	未答此项扣 10 分				
3	润滑油的原因	润滑油油质不良	10	未答此项扣 10 分				
		润滑油油位过低	10	未答此项扣 10 分				
4	供应的影响	冷却水中断	10	未答此项扣 10 分				
		供油中断	10	未答此项扣 10 分				
5	考核时限	在规定时间内完成		超时停止答卷			—	
合　计			100					

试题 20：离心泵启动后不输油的处理方法(现场模拟操作)

(考核时间：25min)

序号	考核内容	考核要点	配分	评分标准	检测结果	扣分	得分	备注
1	准备工作	工具准备	2	未准备工具扣 2 分				
		穿戴劳保用品规范	3	穿戴不规范扣 3 分				
		切换离心泵	10	未切换扣 10 分				

续表

序号	考核内容	考核要点	配分	评分标准	检测结果	扣分	得分	备注
2	处理故障	吸油管路不严密，进行维修	10	未维修扣 10 分				
		入口截门泄漏，进行密封	10	未密封扣 10 分				
		泵体内油少，重新充油	10	未充油扣 10 分				
		安装高度过高，提高给油油位	10	未提高给油油位扣 10 分				
		过滤器堵塞，冲洗滤油器	10	未冲洗扣 10 分				
		油黏度大，提高油温	10	未提高油温扣 10 分				
		入口管路阀门误关，打开阀门	10	未打开阀门扣 10 分				
		水封水管堵塞，冲洗水封水管	10	不冲洗扣 10 分				
3	清理场地	清理现场	5	未清理扣 5 分				
4	安全及其他	按国家或企业有关安全规定执行操作		违规一次从总分中扣 5 分；严重违规停止操作			—	
		在规定时间内完成		超时停止操作			—	
合 计			100					

试题 21：离心泵运行中流量减小的处理方法(现场模拟操作)

（考核时间：25min）

序号	考核内容	考核要点	配分	评分标准	检测结果	扣分	得分	备注
1	准备工作	工具准备	2	未准备工具扣 2 分				
		穿戴劳保用品规范	3	穿戴不规范扣 3 分				
		切换离心泵	10	未切换扣 10 分				
2	处理故障	电动机转速降低，通知电气	10	未通知电气扣 10 分				
		空气漏入吸油管，密封吸油管	10	未密封扣 10 分				
		填料箱不严密，更换填料	10	未更换扣 10 分				
		出、入口管路堵塞，疏通出、入口管路	10	未疏通扣 10 分				
		阀门开度过小，恢复阀门开度	10	未恢复扣 10 分				
		叶轮堵塞，清洗叶轮	10	未清洗扣 10 分				
		进口滤网堵塞，清除滤网杂物	10	未清理扣 10 分				
		油罐油位过低，提高油位	10	不提高油位扣 10 分				

续表

序号	考核内容	考核要点	配分	评分标准	检测结果	扣分	得分	备注
3	清理场地	清理现场	5	未清理扣 5 分				
4	安全及其他	按国家或企业有关安全规定执行操作		违规一次从总分中扣 5 分；严重违规停止操作			—	
		在规定时间内完成		超时停止操作			—	
合　计			100					

试题 22：离心泵运行中压力降低的处理方法（现场模拟操作）

（考核时间：25min）

序号	考核内容	考核要点	配分	评分标准	检测结果	扣分	得分	备注
1	准备工作	工具准备	2	未准备工具扣 2 分				
		穿戴劳保用品规范	3	穿戴不规范扣 3 分				
		切换离心泵	10	未切换扣 10 分				
2	处理故障	用户负荷增加，调整压力	10	未调整扣 10 分				
		高压回油开度大，调回油截门	10	未调整扣 10 分				
		供油管路断裂，通知检修处理	10	未通知检修处理扣 10 分				
		油罐油位过低，提高油位	10	未提高油位扣 10 分				
		油温过低，投入加热器	10	未投加热器扣 10 分				
		叶轮堵塞，冲洗叶轮	10	未清洗扣 10 分				
		油中含有空气，密封吸油管路	10	未密封扣 10 分				
		出口管破裂，通知检修处理	10	未通知检修处理扣 10 分				
3	清理场地	清理现场	5	未清理扣 5 分				
4	安全及其他	按国家或企业有关安全规定执行操作		违规一次从总分中扣 5 分；严重违规停止操作			—	
		在规定时间内完成		超时停止操作			—	
合　计			100					

试题 23：离心泵振动的处理方法（现场模拟操作）

（考核时间：25min）

序号	考核内容	考核要点	配分	评分标准	检测结果	扣分	得分	备注
1	准备工作	工具准备	2	未准备工具扣 2 分				
		穿戴劳保用品规范	3	穿戴不规范扣 3 分				
		切换离心泵	10	未切换扣 10 分				

续表

序号	考核内容	考核要点	配分	评分标准	检测结果	扣分	得分	备注
2	处理故障	基础不牢，加固基础	10	未加固扣10分				
		联轴器没有找正，重新找正	10	未找正扣10分				
		地脚螺丝松动，重新紧固	10	未紧固扣10分				
		装配不当，转子不平衡，重新装配	10	未重新装配扣10分				
		轴承损坏，更换轴承	10	未更换扣10分				
		轴承间隙过大，调整轴承间隙	10	未调整扣10分				
		泵轴弯曲不同心，更换泵轴	10	未更换扣10分				
		叶轮局部堵塞，清洗叶轮	10	不清洗扣10分				
3	清理场地	清理现场	5	未清理扣5分				
4	安全及其他	按国家或企业有关安全规定执行操作		违规一次从总分中扣5分；严重违规停止操作			—	
		在规定时间内完成		超时停止操作			—	
		合　　计	100					

试题24：油泵流量小原因的分析(笔试)

（考核时间：25min）

序号	考核内容	考核要点	配分	评分标准	检测结果	扣分	得分	备注
1	准备工作	工具准备	10	未答此项扣10分				
2	分析事故原因	油泵汽化	10	未答此项扣10分				
		根据安装高度分析	10	未答此项扣10分				
		入口管进气	10	未答此项扣10分				
		阀门开度过小	10	未答此项扣10分				
		叶轮堵塞	10	未答此项扣10分				
		密封泄漏	10	未答此项扣10分				
		转速变慢	10	未答此项扣10分				
		滤油器堵塞	10	未答此项扣10分				
		油温降低	10	未答此项扣10分				
3	考核时限	在规定时间内完成		超时停止答卷			—	
		合　　计	100					

试题 25：带式输送机的维护(现场模拟操作)

(考核时间：25min)

序号	考核内容	考核要点	配分	评分标准	检测结果	扣分	得分	备注
1	准备工作	工具准备	2	未准备工具扣2分				
		穿戴劳保用品规范	3	穿戴不规范扣3分				
2	维护电气设备	保证电动机无异音	10	发现异音未处理扣10分				
		保持电动机温度不超过65℃	10	超温未处理扣10分				
		保持减速机轴承温度不超过85℃	10	超温未处理扣10分				
		电动机地脚螺丝无松动	10	不紧固扣10分				
3	其他维护	及时清除煤中含有的三大块	10	不清除扣10分				
		发现跑偏立即调整	10	未调整扣10分				
		皮带无撕裂、开胶、卡涩	10	未检修扣10分				
		落煤管应畅通	10	不清理扣10分				
		拉线开关不应被卡压	10	不维护扣10分				
4	场地清理	清理现场	5	未清理扣5分				
5	安全及其他	按国家或企业有关安全规定执行操作		违规一次从总分中扣5分；严重违规停止操作			—	
		在规定时间内完成		超时停止操作			—	
合计			100					

试题 26：带式输送机滚筒积煤的清理(现场模拟操作)

(考核时间：25min)

序号	考核内容	考核要点	配分	评分标准	检测结果	扣分	得分	备注
1	准备工作	工具准备	2	未准备工具扣2分				
		穿戴劳保用品规范	3	穿戴不规范扣3分				
		通知电气值班员切断皮带电源，并挂禁止操作牌	10	未通知电气扣5分				
				未挂禁止操作牌扣5分				
		将皮带机打到检修位置	5	未操作扣5分				
		将转换开关打到就地位置，并挂禁止操作牌	10	未操作扣5分				
				未挂禁止操作牌扣5分				
		设专人监护	10	没有专人监护扣10分				

续表

序号	考核内容	考核要点	配分	评分标准	检测结果	扣分	得分	备注
2	清理工作	站在滚筒一侧利用扁铲，顺滚筒轴向将滚筒下的积煤掏出	10	清理方向不对扣5分				
				清理不干净扣5分				
		依同样方法清理滚筒另一侧积煤	10	未清理扣10分				
		站在滚筒一侧利用扁铲，顺滚筒轴向将滚筒上的积煤掏出	10	清理方向不对扣5分				
				清理不干净扣5分				
		依同样方法清理滚筒另一侧积煤	10	未清理扣10分				
3	工作完毕	清理完毕后通知程控	5	未通知程控扣5分				
		将所有措施恢复	10	未恢复措施不得分，缺项扣5分				
		清理现场	5	未清理扣5分				
4	安全及其他	按国家或企业有关安全规定执行操作		违规一次从总分中扣5分；严重违规停止操作			—	
		在规定时间内完成		超时停止操作			—	
	合　计		100					

试题27：皮带局部跑偏的调整(现场模拟操作)

(考核时间：25min)

序号	考核内容	考核要点	配分	评分标准	检测结果	扣分	得分	备注
1	准备工作	工具准备	7	未准备工具扣7分				
		穿戴劳保用品规范	3	穿戴不规范扣3分				
		检查跑偏的严重程度	10	未检查扣10分				
2	判断原因	由于托辊变形不转，则停机通知检修更换托辊	10	未检查扣5分				
				未通知检修扣5分				
		由于托辊黏煤造成跑偏，托辊黏煤则停机清理托辊黏煤	10	未检查扣5分				
				未清理扣5分				
3	调整方法	选择皮带跑偏处或离皮带跑偏处最近的上调偏托辊进行调整	10	未调整扣10分				
		逐渐将选择的上调偏托辊向皮带跑偏侧的前进方向调整	10	未调整扣5分				
				调整方向错误扣5分				

续表

序号	考核内容	考核要点	配分	评分标准	检测结果	扣分	得分	备注
		观察皮带运行情况，如跑偏明显，继续调整	10	未调整扣10分				
		如第一个调偏托辊已到最大调整范围，皮带仍跑偏，可再选择第二个最近的调偏托辊进行调整	10	未再调整其他调偏托辊扣10分				
4	工作终结	若已调整多个，皮带跑偏情况仍旧存在，应停机检查是否有其他原因	10	未停机检查扣10分				
		清理现场	10	未清理扣10分				
5	安全及其他	按国家或企业有关安全规定执行操作		违规一次从总分中扣5分；严重违规停止操作			—	
		在规定时间内完成		超时停止操作			—	
合　计			100					

试题28：离心泵的维护（现场模拟操作）

（考核时间：25min）

序号	考核内容	考核要点	配分	评分标准	检测结果	扣分	得分	备注
1	准备工作	工具准备	7	未准备工具扣7分				
		穿戴劳保用品规范	3	穿戴不规范扣3分				
2	维护项目	检查离心泵振动、声音	10	不检查振动扣5分				
				不检查声音扣5分				
		检查离心泵泄漏情况	10	不检查泄漏情况扣10分				
		检查轴承温度	10	不检查轴承温度扣10分				
		检查调整冷却水	10	不检查冷却水扣5分				
				不做调整扣5分				
		检查离心泵温度	10	不检查离心泵温度扣10分				
		检查润滑油油位、油质	10	不检查润滑油油位扣5分				
				不检查润滑油油质扣5分				
		检查调整供油压力	10	不检查供油压力扣5分				
				不做调整扣5分				
		检查电流	10	不检查电流扣10分				
3	场地清理	清理工作现场	10	不清理不得分，清理不干净扣5分				
4	安全及其他	按国家或企业有关安全规定执行操作		违规一次从总分中扣5分；严重违规停止操作			—	
		在规定时间内完成		超时停止操作			—	
合　计			100					

第二部分

中级工

一、石油石化职业资格等级标准(中级工工作要求)

职业功能	工作内容	技能要求	相关知识
一、操作设备	(一)操作输煤及卸储煤设备	1. 能启停电磁振动给料机 2. 能启停电机振动给料机 3. 能启停犁式卸料器 4. 能操作转子式翻车机 5. 能操作推煤机 6. 能操作装卸桥	1. 电磁振动给料机原理及操作方法 2. 电机振动给料机原理及操作方法 3. 犁式卸料器原理及操作方法 4. 转子式翻车机原理及操作方法 5. 推煤机原理及操作方法 6. 装卸桥的原理及操作方法 7. 液压传动基础
	(二)操作燃油设备	1. 能操作油水分离器 2. 能操作加热器 3. 能操作卸油设备 4. 能操作储油设备	1. 油水分离器原理及操作方法 2. 加热器原理及操作方法 3. 卸油设备原理及操作方法 4. 储油设备原理及操作方法
	(三)操作燃料集控设备	1. 能录入和编辑工作报表 2. 能打印报表 3. 能传输数据	1. 计算机输入法基础知识 2. 计算机输出设备及基本操作 3. 计算机网络基础
二、故障判断与处理	(一)判断处理输煤及卸储煤设备故障	1. 能判断电磁振动给料机故障原因 2. 能判断电机振动给料机故障原因 3. 能判断和处理犁式卸料器故障 4. 能判断转子式翻车机故障原因 5. 能判断推煤机故障原因 6. 能判断装卸桥故障原因 7. 能处理筛煤机故障 8. 能处理碎煤机故障 9. 能处理螺旋卸煤机故障	1. 电磁振动给料机的性能参数 2. 电机振动给料机的性能参数 3. 犁式卸料器的结构及组成 4. 转子式翻车机的故障分析方法 5. 推煤机的故障分析方法 6. 装卸桥的组成及参数 7. 筛煤机的结构及组成 8. 碎煤机的结构及组成 9. 螺旋卸煤机的结构及组成
	(二)判断处理燃油设备故障	1. 能判断油水分离器故障原因 2. 能判断加热器故障原因 3. 能判断卸油设备故障原因 4. 能判断储油设备故障原因 5. 能处理柱塞泵故障 6. 能处理齿轮泵故障 7. 能处理螺杆泵故障	1. 油水分离器的性能参数 2. 加热器的常见故障分析方法 3. 卸油设备故障分析方法 4. 储油设备故障分析方法 5. 柱塞泵的结构及组成 6. 齿轮泵的结构及组成 7. 螺杆泵的结构及组成 8. 联轴器的结构及用途
三、设备维护与保养	(一)维护保养输煤及卸储煤设备	1. 能维护保养电磁振动给料机 2. 能维护保养电机振动给料机 3. 能维护保养转子式翻车机 4. 能维护保养推煤机	1. 电磁振动给料机维护保养方法 2. 电磁振动给料机的特性 3. 电机振动给料机维护保养方法 4. 转子式翻车机的特性 5. 推煤机维护保养内容
	(二)维护保养燃油设备	1. 能维护保养齿轮泵 2. 能维护保养螺杆泵 3. 能维护保养油水分离器 4. 能维护保养加热器	1. 齿轮泵的特性 2. 螺杆泵管理规定 3. 油水分离器维护保养方法 4. 加热器维护保养规定

二、理论知识鉴定要素细目表

鉴定范围						鉴定点		
一级		二级		三级		代码	名称	重要程度
代码	名称	代码	名称	代码	名称			
A	基本要求	A	基础知识	A	电工基础知识	001	交流电的基本概念	X
						002	交流电的三要素	X
						003	交流电路基础	X
						004	交流电的瞬时值	X
						005	交流电的最大值	X
						006	交流电的有效值	X
						007	常用电光源的工作原理	X
						008	照明及照明光源的选择	X
						009	验电笔的使用	X
						010	万用表的原理	X
						011	万用表的使用方法	Y
						012	兆欧表的使用方法	X
						013	测量仪表的的使用	X
						014	磁场的特性	Z
						015	电器的基本概念	X
						016	直流电的基本概念	Y
						017	电路的作用	X
				B	机械基础知识	001	内能的含义	X
						002	能的概念	X
						003	热力参数单位	X
						004	热力学第一定律的概念	X
						005	热力学第一定律的应用	Y
						006	热力循环的过程	X
						007	热力循环的效率	X
						008	热力循环的特点	Z
						009	热交换的特点	X
						010	凝结的概念	X
						011	沸腾的概念	X
						012	热力系的概念	X
						013	几何作图的方法	X
						014	投影作图的方法	X
						015	剖视图的画法	X
						016	公差与配合的概念	X
						017	公差与配合的选用	X
						018	链传动机构的要求	X

续表

鉴定范围						鉴定点		
一级		二级		三级		代码	名称	重要程度
代码	名称	代码	名称	代码	名称			
				C	安全质量环保知识	001	清洁生产的要点	X
						002	清洁生产审计的程序	X
						003	防冻防凝的知识	X
						004	夏季四防的知识	X
						005	职业病的概念	X
						006	石油石化行业事故的分类	X
						007	HSE 管理体系的概念	Y
						008	建立 HSE 管理体系的意义	X
						009	HSE 审核的目的	X
						010	HSE 审核的概念	X
						011	HSE 危害辨识的概念	Z
						012	HSE 不符合的概念	X
						013	HSE 事故的定义	X
						014	安全用电的要求	X
						015	安全生产的要求	X
						016	ISO 14001 标准的特点	X
						017	ISO 14001 标准识别环境因素的方法	X
				D	工具量具基础知识	001	钢卷尺的使用要求	X
						002	钢板尺的使用方法	X
						003	活动扳手的使用方法	X
						004	划规的使用方法	X
						005	划规的使用要求	X
						006	管钳的使用方法	X
						007	手电钻的使用方法	X
						008	千斤顶的使用方法	X
						009	划线工具的使用方法	X
						010	錾子的使用方法	Y
						011	锉刀的使用方法	X
						012	旋具、钢丝钳的使用方法	X
						013	百分表的使用方法	X
						014	游标卡尺的结构	X
						015	游标卡尺的原理	Y
						016	游标卡尺的使用方法	X
						017	千分尺的结构	Z
						018	千分尺的原理	X
						019	千分尺的使用方法	X
						020	水平仪的原理	X
						021	水平仪的使用方法	X

续表

鉴定范围						鉴定点		
一级		二级		三级		代码	名称	重要程度
代码	名称	代码	名称	代码	名称			
						022	手锯的构造	X
						023	压力仪表的原理	X
						024	压力仪表的特性	X
				E	燃煤基础知识	001	煤质的分析	X
						002	煤的分析基准	X
						003	电厂动力用煤的性能指标	Y
						004	煤的管理	X
						005	燃煤的验收标准	X
						006	燃煤的储存方式	X
						007	煤的计量盘点方法	X
						008	燃煤的配煤方法	Y
						009	燃煤的配煤方案	X
				F	燃油基础知识	001	燃油盘点计算	X
						002	燃油燃烧的特点	Y
						003	燃油燃点对燃烧的影响	X
						004	燃油的储存方法	Z
						005	油罐的大呼吸损耗	X
				G	润滑基础知识	001	润滑装置的方式	X
						002	减速机润滑的要求	X
						003	减速机润滑油更换的要求	X
B	相关知识	A	操作设备	A	操作输煤及卸储煤设备	001	犁煤器的特点	X
						002	犁煤器运行中的注意事项	X
						003	犁煤器的原理	X
						004	电动推杆的工作原理	Y
						005	配煤车的特点	X
						006	配煤车运行中的注意事项	X
						007	皮带配煤机的优缺点	X
						008	配煤小车的原理	Y
						009	叶轮给煤机的工作过程	X
						010	叶轮给煤机的工作原理	X
						011	叶轮给煤机运行中的注意事项	X
						012	电磁振动给料机的原理	X
						013	电磁振动给料机运行中的注意事项	X
						014	电磁振动给料机的工作原理	Y
						015	惯性振动给煤机的工作原理	X
						016	皮带给煤机的工作原理	X
						017	除铁器概述	X
						018	除铁器的分类	X
						019	带式除铁器的使用要求	X

续表

鉴定范围						鉴定点		
一级		二级		三级		代码	名称	重要程度
代码	名称	代码	名称	代码	名称			
						020	带式除铁器的运行注意事项	X
						021	电磁除铁器的工作原理	X
						022	电子皮带秤的标定方法	Y
						023	电子皮带秤结构原理	X
						024	电子皮带秤的工作原理	X
						025	电子皮带秤运行中的注意事项	X
						026	布袋除尘器的操作注意事项	Y
						027	布袋除尘器的运行	X
						028	煤场洒水器的应用	X
						029	自动喷淋系统的原理	X
						030	自动喷淋系统的控制	X
						031	清扫器的使用	X
						032	缓冲锁气器的工作原理	X
						033	电子轨道衡的工作原理	X
						034	翻车机的工作原理	X
						035	翻车机系统的安全注意事项	X
						036	翻车机迁车台的工作原理	Y
						037	翻车机的工作过程	X
						038	翻车机摘钩平台的特点	X
						039	翻车机重车铁牛的工作原理	X
						040	翻车机重车调车机的工作原理	Y
						041	翻车机空车铁牛的工作原理	X
						042	推煤机的安全注意事项	X
						043	推煤机的作业注意事项	X
						044	推煤机的行驶注意事项	X
						045	推煤机的工作原理	X
						046	推煤机启动前的准备	X
						047	推煤机启动系统的概述	X
						048	监视运转中的推煤机	X
						049	推煤机冷却系统的概述	X
						050	推煤机供给系统的概述	X
						051	推煤机润滑系统的概述	Y
						052	推煤机进气系统的概述	X
						053	装卸桥的工作原理	X
						054	装卸桥操作的基本功	X
						055	装卸桥安全操作主要内容	X

续表

鉴定范围						鉴定点		
一级		二级		三级		代码	名称	重要程度
代码	名称	代码	名称	代码	名称			
				B	操作燃油设备	001	油罐的种类	X
						002	油罐安全阀的特点	X
						003	油罐量油孔的特点	Y
						004	油罐油温的要求	X
						005	阀门的作用	X
						006	阀门的使用要求	X
						007	滤油器的作用	Y
						008	供油泵的作用	X
						009	加热器的作用	X
						010	油罐的人孔的安装位置	X
						011	再循环管的作用	X
				C	操作燃料集控设备	001	计算机的分类	X
						002	计算机的用途	X
						003	计算机的硬件系统	Y
						004	计算机的软件系统	X
						005	文件的类型	X
						006	操作 Word 的方式	X
						007	Word 操作界面的组成	Y
						008	Word 工具栏的功能	X
						009	可编程序控制器编程的基本原则	X
						010	可编程序控制系统的编程内容	X
						011	PLC 系统中模块的作用	X
						012	PLC 常用的存储器	X
						013	AMS 监控系统构成	X
						014	操作员站的应用程序	X
		B	设备故障分析与处理	A	分析处理输煤及卸储煤设备故障	001	犁煤器撒漏煤的原因	X
						002	犁煤器的常见故障	X
						003	电动机的常见故障	Y
						004	处理减速机常见故障	X
						005	叶轮给煤机的常见故障	X
						006	处理叶轮给煤机故障的方法	X
						007	电磁振动给料机的常见故障	Y

续表

鉴定范围						鉴定点		
一级		二级		三级		代码	名称	重要程度
代码	名称	代码	名称	代码	名称			
						008	处理电机振动给煤机故障的方法	X
						009	处理环式碎煤机的常见故障	X
						010	翻车机摘钩台的故障原因	X
						011	翻车机迁车台的故障原因	X
						012	翻车机液压缓冲器的故障原因	X
						013	翻车机的故障原因	X
						014	推煤机的常见故障	X
						015	推煤机喷油器的调整	Y
						016	处理减速机轴承磨损故障的方法	X
						017	减速机齿轮的常见故障	X
						018	判断减速机常见故障	X
						019	电动机过热的原因	X
						020	处理滚动轴承故障	X
						021	液压传动的工作原理	X
						022	液压传动的组成	X
						023	液压传动的特点	X
						024	液压油的性能指标	X
						025	液压油的选用	X
						026	液压控制阀的概述	Y
						027	液压传动油箱的概述	X
						028	液压系统管路的概述	X
						029	液压马达的概述	X
						030	判断液压系统故障原因	Y
				B	分析处理燃油设备故障	001	计算油罐储量的方法	X
						002	油罐着火的原因	X
						003	油罐冒顶的原因	X
						004	解决油泵抽空的方法	X
						005	解决油泵启动负荷大的方法	X
						006	解决油泵汽化的方法	Y
						007	解决油泵机组振动的方法	X
						008	解决油泵压头降低的方法	X
						009	解决油泵流量小的方法	Y
						010	解决油泵不输油的方法	X
						011	轴承发热的原因	X
						012	厂用电中断时出现的现象	X

续表

鉴定范围						鉴定点		
一级		二级		三级		代码	名称	重要程度
代码	名称	代码	名称	代码	名称			
		C	设备维护与保养	A	维护保养输煤及卸储煤设备	001	维护叶轮给煤机的方法	X
						002	维护惯性振动给煤机的方法	X
						003	维护共振筛的要求	X
						004	滚轴筛的维护要求	X
						005	维护带式除铁器的要求	Y
						006	翻车机的保护措施	X
						007	推煤机保养的内容	X
						008	推煤机二级技术保养的内容	Y
				B	维护保养燃油设备	001	清理油罐的生产流程	X
						002	维护油泵的方法	Y
						003	滤油器的维护要求	X
						004	维护压力表的方法	X

三、理论知识试题

判断题

1. 具有交流电源的电路，称为交流电路。 (√)

2. 要得到交流电，必须要有电动势。 (×)

正确答案：要得到交流电，必须要有交流电动势。

3. 相位差是两个交流电的相位之差。 (×)

正确答案：相位差是两个同频率交流电的相位之差。

4. 交流电变化一周所需要的时间称为周期。 (√)

5. 在纯电阻交流电路中，电压与电流的向量关系为 $I=U/R$。 (√)

6. 交流电压或电流在任意时刻的数值叫做瞬时值。 (√)

7. 瞬时值一般用大写字母 E、U、I 来表示。 (×)

正确答案：瞬时值一般用小写字母 e、u、i 来表示。

8. 交流电的最大值反映正弦量变化的范围。 (√)

9. e 表示电动势的最大值。 (×)

正确答案：e 表示电动势的瞬时值。

10. 如果一交流电通过一个电阻，在一个周期时间内所产生的热量和某一直流电流通过同一电阻在相同的时间内产生的热量相等，那么，这个直流电的量值就称为交流电的有效值。 (√)

11. 通常所说的 380V 或 220V 交流电压，是指交流电压的最大值。 (×)

正确答案：通常所说的 380V 或 220V 交流电压，是指交流电压的有效值。

12. 荧光灯是利用气体放电时发光的原理制成的光源。(√)

13. 电源电压变化对灯管寿命影响不大。(×)

正确答案： 电源电压变化对灯管寿命影响很大。

14. 照明分工作照明、局部照明、事故照明、障碍照明、生活照明五大类。(√)

15. 局部照明一般用闪光、红色灯显示。(×)

正确答案： 障碍照明一般用闪光、红色灯显示。

16. 针式验电笔由氖管、电阻、弹簧、笔身和笔尖等组成。(×)

正确答案： 笔式验电笔由氖管、电阻、弹簧、笔身和笔尖等组成。

17. 验电笔在使用前应在确认有电的电源处测试，证明验电笔确实良好，方可使用。(√)

18. 万用表仅能测量直流电流、直流电压、直流电阻、不能测量交流电压、交流电流。(×)

正确答案： 万用表不仅能测量直流电流、直流电压、直流电阻、还能测量交流电压、交流电流。

19. 万用表由表头、测量线路和转换开关组成。(√)

20. 使用万用表欧姆挡测量电阻时，指针越接近刻度盘偏右时，读数越准确。(×)

正确答案： 使用万用表欧姆挡测量电阻时，指针越接近刻度盘 1/2 位置时，读数越准确。

21. 万用表使用完毕后，一般应将开关旋至交流电压最高挡，主要是防止烧坏万用表。(√)

22. 兆欧表的屏蔽环或屏蔽端均直接与电源的正极相连。(×)

正确答案： 兆欧表的屏蔽环或屏蔽端均直接与电源的正负极相连。

23. 用兆欧表测量时，手摇转速应保持在 100r/min 左右。(×)

正确答案： 用兆欧表测量时，手摇转速应保持在 120r/min 左右。

24. 为了减小测量误差，要求电流表的内阻应比负载电阻小得多。(√)

25. 当被测电压太高时，测量仪表不可与仪表互感器配合使用。(×)

正确答案： 当被测电压太高时，测量仪表可与仪表互感器配合使用。

26. 通电导体在磁场中一定会受到力的作用。(√)

27. 指南针利用的是地球的磁场来指示方向的。(√)

28. 低压电器在线路中所起的作用就是通和断。(×)

正确答案： 低压电器在线路中所起的作用就是通断、控制、保护、转换、调节。

29. 低压电器标准按内容和性质可分为国家标准、部标准、局批标准三级。(×)

正确答案： 低压电器标准按内容和性质可分为基础标准、专业标准、产品标准三类

30. 直流电路中。我们把电流流出的一端叫做电源的负极。(×)

正确答案： 直流电路中。我们把电流流出的一端叫做电源的正极。

31. 直流电路中电流的方向总是从电源的正极流向电源的负极。(×)

正确答案： 直流电路中电流的方向在电源外部是从电源的正极流向电源的负极，在电源内部是从电源的负极流向电源的正极。

32. 利用二极管组成的整流电路可以将直流电变换成脉动的交流电。(×)

正确答案： 利用二极管组成的整流电路可以将交流电变换成脉动的直流电。

33. 电路的主要作用就是实现电能的传输和转换。(√)

34. 物体由于运动而具有的能叫热能。 (×)

正确答案：物体由于运动而具有有能叫动能。

35. 热能不可能自动从冷物体传递给热物体。 (√)

36. 物体的质量越大，速度越快，动能就越大。 (√)

37. 重力位能只与物体的高度有关，与重量无关。 (×)

正确答案：重力位能与物体的高度有关，与重量也有关。

38. 临界汽轮机新蒸汽压力超过 22. 2MPa。 (√)

39. 在理想气体状态方程中，$f(p、v、T)=0$，要确定某一个状态需同时确定$(p、v、T)$三个参变量。 (×)

正确答案：由以上状态方程可知，只要确定任意两个参数，则第三个参数也可得出，即可确定某个状态。

40. 能量的传递形式主要有三种形式，即做功、传热、以及随物进入或离开系统而带入或带出的其本身所具有的能量。 (√)

41. 在一个孤立系统中，伴随着化学反应产生大量的热量，系统的能量是增加了。(×)

正确答案：在一个孤立系统中，伴随着化学反应产生大量的热量，总能量不增加，只不过是把化学能转变成了热能。

42. 工程上的热功换算关系为：1kW · h=3600kJ。 (√)

43. 工质被压缩，压力升高时，工质对外界作功。 (×)

正确答案：工质被压缩，压力升高时，外界对工质作功。

44. 中间再热循环是提高循环热效率的有效手段。 (√)

45. 再热循环次数过多，反而不经济。 (√)

46. 理论上讲，加热给水温度越高，热效率越低。 (×)

正确答案：理论上讲，加热给水温度越高，热效率越高。

47. 理论上讲，回热抽汽次数越多，循环效率越高。 (√)

48. 正向循环过程在坐标图上按顺时针方向进行，膨胀功小于压缩功。 (×)

正确答案：正向循环过程在坐标图上按顺时针方向进行，膨胀功大于压缩功。

49. 在正向循环中，膨胀功等于压缩功。 (×)

正确答案：在正向循环中，膨胀功大于压缩功。

50. 炉膛温度的提高，则烟气对水冷壁辐射换热能力提高的程度要远大于对流换热能力提高的程度。 (√)

51. 增大冷凝水的流量，可使凝汽器的传热端差为 0。所以可提高凝汽器的真空。 (×)

正确答案：由于传热过程以对流为主，并且饱和蒸汽变为同一压力下的饱和水要放出汽化潜热，这都需要一定的温差才能实现。

52. 水蒸气在凝结过程中，其温度保持不变。 (√)

53. 水的凝结温度为 100℃。 (×)

正确答案：水的凝结温度随压力的变化而变化。

54. 水发生沸腾时吸收热量。 (√)

55. 沸腾在大于对应压力下的饱和温度下才能进行。 (×)

正确答案：沸腾只能在等于对应压力下的饱和温度下进行。

56. 绝对的孤立系统是不存在的。(√)

57. 热力系与外界发生任何关系，既无能量交换，又无物质交换的热力系称为闭口热力系。(×)

正确答案：与外界只有能量传递，而无物质的交换，其质量保持不变的热力系称为闭口热力系。

58. 圆弧连接时，连接弧圆心到两被连接线段的距离均为连接弧半径。(√)

59. 已知椭圆的长、短轴，可用四心法画标准椭圆。(×)

正确答案：已知椭圆的长、短轴，可用四心法画近似椭圆。

60. 三角形的投影仍为三角形。(×)

正确答案：三角形的投影可能为三角形，也可能是一条线。

61. 如果点的两个投影都在平面图形的投影轮廓线范围内，那么该点也一定在平面上。(×)

正确答案：如果点的两个投影都在平面图形的投影轮廓线范围内，那么该点不一定在该平面上。

62. 采用阶梯画剖视图时，剖视图中应该画出剖切平面的转折分界线。(×)

正确答案：采用阶梯画剖视图时，剖视图中不应画出剖切平面的转折分界线。

63. 画局部剖视图时，波浪线应画在机件的实体部分，不应超出视图的轮廓线或和图样上的其他线相重。(√)

64. 对制成零件测量所得的尺寸称为测量尺寸。(×)

正确答案：对制成零件测量所得的尺寸称为实际尺寸。

65. 滚动轴承外圈与箱体孔配合的地方要采用基孔制。(×)

正确答案：滚动轴承的外圈与箱体孔配合的地方要采用基轴制。

66. 在生产实际中，应根据零件在机器中的作用及性能要求，选用适当的公差等级。在满足使用要求的前提下，应尽量选用较高的公差等级，降低生产成本。(×)

正确答案：在生产实际中，应根据零件在机器中的作用及性能要求，选用适当的公差等级。在满足使用要求的前提下，应尽量选用较低的公差等级，降低生产成本。

67. 链传动中，链的下垂度以 4%L 为宜。(×)

正确答案：链传动中，链的下垂度应不大于 20%L。

68. 链条节数为偶数，选用开口销和弹簧片固定活动销轴。(√)

69. 目前清洁生产审计中应用的理论主要是物料平衡和能量守恒原理。(√)

70. 清洁生产审计的目的是：通过清洁生产审计判定生产过程中不合理的废物流和物、能耗部位，进而分析其原因，提出削减它的可行方案并组织实施，从而减少废弃物的产生和排放，达到实现清洁生产目标。(√)

71. 清洁生产审计包括筹划与组织、方案产生和筛选阶段。(√)

72. 清洁生产审计包括预评估、评估。(√)

73. 在防冻防凝工作中，严禁用高压蒸汽取暖、严防高压蒸汽串入低压系统。(√)

74. 为做好防冻防凝工作，应加强报告制度，有情况立即汇报领导和上级部门。(√)

75. 进入夏季，工业园区应对所有地沟、排水设施进行检查，清除排水障碍，备足防汛物资，遇到险情满足需求。(√)

76. 进入夏季，为做好防暑降温工作应合理调整劳动时间，做好作业现场及井下通风，

及时发放防暑降温物品，避免出现中暑现象。（√）

77. 职业中毒不属于职业病。（×）

正确答案：职业中毒属于职业病。

78. 生产过程中的交通事故不属于生产事故。（×）

正确答案：生产过程中的交通事故属于生产事故。

79. HSE 管理体系是指实施安全、环境与健康管理的组织机构、职责、做法、程序、过程和资源等所构成的整体。（√）

80. HSE 中的 S(安全)是指在劳动生产过程中，努力改善劳动条件、克服安全因素，使劳动生产在保证劳动者健康、企业财产不受损失、人民生命安全的前提下顺利进行。（×）

正确答案：HSE 中的 S(安全)是指在劳动生产过程中，努力改善劳动条件、克服不安全因素，使劳动生产在保证劳动者健康、企业财产不受损失、人民生命安全的前提下顺利进行。

81. 建立 HSE 管理体系可改善企业形象、取得经济效益和社会效益。（√）

82. 建立 HSE 管理体系不能控制 HSE 风险和环境影响。（×）

正确答案：建立 HSE 管理体系能控制 HSE 风险和环境影响。

83. HSE 审核的目的是检验 HSE 管理体系的持续性。（×）

正确答案：HSE 审核的目的是检验 HSE 管理体系的有效性和适用性。

84. HSE 管理体系中，危害主要是指危险源和事故隐患。（√）

85. 在 HSE 管理体系中，评审是高层管理者对安全、环境与健康管理体系的适应性及其执行情况进行正式评审。（√）

86. 建立 HSE 管理体系可提高管理水平。（×）

正确答案：建立 HSE 管理体系可减少及预防污染、节约资源和能源。

87. 在 HSE 管理体系中，危害识别是认知危害的存在并确定其特性的过程。（√）

88. 在 HSE 管理体系中，危害识别的范围包括机械设备方面。（√）

89. 在 HSE 管理体系中，一般不符合项是指能使体系运行出现系统性失效或区域性失效的问题。（×）

正确答案：在 HSE 管理体系中，一般不符合项是指能使体系运行出现区域性失效的问题。

90. 在 HSE 管理体系中，不符合是指任何与工作标准、惯例、程序、法规、管理体系绩效等的偏离，其结果能够直接或间接导致伤害或疾病、财产损失、工作环境破坏这些情况的组合。（√）

91. HSE 管理体系规定，公司应建立事故报告、调查和处理管理程序，所制定的管理程序应保证能及时地调查、确认事故(未遂事故)发生的根本原因。（√）

92. 工作电压为 220V 手电钻因采用双重绝缘，故操作时可不必采取绝缘措施。（√）

93. 检查设备是否漏电，可直接用手检查。（×）

正确答案：检查设备是否漏电，应先用试电笔检查后，才可用手检查。

94. 钢丝绳打结时，不能使钢丝绳发生锐角曲折。（√）

95. ISO 14000 系列标准的核心是 ISO 14000 标准。（×）

正确答案：ISO 14000 系列标准的核心是 ISO 14001 标准。

96. ISO 14000 系列环境管理标准是国际标准化组织(ISO)第 207 技术委员会(ISO/TC 207)组织制订的环境管理体系标准，其标准号从 14001 到 14100，共 100 个标准号，统称为 ISO 14000 系列标准。 (✓)

97. 在 ISO 14001 标准体系中，识别环境因素的方法包括查阅文件及记录的方法。(✓)

98. 大钢卷尺又称为钢盒尺。 (×)

正确答案：小钢卷尺又称为钢盒尺。

99. 小钢卷尺主要用于较短管线的测量。 (✓)

100. 用钢板尺测量工件时要注意尺的零线是否与工件边缘相垂直。 (×)

正确答案：用钢板尺测量工件时要注意尺的零线是否与工件边缘相重合。

101. 钢板尺是测量长度的工具。 (✓)

102. 活动扳手应符合螺母的尺寸规格，不得以大代小，以免损坏螺栓。 (✓)

103. 300mm 长的活动板手最大开口是 20mm。 (×)

正确答案：300mm 长的活动板手最大开口是 36mm。

104. 划规画尺寸时，必须量准，以减少误差。 (✓)

105. 在使用划规作线段、画圆和画角度时，要以两脚尖为中心，加以适当压力，以免滑位。 (×)

正确答案：使用划规作线段、画圆和画角度时，要以一脚尖为中心，加以适当压力，以免滑位。

106. 划规主要用来画圆、画弧和分角度。 (✓)

107. 划规两脚的长度要一致，脚尖要靠紧，以利于画大圆。 (×)

正确答案：划规两脚的长度要一致，脚尖要靠紧，以利于画小圆。

108. 管钳不但能扳转钢管，还能代替扳手扳转螺栓和螺母。 (×)

正确答案：管钳只能扳转钢管，不能代替扳手扳转螺栓和螺母。

109. 使用管钳时，严禁用它代替手锤去敲打任何物体，以免损坏。 (✓)

110. 使用手电钻钻孔时，通孔刚要钻穿时，发生事故的可能性最大。 (✓)

111. 使用手电钻时，要注意所要求的额定电压。 (✓)

112. 机械式千斤顶分为齿条式与链条式两种。 (×)

正确答案：机械式千斤顶分为齿条式与螺旋式两种。

113. 千斤顶的型号表示中，普通型千斤顶的行程代号表示为符号“G”。 (×)

正确答案：千斤顶的型号表示中，普通型千斤顶的行程代号无表示。

114. 样冲是在未划好线的零件上冲眼用的工具。 (×)

正确答案：样冲是在已划好的线上冲眼用的工具。

115. 划线时，划线基准应与设计基准一致。 (✓)

116. 錾削时，錾子所形成的切削角度有前角、后角和楔角，三个角之和为 90°。 (✓)

117. 油槽錾的切削刃很长，呈直线形。 (×)

正确答案：油槽的切削刃很短，呈圆弧形。

118. 普通锉刀按断面形状可分为粗、中、细三种。 (×)

正确答案：普通锉刀按断面形状可分为圆锉、方锉、半圆锉、扁锉、三角锉五种。

119. 锉刀尺寸规格的选择，仅取决于工件加工余量的大小。 (×)

正确答案：锉刀尺寸规格的选择，不仅仅取决于工件加工余量的大小。

120. 螺钉旋具按头部形状不同可分为一字形或十字形两种。（√）

121. 剥线钳是用于剥削大直径导线的绝缘层的专用工具。（×）

正确答案：剥线钳是用于剥削小直径导线的绝缘层的专用工具。

122. 百分表长指针每转一格表示齿杆移动0.01mm。（√）

123. 齿杆上升16齿时，16齿小齿轮转两周。（×）

正确答案：齿杆上升16齿时，16齿小齿轮转1周。

124. 游标卡尺的可拧紧螺母能使副尺紧固。（×）

正确答案：游标卡尺的可拧紧螺钉能使副尺紧固。

125. 若将游标向右移动0.02mm，则游标零线后的第一根线与主尺的0刻线对正。（×）

正确答案：若将游标向右移动0.02mm，则游标零线后的第一根线与主尺的1mm刻线对正。

126. 1/50mm游标卡尺测量时的读数方法与1/20mm游标卡尺相同。（√）

127. 使用游标卡尺时，移动尺框和微动装置的力要大。（×）

正确答案：使用游标卡尺时，移动尺框和微动装置的力大小合适，均匀，切不可用力过猛。

128. 游标卡尺测量内孔时，应使尺面倾斜紧紧压向内表面上，否则测量结果就不准确。（×）

正确答案：游标卡尺测量内孔时，应使尺面垂直紧紧压向内表面上，否则测量结果就不准确。

129. 在千分尺固定套管的外面是有刻线的活动套管。（√）

130. 转动千分尺的活动套管通过偏心锁紧可使测微螺杆固定不动。（×）

正确答案：转动千分尺的手柄通过偏心锁紧，可使测微螺杆固定不动。

131. 千分尺螺杆右端螺纹的螺距为0.5mm。（√）

132. 公法线千分尺用于测量齿轮公法线长度。（√）

133. 使用千分尺，先读出固定套筒上最接近微分套筒锥端的毫米数和半毫米数。（√）

134. 千分尺属精度量具，使用前无需校对、检查。（×）

正确答案：千分尺属精度量具，使用前要校对、检查。

135. 水平仪是根据水向低处流的原理而做的测量仪器。（×）

正确答案：水平仪是根据空气往高处去的原理而做的测量仪器。

136. 框式水平仪的主水准器的精度高，是用来测量的，而横水准器是用来作横向水平参考的。（√）

137. 水平仪的零值正确与否是相对的，只要水平仪的气泡在中间位置，就表明零值是正确的。（√）

138. 锯弓上的调整元宝螺丝是调整锯条松紧使用的。（√）

139. 锯弓上的调整螺杆是M10的。（×）

正确答案：锯弓上的调整螺杆是M8的。

140. 压力表式气体温度计受大气压力变化时对测量影响较大。（×）

正确答案：压力表式蒸气温度计受大气压力变化时对测量影响较大。

141. 测量压力时，所选用压力表的满度值与被测压力范围越接近，压力表的指示值越不精确。（×）

正确答案：测量压力时，所选用压力表的满度值与被测压力范围越接近，压力表的指示值越精确。

142. 当测量介质具有腐蚀性时，必须在压力表前加装缓冲弯。（×）

正确答案：当测量介质具有腐蚀性时，必须在压力表前加装隔离罐。

143. 煤的成分分析法有工业分析和矿业分析两种。（×）

正确答案：煤的成分分析法有工业分析和元素分析。

144. 煤的物理性质是指煤的颜色、质量、强度和比热。（×）

正确答案：煤的物理性质是指煤的颜色、密度、强度和比热。

145. 干燥基就是无水状态的煤为基准来表示煤中各组成含量的百分比。（√）

146. 灰渣易于综合利用，适于作水泥掺合料或建筑材料。（√）

147. 要定期监视煤堆的温度，防止自燃。（√）

148. 火车运煤普遍采用量尺法计量煤量吨数。（×）

正确答案：火车运煤普遍采用电子轨道衡计量煤量吨数。

149. 煤计量项目根据煤炭计价规定为发热量、灰分、水分、挥发分、硫分、块度下限率及煤炭品种。（×）

正确答案：煤化验项目根据煤炭计价规定为发热量、灰分、水分、挥发分、硫分、块度下限率及煤炭品种。

150. 褐煤贮存一年以后，其热值消失。（×）

正确答案：褐煤贮存一年以后，其热值下降。

151. 煤中含有一定量的水分，储存时不易发生自燃。（×）

正确答案：煤中含有适量的挥发分，储存时不易发生自燃。

152. 电子皮带秤计量法，计量准确可靠，比较简单。（√）

153. 变频调节法是利用变频器调整给煤机的出力或斗轮机的转速。（×）

正确答案：变频调节法是利用变频器调整给煤机的振动频率或斗轮机的转速。

154. 混堆法是用推煤机混均的。（√）

155. 锅炉只有燃用与设计煤质接近的煤，才能得到最好的经济性。（√）

156. 为使烟气中硫氧化物含量符合排放标准，可选用灰分作为配煤指标。（×）

正确答案：为使烟气中硫氧化物含量符合排放标准，可选用硫分作为配煤指标。

157. 燃油盘点时当含水量较小时应忽略不计。（×）

正确答案：燃油盘点时当含水量较小时也应该计算进去，以保证盘点的准确性。

158. 燃油盘点计算公式为 $m=(\rho_{20}-0.0011)V_{20}$。（√）

159. 燃油在燃烧阶段需要空气与燃油充分混合，以保证燃烧继续进行。（√）

160. 燃油着火以后的阶段称为吸热阶段。（×）

正确答案：燃油着火以后的阶段称为燃烧阶段。

161. 燃油的燃点对锅炉燃烧的影响，比燃油的闪点对锅炉燃烧的影响要大的多。（√）

162. 储油罐应定期放水。（√）

163. 当油罐形成负压并超过呼吸阀设定的真空度，油罐开始呼出空气。（×）

正确答案：当油罐形成负压并超过呼吸阀设定的真空度，油罐开始吸入空气。

164. 进行一次收发油作业，便伴随一次呼出和一次吸入过程。（√）

165. 在机件集中同时有很多配件需要润滑时，有必要进行集中润滑。（√）

166. 一般在结构上分散的部件，应该按其润滑部件集中润滑。（×）

正确答案：一般在结构上分散的部件，应该按其润滑部件分散润滑。

167. 采用循环润滑的减速机，正常系统油压为50~100kPa。（×）

正确答案：采用循环润滑的减速机，正常系统油压为49~245kPa。

168. 减速机在投入使用前必须在输入轴轴承注油点及视孔处注入润滑油。（√）

169. 减速机换用润滑油，不同等级或不同厂家的润滑油不能混合使用。（√）

170. 换油时排油口油塞上的磁铁不必清洗。（×）

正确答案：换油时排油口油塞上的磁铁也要彻底清洗干净。

171. 犁煤器只能就地操作，无法实现集中控制。（×）

正确答案：犁煤器既可就地操作，也可集中控制。

172. 犁煤器会因皮带表面磨损严重而撒、漏煤。（√）

173. 犁煤器过松地压住皮带，不会出现煤流的撒漏。（×）

正确答案：犁煤器过松地压住皮带，会出现煤流的撒漏。

174. 允许同时使用两台以上犁煤器或两台均处于半工作状态。（×）

正确答案：严禁同时使用两台以上犁煤器或两台均处于半工作状态。

175. 犁煤器滑床框架式结构的缺点是工作阻力较大。（√）

176. 电动推杆内部的行程开关无法代替外部限位开关使用，同时起到过载保护作用。（×）

正确答案：电动推杆内部的行程开关能代替外部限位开关使用，同时起到过载保护作用。

177. 电动推杆电动机通过一对齿轮减速后，带动一套丝杆螺母把电动机的旋转运动变为推杆的直线运动。（√）

178. 配煤车配煤线较长时，驱动机构电源拖动容易。（×）

正确答案：配煤车配煤线较长时，驱动机构电源拖动困难。

179. 配煤车在中储仓式制粉系统中采用时，控制系统复杂，运行操作频繁。（√）

180. 配煤车行走时严禁把手放在轨道上。（√）

181. 配煤车运行中抱闸松弛，会出现跑车现象。（√）

182. 采用皮带配煤机不需要配备滑线。（×）

正确答案：采用皮带配煤机需要配备滑线。

183. 皮带配煤机电动滚筒密封性能好，适用于粉尘浓度高的场合。（√）

184. 配煤小车自动配煤大都是通过改进后实现的，难度较大。（√）

185. 配煤小车在皮带机轨道上可以左右移动，实现多点卸料。（×）

正确答案：配煤小车在皮带机轨道上可以前后移动，实现多点卸料。

186. 叶轮给煤机可以通过除尘系统排除叶轮拨煤过程中产生的粉尘。（√）

187. 叶轮给煤机行走没有固定的速度，并由行车电动机通过传动系统使机器在预定的轨道上往复行走。（×）

正确答案：叶轮给煤机行走只有固定的速度，并由行车电动机通过传动系统使机器在预定的轨道上往复行走。

188. 在叶轮给煤机运行中，不必监视动力盘上的电压表，只要注意电流表及转速表的指示有无异常。 （×）

正确答案：在叶轮给煤机运行中，应该注意监视动力盘上的电压表、电流表及转速表的指示有无异常。

189. 在叶轮给煤机运行中，应油位正常，无漏油现象。 （√）

190. 电磁振动给煤机是由电磁力驱动、利用机械振动共振原理的一种给煤设备。 （√）

191. 电磁振动给煤机可以在运转中随意调节给煤量，维护检修方便，易于实现远方自动控制。 （√）

192. 电磁振动给煤机启动前，应将电位器调整到最小位置。 （√）

193. 电磁振动给煤机启动后，应立即调整电位器使其达到振幅额定值。 （×）

正确答案：电磁振动给煤机启动后，调整电位器使其逐渐达到振幅额定值。

194. 电磁振动给煤机晶闸管管壳与散热器应接触良好。 （√）

195. 电磁振动给煤机在运行过程中，应经常检查振幅及电磁振动器的电流及温度情况，发现异常现象应立即汇报班长。 （×）

正确答案：在电磁振动给煤机在运行过程中，应经常检查振幅及电磁振动器的电流及温度情况，发现异常现象应立即停机处理。

196. 自同步惯性振动给煤机倾斜角度最大不能超过 30°。 （×）

正确答案：自同步惯性振动给煤机倾斜角度最大不能超过 15°。

197. 物体进入除铁器匀强磁场中，各处的磁场强度不同，物体各点所受的两极方向上的磁力都是大小相等的。 （×）

正确答案：物体进入除铁器匀强磁场中，各处的磁场强度相同，物体各点所受的两极方向上的磁力都是大小相等的。

198. 在除铁器正下方尽可能选用无磁托辊或无磁滚筒。 （√）

199. 带式除铁器皮带过紧或轴承损坏，造成电动机过载油温降低。 （×）

正确答案：带式除铁器皮带过紧或轴承损坏，造成电动机过载油温升高。

200. 带式除铁器减速器损坏或缺油，应更换减速器。 （×）

正确答案：带式除铁器减速器损坏或缺油，应检修减速器或加油。

201. 带式除铁器与皮带的联锁不得自行解除。 （√）

202. 弃铁皮带在运行时不得打滑，并注意抛铁是否正常。 （×）

正确答案：弃铁皮带在运行时不得跑偏，并注意抛铁是否正常。

203. 电磁除铁器磁化强度大的一端所受的磁场力小。 （×）

正确答案：电磁除铁器磁化强度大的一端所受的磁场力也大。

204. 物体在电磁除铁器非均强磁场中所受的磁场力是均等的。 （×）

正确答案：物体在电磁除铁器非均强磁场中所受的磁场力是不均等的。

205. 电子皮带秤用链码标定方法比较接近实际物料的运送和称量状态。 （√）

206. 如果皮带秤遇有严重过载，则皮带秤必须重新校准和标定。 （√）

207. 电子皮带秤每月必须进行一次实物标定，以确保称量精度。 （√）

208. 皮带的张力应保持恒定，以确保电子皮带秤称量的精度。 （√）

209. 要及时清除皮带上的黏煤，可以用水冲洗测重传感器。（×）

正确答案：要及时清除皮带上的黏煤，禁止用水冲洗测重传感器。

210. 在电子皮带秤运行中，上煤要均匀，不介意皮带跑偏。（×）

正确答案：在电子皮带秤运行中，上煤要均匀，尽量使皮带不跑偏。

211. 当电子皮带秤运行时，要经常检查秤面，防止被煤块卡住。（×）

正确答案：电子皮带秤运行时，要经常检查十字簧片，防止被煤块卡住。

212. 布袋除尘器严禁先启动吸尘风机，再启动振动电动机。（×）

正确答案：布袋除尘器严禁先启动振动电动机，再启动吸尘风机。

213. 布袋除尘器运行中应无强烈振动，排风正常。（√）

214. 电磁水阀是喷水除尘自动控制的执行器。（√）

215. 煤场洒水器由于偏流板上有一个适宜的倾角，使返回速度减小。（×）

正确答案：煤场洒水器由于偏流板上有一个适宜的倾角，使返回速度增加。

216. 喷淋系统旁路门应处于常打开状态，当喷淋系统电磁阀故障自动失灵时才可以手动投停。（×）

正确答案：喷淋系统旁路门应处于常关闭状态，当喷淋系统电磁阀故障自动失灵时才可以手动投停。

217. 粉尘测试仪通过对现场粉尘浓度的在线监测，避免了手动控制时有无煤全皮带喷水的弊端。（√）

218. 用带压轮式水门自控器可以直接控制喷水管路的开闭。（√）

219. 自动喷淋系统只有皮带“载重”运行时，自控器工作，水才喷到运行物料上。（√）

220. 清扫板与胶带要均匀接触，侧压力为 50~100N 为好。（√）

221. 清扫器耐磨体不可以是普通胶带裁成的刮板。（×）

正确答案：清扫器耐磨体可以是普通胶带裁成的刮板。

222. 安装减振平台，对煤流有明显的减速效果和隔风效果。（×）

正确答案：安装缓冲锁气板，对煤流有明显的减速效果和隔风效果。

223. 缓冲锁气器可以防止因杂物造成的皮带撕裂和托辊损坏。（√）

224. 电子轨道衡在台面主梁下面装有测量和数据处理系统。（×）

正确答案：电子轨道衡在台面主梁下面装有称重传感器。

225. 输入调零装置可以将称重传感器的零点输出和称重台面的自重扣除。（√）

226. 翻车机系统按车辆流程分为贯通式和折返式两种布置形式。（√）

227. 翻车机本体分为转子式翻车机和折返式翻车机两种类型。（×）

正确答案：翻车机本体分为转子式翻车机和侧倾式翻车机两种类型。

228. 当翻车机系统发生危急情况时，随时按下急停按钮，则故障部分停止运行。（×）

正确答案：当翻车机系统发生危急情况时，随时按下急停按钮，则整个操作系统停止运行。

229. 翻车机系统重车在摘钩台上停稳后，方可操作重牛低头。（√）

230. 翻车机迁车台多采用变频调速，能确保精确测重。（×）

正确答案：翻车机迁车台多采用变频调速，能确保精确对轨。

231. 翻车机迁车台多采用变频调速，能提高设备运行的平稳性。（√）

232. 齿轮传动式翻车机采用绕线式电动机启动性能较好，过载能力较低。（×）

正确答案：齿轮传动式翻车机采用绕线式电动机启动性能较好，具有较高的过载能力。

233. 侧倾式翻车机卸车时车辆中心靠近回转中心，将物料倾翻到车的一侧。（×）

正确答案：侧倾式翻车机卸车时车辆中心远离回转中心，将物料倾翻到车的一侧。

234. 翻车机摘钩平台上的车辆在下滑力的作用下沿倾斜的平台转动。（×）

正确答案：翻车机摘钩平台上的车辆在下滑力的作用下沿倾斜的平台溜动。

235. 翻车机摘钩平台的抬起和降落都是靠油缸和液压站来完成的。（√）

236. 翻车机重车铁牛因其往返次数较多，故钢丝绳等配件易磨损。（√）

237. 重车调车机设备简单，调车方便，需要设置重车铁牛和摘钩平台等设备。（×）

正确答案：重车调车机设备简单，调车方便，不需要设置重车铁牛和摘钩平台等设备。

238. 重车调车机根据牵引力不同可分为交流驱动和直流驱动两种。（×）

正确答案：重车调车机根据供电方式不同可分为交流驱动和直流驱动两种。

239. 空车铁牛的制动器内装有车辆用的缓冲器，以减缓铁牛与车辆的硬性碰撞。（×）

正确答案：空车铁牛的铁牛臂内装有车辆用的缓冲器，以减缓铁牛与车辆的硬性碰撞。

240. 当推煤机夜间作业时，作业场所应有足够的照明措施。（√）

241. 推煤机停车后应使铲刀落下，并使各操作杆按规定分别处于中立位置或空挡状态。（√）

242. 推煤机上、下车时要手扶把手，禁止跳上、跳下。（√）

243. 推煤机在煤场下坡作业时，可以转弯。（×）

正确答案：推煤机在煤场下坡作业时，不允许转弯。

244. 推煤机在有负荷的情况下，从障碍物上下来时，可使用制动器。（×）

正确答案：推煤机在无负荷的情况下，从障碍物上下来时，可使用制动器。

245. 推煤机不允许在硬路上高速行驶，禁止使用四、五挡。（√）

246. 推煤机气环的作用是和活塞一起封闭气缸以防漏气。（√）

247. 柴油机是推煤机的动力核心部件。（√）

248. 环境温度低于-5℃时，应将冷却水加热到80℃以上再加入推煤机水箱。（×）

正确答案：环境温度低于5℃时，应将冷却水加热到80℃以上再加入推煤机水箱。

249. 推煤机启动前，应将油门操纵杆拉开1/2行程。（×）

正确答案：推煤机启动前，应将油门操纵杆拉开1/3行程。

250. 推煤机的内燃机人力启动仅适用于单缸机或大型汽油机。（×）

正确答案：推煤机的内燃机人力启动仅适用于单缸机或小型汽油机。

251. 启动发电机是交流电动机，启动时为串激电动机，由蓄电池供电。（×）

正确答案：启动发电机是直流电动机，启动时为串激电动机，由蓄电池供电。

252. 当推煤机运行时，能在任何位置上前进，绞盘无打滑现象。（×）

正确答案：当推煤机运行时，能在任何位置上停车，绞盘无打滑现象。

253. 推煤机刹车装置应保证在20°的坡度上能平稳停住。（√）

254. 水冷系统当推煤机工况及环境条件变化时，能保证工作可靠及适宜的冷却水温。（×）

正确答案：水冷系统当推煤机工况及环境条件变化时，不能保证工作可靠及适宜的冷却水温。

255. 推煤机的散热部分有不同的构造形式，因而形成不同的水冷系统。（√）

256. 推煤机喷油泵的泵油分为进油、出油和回油三个阶段。（×）

正确答案：推煤机喷油泵的泵油分为进油、泵油和回油三个阶段。

257. 柴油推煤机供给系统应力求做到断油迅速，避免二次喷射或后滴。（√）

258. 良好的推煤机润滑系统，进入磨擦部位的润滑油应清洁。（√）

259. 推煤机典型的启动系统有湿式油底壳和干式油底壳两类。（×）

正确答案：推煤机典型的润滑系统有湿式油底壳和干式油底壳两类。

260. 推煤机涡轮壳的作用是清除进入气缸或汽化器的空气中所含的尘土和砂粒。（×）

正确答案：推煤机空气滤清器的作用是清除进入气缸或汽化器的空气中所含的尘土和砂粒。

261. 推煤机进气系统降压是将进入内燃机气缸的空气，预先压缩或压缩后再加以冷却。（×）

正确答案：推煤机进气系统增压是将进入内燃机气缸的空气，预先压缩或压缩后再加以冷却。

262. 装卸桥抓斗的摆动是由于垂直惯性力造成的。（×）

正确答案：装卸桥抓斗的摆动是由于水平惯性力造成的。

263. 装卸桥抓斗是一种由机械或电动机控制的自行取物装置。（√）

264. 装卸桥基本功的安全是指在了解、掌握机械特性的基础上，根据被抓物的具体情况，正确地操纵控制器。（×）

正确答案：装卸桥基本功的合理是指在了解、掌握机械特性的基础上，根据被抓物的具体情况，正确地操纵控制器。

265. 装卸桥基本功的安全是指要有预见事故的能力，及时地制止事故。（√）

266. 装卸桥抓斗的二根绳长度要一致，放绳不能过多。（×）

正确答案：装卸桥抓斗的四根绳长度要一致，放绳不能过多。

267. 装卸桥严禁抓斗重载高速下降。（√）

268. 通常将比临近自然地面低 0.2m 以下的油罐称为地下罐。（√）

269. 罐底埋在等于油罐高度三分之一的油罐称为地上罐。（×）

正确答案：罐底埋在等于油罐高度三分之一的油罐称为半地上罐。

270. 油罐的液压安全阀的压力或真空值要比机械呼吸阀低 10%。（×）

正确答案：油罐的液压安全阀的压力或真空值要比机械呼吸阀高 10%。

271. 当油罐内压力高于空气压力时，罐内油气会以气泡形式通过安全阀逸出。（√）

272. 油罐的顶部为了测量方便，一般要设 2 个以上的量油孔。（×）

正确答案：油罐的顶部为了测量方便，一般要设 1 个量油孔。

273. 为防止液面波动影响准确度，可以通过在量油孔下部打许多小孔来解决这个问题。（√）

274. 油罐的油温应始终在 100℃以上，确保锅炉正常燃烧。（×）

正确答案：油罐的油温正常应在 100℃以下，不能过高。

275. 阀门按温度分有常温阀门和高温阀门两种。（√）

276. 压力低于 6.4MPa 的阀门为低压阀门。（×）

正确答案：压力低于 6.4MPa 的阀门为中压阀门。

277. 闸阀不宜用作调节流量用，闸阀必须处于全开或全关状态。 (√)

278. 截止阀是用来防止介质倒流的安全装置。 (×)

正确答案：逆止阀是用来防止介质倒流的安全装置。

279. 滤油器主要作用是为了防止油中的硫份过多。 (×)

正确答案：滤油器主要作用是为了防止油中的杂质过多。

280. 供油泵主要是为锅炉提供燃油，所以供油泵的扬程越高越好。 (×)

正确答案：供油泵的主要作用是为锅炉提供燃油，因此供油泵的扬程适当即可，不能过高。

281. 燃油的加热是为了保证炉前雾化质量，减少燃烧黏度而加设的。 (√)

282. 加热器的主要作用是防止燃油结腊。 (×)

正确答案：加热器的主要作用是提高燃油温度。

283. 油罐的人孔在油罐进行冲洗后即可打开。 (×)

正确答案：油罐的人孔在油罐进行冲洗后并充分通风后方可打开。

284. 再循环管主要作用是在加热器和供油管路未投入运行的情况下启动油泵保证油的循环。 (√)

285. 个人计算机简称 PC 机。 (√)

286. 硬件是指实际的物理设备，包括计算机主机及其外部设备。 (√)

287. CPU 就是运算器。 (×)

正确答案：CPU 包含了运算器和控制器。

288. 软件系统可分为系统软件和应用软件两大部分。 (√)

289. 用户只要单击 Office 快捷工具栏中的“MicrosoftWord”按钮，就可启动中文 Word 了。 (√)

290. 在 Word 窗口中，单击最小化按钮，可以将应用程序窗口缩小成一个图标显示在状态栏中，单击该图标，又可以恢复成原来的大小。 (×)

正确答案：在 Word 窗口中，单击最小化按钮，可以将应用程序窗口缩小成一个图标显示在任务栏中，单击该图标，又可以恢复成原来的大小。

291. 在 Word 窗口中，菜单栏给出各种操作命令构成的菜单项，每个菜单项可以引出一个下拉菜单，从中可以选择要执行的命令。 (√)

292. 在 Word 中，将鼠标指针移到任一工具栏中，然后单击鼠标左键(主键)会显示该快捷菜单。 (×)

正确答案：在 Word 中，将鼠标指针移到任一工具栏中，然后单击鼠标右键(辅键)会显示该快捷菜单。

293. 线圈不能直接接在右边的母线上，如需要的话，可通过动、断触点连接线圈。 (×)

正确答案：线圈不能直接接在左边的母线上，如需要的话，可通过动、断触点连接线圈。

294. 可编程控制器一般采用梯形图语言编程。 (√)

295. PLC 系统属于弱电控制，其中直流 24V，用于 PLC 机的直流控制系统和信号系统。 (×)

正确答案：PLC 系统属于弱电控制，其中直流 5V，用于微机及 PLC 工作电源供电系统。

296. 编程器是用来编辑并输入用户程序，对用户程序进行调试、监控及必要的自诊断。（√）

297. I/O 模块是现场设备和编程器之间的接口装置。（×）

正确答案：I/O 模块是现场设备和 PLC 之间的接口装置。

298. EPROM 是不可擦可编程只读存储器。（×）

正确答案：EPROM 是可擦可编程只读存储器。

299. EEPROM 是电可擦可编程只读存储器。（√）

300. AMS 执行程序自动将组态好的图形、参数数据库组织成一个实时图形监控及报告系统。（√）

301. AMS 执行程序无法完成移动及定点式动画显示功能。（×）

正确答案：AMS 执行程序可以完成移动及定点式动画显示功能。

302. 操作员站不可以从操作员界面上直接调出各测点或人工输入测点名称。（×）

正确答案：操作员站可以从操作员界面上直接调出各测点或人工输入测点名称。

303. 操作员站不能自动记录模拟量点、开关量 I/O 点。（×）

正确答案：操作员站可以自动记录模拟量点、开关量 I/O 点。

304. 犁煤器会因皮带表面磨损严重而撒、漏煤。（√）

305. 犁口严重磨损或卡有杂物，可能造成皮带划伤但不会造成犁煤器撒漏煤。（×）

正确答案：犁口严重磨损或卡有杂物，不但会造成皮带划伤而且可能造成犁煤器撒漏煤。

306. 犁煤器常见的故障有犁头升降不灵、犁口和皮带异常磨损。（√）

307. 犁煤器电动推杆机械部分损坏不会导致犁头升降不灵。（×）

正确答案：犁煤器电动推杆机械部分损坏会导致犁头升降不灵。

308. 电动机负荷过大，造成温度升高。（√）

309. 电动机润滑油老化，地脚螺栓松动会发出嗡嗡声。（√）

310. 当减速机轴弯曲或齿轮折断发出强烈振动或异常声响时，应立即通知检修处理。（√）

311. 减速机轴承内外套间不合标准不会造成轴承烧损。（×）

正确答案：减速机轴承内外套间不合标准会造成轴承烧损。

312. 叶轮给煤机一旦发生过负荷，无法自动切断供电电源。（×）

正确答案：叶轮给煤机一旦发生过负荷，能够自动切断供电电源。

313. 叶轮给煤机的拔煤爬齿弯曲，不会影响出力。（×）

正确答案：叶轮给煤机的拔煤爬齿弯曲，会影响出力。

314. 叶轮给煤机晶闸管元件烧坏，处理办法是更换晶闸管、改善通风和禁止长时间高速运行。（×）

正确答案：叶轮给煤机晶闸管元件烧坏，处理办法是更换晶闸管、改善通风和禁止长时间低速运行。

315. 叶轮给煤机发生危及人身的事故应先发事故信号，后停机。（×）

正确答案：叶轮给煤机发生危及人身的事故应立即停机，后发事故信号。

316. 电磁振动给料机噪声大，可能的原因是弹簧板有断裂。 （✓）

317. 电磁振动给料机给煤量小，可能是电流过高。 （×）

正确答案：电磁振动给料机给煤量小，可能是料槽内发生堵煤现象。

318. 电机振动给煤机振动器一端发热，可加大轴承磨擦力。 （×）

正确答案：电机振动给煤机振动器一端发热，可减小轴承磨擦力或更换轴承。

319. 电机振动给煤机振幅小且横向摆动大，处理方法是：使两台惯性振动器同时工作。 （✓）

320. 环式碎煤机振动的原因可能是筛板等零件松动。 （×）

正确答案：环式碎煤机振动的原因可能是锤环及轴承失去平衡。

321. 环式碎煤机振动的原因可能是轴承在轴承座内间隙过大。 （✓）

322. 翻车机单向阀卡死或电磁阀不动作会造成摘钩台升不起。 （✓）

323. 翻车机因窜轨使平台与基础的道轨接缝间隙小，会造成迁车台定位不准。 （×）

正确答案：翻车机因窜轨使平台与基础的道轨接缝间隙小，会造成摘钩台升不起。

324. 翻车机缓冲器漏油会造成迁车台定位不准。 （✓）

325. 翻车机缓冲器缺油不会造成迁车台定位不准。 （×）

正确答案：翻车机缓冲器缺油会造成迁车台定位不准。

326. 翻车机液压缓冲器要避免缓冲能力差，就应该注意装配各密封时的正确性。 （✓）

327. 翻车机液压缓冲器要避免缓冲能力差，在补油后应封死油口。 （×）

正确答案：翻车机液压缓冲器要避免缓冲能力差，在补油后应排净空气。

328. 蓄能器压力太高，会导致翻车机翻起后车轮离轨。 （×）

正确答案：蓄能器压力太低，会导致翻车机翻起后车轮离轨。

329. 引起翻车机翻车速度缓慢、吃力的原因是驱动电动机有一台故障，单电动机驱动。 （✓）

330. 推煤机离合器不能完全分离的原因可能是离合器踏板没有自由行程。 （×）

正确答案：推煤机离合器打滑的原因可能是离合器踏板没有自由行程。

331. 推煤机离合器片磨损过甚或沾有油污，会造成离合器打滑。 （✓）

332. 推煤机喷油嘴不能有微量的渗迹。 （×）

正确答案：推煤机喷油嘴只允许有微量的渗迹。

333. 推煤机喷油嘴利用改变调整垫厚度调整开启压力。 （✓）

334. 减速机轴在加工圆角时，一般不应取图纸规定的上限。 （×）

正确答案：减速机轴在加工圆角时，一般应取图纸规定的上限。

335. 减速机轴加工时，只要不妨碍装配，圆角应尽量大些。 （✓）

336. 减速机齿轮因疲劳会产生麻点状剥蚀损伤现象。 （✓）

337. 减速机齿轮由于相对滑动速度高，形成油膜的条件差，润滑不良。 （×）

正确答案：减速机齿轮由于相对滑动速度低，形成油膜的条件差，润滑不良。

338. 减速机齿面过度磨损的原因是，润滑油污秽，载荷过小。 （×）

正确答案：减速机齿面过度磨损的原因是，润滑油污秽，载荷过大。

339. 减速机径向油槽内未加润滑脂，回油槽回油孔堵塞，都会造成轴与可通端盖之间漏油。 （✓）

340. 电动机过负荷的表现形式是，电动机过热。（√）

341. 通风道堵塞，通风不畅，电动机会出现过载现象。（×）

正确答案：通风道堵塞，通风不畅，电动机会出现过热现象。

342. 滚动轴承过热变色的处理方法是，将轴承工作温度降底到150℃以下。（×）

正确答案：滚动轴承过热变色的处理方法是，将轴承工作温度降底到80℃以下。

343. 避免滚动轴承发生珠痕及振痕的方法是，拆装时要避免歪斜、冲击和用力过大。（√）

344. 液压传动是以液体作为工作介质来传递能量的。（√）

345. 液压传动中的工作介质不是在受控制、受调节的状态下进行工作的。（×）

正确答案：液压传动中的工作介质是在受控制、受调节的状态下进行工作的。

346. 液压技术是实现现代机械传动与控制的关键技术之一。（√）

347. 在液压系统中液压油起着能量传递、系统润滑、防腐防锈、冷却、制动等作用。（×）

正确答案：在液压系统中液压油起着能量传递、系统润滑、防腐防锈、冷却等作用。

348. 液压传动具有结构紧凑、反应灵敏、不易实现操作自动化等特点。（×）

正确答案：液压传动具有结构紧凑、反应灵敏、易实现操作自动化等特点。

349. 用液压传动来实现直线运动不如用机械传动简单。（×）

正确答案：用液压传动来实现直线运动远比用机械传动简单。

350. 随工作压力的减小，液压油的抗磨性、抗氧化性、抗泡性等性能要提高。（×）

正确答案：随工作压力的增加，液压油的抗磨性、抗氧化性、抗泡性等性能要提高。

351. 液压油的最佳黏度应当在满足系统工作部件的运动零件的润滑所要求的最小黏度基础上。（√）

352. 黏度是液压油的主要参数，黏度大，油液阻力大，推动液压元件就费劲，黏度小，容易泄漏。（√）

353. 液压油是液压系统的工作介质，不是液压元件的润滑剂。（×）

正确答案：液压油是液压系统的工作介质，也是液压元件的润滑剂。

354. 按照阀产生动作的动力源，可分为方向、流量、压力控制阀等。（×）

正确答案：按照阀产生动作的动力源，可分为手动、电动、气动、液动、电液动、机械动等。

355. 溢流阀的作用是防止液压系统过载。（√）

356. 液压传动中油箱从回油到吸油形成直线流动，有利于流体稳定。（×）

正确答案：液压传动中油箱从回油到吸油形成曲线流动，有利于流体稳定。

357. 在液压传动中油箱内设置隔板和消除气泡的装置。（√）

358. 在液压系统中油管弯曲后应避免截面有大的变形，圆柱度不大于20%。（×）

正确答案：液压系统中油管弯曲后应避免截面有大的变形，圆柱度不大于10%。

359. 对液压系统中的管道安装要清洗，安装时不允许有任何污物留在管道内。（√）

360. 当改变液压马达的进油口的方向时，马达的转向不变。（×）

正确答案：当改变液压马达的进油口的方向时，即可改变马达的转向。

360. 液压马达工作容积越大、压力越高，则扭矩越大。（√）

362. 液压系统的调整方法、系统压力、油泵及油箱的容量都直接影响油箱的温升。（×）

正确答案：液压系统的调整方法、系统压力、油泵及油箱的容量都直接影响油液的温升。

363. 安装单向节流阀时，油口不能装反，否则会造成设备损坏。 （√）

364. 油罐储量计算公式 $V_G=(1/4)\pi D^2H\rho$ 中 D 表示油罐半径。 （×）

正确答案：油罐储量计算公式 $V_G=(1/4)\pi D^2H\rho$ 中 D 表示油罐直径。

365. 在油区外动火不会引起油罐着火。 （×）

正确答案：在油区外动火也会引起油罐着火。

366. 在油罐区工作时必须使用铜制工具或有色金属工具，防止产生火花。 （√）

367. 油位计失灵未发现，仍继续上油会导致油罐冒顶。 （√）

368. 油罐温度对发生油罐冒顶没有影响。 （×）

正确答案：油罐温度对发生油罐冒顶有影响，油罐温度过高容易发生冒罐。

369. 油泵抽空可以将故障泵停止后充油备用。 （√）

370. 罐油的油位与油泵抽空没有直接关系。 （×）

正确答案：罐油的油位过低会导致油泵的抽空。

371. 油泵由于启动负载过大，启动不起来时，应立即停泵。 （√）

372. 油泵带负荷启动，使启动负载过大，应加大负荷。 （×）

正确答案：油泵带负荷启动，使启动负载过大，应减小负荷。

373. 油泵汽化时，应立即关小出口阀门，开启出口排气阀。 （√）

374. 油泵严重汽化，造成供油中断时，应继续运行油泵。 （×）

正确答案：油泵严重汽化，造成供油中断时，应停止油泵运行，切换备用泵。

375. 当油泵转动部件卡住时，应停泵解体检查、更换零件。 （√）

376. 当油泵发生强烈振动时，应增加负荷。 （×）

正确答案：当油泵发生强烈振动时，应减小负荷。

377. 因为转速低导致泵压头降低，应该导换电机接线。 （×）

正确答案：因为转速低导致泵压头降低，应检查电动机的电源。

378. 油泵的压油管损坏会引起运行中压头降低。 （√）

379. 因为叶轮损坏，造成油泵流量降低时，应更换叶轮。 （√）

380. 吸油管路和压油管路阻力减小，会引起油泵运行中流量减小。 （×）

正确答案：吸油管路和压油管路阻力增大，会引起油泵运行中流量减小。

381. 油泵转速低，引起油泵不出油，应对电源电压、电源频率进行检查。 （√）

382. 油泵未灌油造成油泵启动后不出油，应该降低油泵和油面的高差距离。 （×）

正确答案：油泵未灌油造成油泵启动后不出油，应对油泵进行灌油。

383. 油泵轴承尺寸不够，会导致泵在运行中轴承发热。 （√）

384. 润滑油质量对泵的轴承运行无影响。 （×）

正确答案：润滑油质量对泵的轴承运行有影响。

385. 厂用电中断时监视盘上不会报警。 （√）

386. 厂用电中断时油温不会发生变化。 （×）

正确答案：厂用电中断时油温会发生变化。

387. 叶轮给煤机的叶轮进出口及叶片上不应有杂物，护板应无变形。 （√）

388. 叶轮给煤机启动前不需要确定与其配套使用的皮带机、煤沟是否具备运行条件。（×）

正确答案：叶轮给煤机启动前应确定与其配套使用的皮带机、煤沟是否具备运行条件。

389. 惯性振动器轴承的润滑不是整台给煤机正常工作的关键。（×）

正确答案：惯性振动器轴承的润滑是整台给煤机正常工作的关键。

390. 自同步惯性给煤机不允许在满负荷全电压条件下直接启动和停机。（×）

正确答案：自同步惯性给煤机允许在满负荷全电压条件下直接启动和停机。

391. 共振筛不允许物料对筛机有过大的冲击力。（√）

392. 共振筛要经常检查和清理筛网，防止带负荷停机和筛网堵塞。（×）

正确答案：共振筛要经常检查和清理筛网，防止带负荷启动和筛网堵塞。

393. 在滚轴筛运行中，要经常检查各转动部位的的温度、振动和声音是否正常，必要时应停机进行处理。（√）

394. 滚轴筛禁止带负荷启动，必须将筛机内清理干净后再启动。（√）

395. 带式除铁器皮带过紧或轴承损坏，造成电动机过载油温降低。（×）

正确答案：带式除铁器皮带过紧或轴承损坏，造成电动机过载油温升高。

396. 带式除铁器减速器损坏或缺油，应更换减速器。（×）

正确答案：带式除铁器减速器损坏或缺油，应检修减速器或加油。

397. 为防止翻车机迁车台上空车未完全推出，控制系统采用反映空车位置的限位开关作为车台移动的控制信号。（√）

398. 翻车机重车铁牛控制系统采用过流继电器来保证接车时铁牛停止前进而转为牵车动作。（×）

正确答案：翻车机重车铁牛控制系统采用堵转继电器来保证接车时铁牛停止前进而转为牵车动作。

399. 推煤机在发动机熄火前，开动机器，检查传动装置及行走部分的发热程度。（√）

400. 推煤机在运行中需要转弯时，只操纵操向杆即可。（×）

正确答案：推煤机在运行中需要转弯时，应操纵操向杆和脚踏板。

401. 推煤机在进行二级技术保养后，整车应试运转。（√）

402. 推煤机在进行二级技术保养时，履带活节处也需加注润滑油。（×）

正确答案：推煤机在进行二级技术保养时，履带活节处不许加注润滑油。

403. 清理油罐前必须对油罐进行彻底通风。（√）

404. 油罐清理前要将与油罐相连的阀门打开。（×）

正确答案：油罐清理前要将与油罐相连的阀门关闭。

405. 在油泵运行中振动不能超过规定值，否则应立即切换。（√）

406. 油泵运行时发生润滑油进水应立即换油。（×）

正确答案：油泵运行时发生润滑油进水应立即切换油泵后换油。

407. 在滤油器投入前必须要暖滤油器。（√）

408. 滤油器充油后，空气门应继续打开。（×）

正确答案：滤油器充油后，空气门应立即关闭。

409. 压力表在使用过程中，主要部件符合要求即可。（×）

正确答案：压力表在使用过程中，各部件都应符合要求。

单选题

1. 交流电路中电量的大小和方向随(D)变化。

A. 电流　B. 电压　C. 电阻　D. 时间

2. 交流电每秒钟内变化的角度叫交流电的(D)。

A. 频率　B. 周期　C. 相位　D. 角频率

3. 两个正弦量同相，说明两个正弦量的相位差为(D)。

A. 180°　B. 90°　C. 270°　D. 0°

4. 正弦交流(A)由发电机产生。

A. 电动势　B. 电压　C. 电流　D. 频率

5. 电力工业中，为了提高功率因数，常采用(A)。

A. 给感性负载并联补偿电容

B. 给感性负载串联补偿电容，减少电路电抗

C. 提高发电机输出有功功率

D. 降低发电机的无功功率

6. 在 R、L、C 串联电路发生谐振时(C)。

A. 总电压超前于电流　B. 总电压滞后于电流

C. 总电压与电流同相位　D. 电流超前电压

7. 一正弦电动势的最大值为 220V，频率为 50Hz，初相位为 30，则此电动势的瞬时值表达式为(A)。

A. $e=220\sin(314t+30°)$　B. $e=220\sin(314t-30°)$

C. $e=-220\sin(314t+30°)$　D. $e=-220\sin(314t-30°)$

8. 已知正弦电压 $U=311\sin314\text{t}$，当 $t=0.01$s 时，电压的瞬时值为(A)V。

A. 0　B. 311　C. 314　D. 220

9. 已知正弦交流电压 $U=311\sin(628t-\pi/6)$V，它的最大值是(A)V。

A. 311　B. 628　C. 311/2　D. 311/3

10. 交流电气设备的绝缘主要考虑的是交流电的(C)。

A. 有效值　B. 平均值

C. 最大值　D. 瞬时值

11. 有效值反映了(A)交流的作功效果。

A. 周期　B. 频率

C. 电流　D. 相量

12. 交流机电产品铭牌上的额定值是指交流电的(A)。

A. 有效值　B. 瞬时值

C. 最大值　D. 平均值

13. 荧光灯的发光特点是(D)。

A. 发光率低，使用寿命较长

B. 发光率高，使用寿命较短

C. 发光率低，使用寿命较短且显色性较差

D. 发光率高，使用寿命较长，显色性较好

14. 高压汞灯正常工作(A)。

A. 不需启辉器来预热灯丝，但必须与相应功率的镇流器串联使用

B. 不需启辉器来预热灯丝，但必须与相应功率的镇流器并联使用

C. 需启辉器来预热灯丝，但必须与相应功率的镇流器串联使用

D. 需启辉器来预热灯丝，但必须与相应功率的镇流器并联使用

15. 对白炽灯，说法错误的是(A)。

A. 光效较高，使用寿命较长

B. 灯丝加热迅速，故能瞬时启动

C. 是纯电阻性负载

D. 灯丝的冷态电阻比热态电阻小得多，在起燃瞬间电流较大

16. 对荧光灯，说法错误的是(D)。

A. 聚光性好

B. 主要由灯管、启辉器和镇流器三部分组成

C. 随交流电流的变化其发光也会周期性闪烁

D. 荧光灯故障率要比白炽灯少

17. 当用验电笔测试带电体时，只要带电体与大地之间的电位差超过(A)V 时，电笔中的氖管就发光。

A. 80　　B. 60　　C. 30　　D. 120

18. 把验电笔连接在直流电的正负极之间，氖管发亮的一端即为直流电的(A)。

A. 正极　　B. 负极

C. 零线　　D. 正、负极都有可能

19. 指针式万用表欧姆挡的标尺(D)。

A. 反向且均匀　　B. 正向且均匀

C. 正向且不均匀　　D. 反向且不均匀

20. 模拟式万用表的测量机构属于(D)机构。

A. 电磁系　　B. 电动系　　C. 感应系　　D. 磁电系

21. 在使用万用表的 $R100$ 挡位测量电阻时，在标度尺上的指针读数是 21.5Ω，则被测电阻的实际值为(B)Ω。

A. 21.5　　B. 2150　　C. 0.215　　D. 215

22. 使用万用表测量电压或电流时，应使指针在刻度的(D)位置上，读数才能准确。

A. 1/2~3/4　　B. 1/3~2/3　　C. 1/3~1/2　　D. 1/2~2/3

23. 兆欧表又称摇表，是一种专门用来测量(B)的便携式仪表。

A. 直流电阻　　B. 绝缘电阻　　C. 中值电阻　　D. 小电阻

24. 电流表量程扩大 n 倍时，应并联其内阻(D)的电阻。

A. n　　B. $n-1$　　C. $n/(n-1)$　　D. $1/(n-1)$

25. 测量电压时，对电压表的要求是(D)。

A. 与电路串联，内阻大些　　B. 与电路串联，内阻小些

C. 与电路并联，内阻小些　　D. 与电路并联，内阻小些

26. 线圈通交流电后，在线圈内将产生(B)。

A. 直流磁通　　B. 交流磁通　　C. 电容　　D. 电阻

27. 载流导体周围的磁场方向，与产生该磁场的(D)有关。

A. 磁场强度　　B. 磁力线的方向

C. 电场的方向　　D. 电流方向

28. 低压电器按批准标准和级别分为国家标准、部标准、局批企业标准，其中国家标准可用(A)表示。

A. GB　　B. JB　　C. JB/DQ　　D. DQ

29. 开关电器的通断能力是指开头电器在规定的条件下，能在给定电压下(A)预期电流值。

A. 接通和分断　　B. 接通　　C. 分断　　D. 承载

30. 脉动电流(A)随时间改变而改变。

A. 大小　　B. 方向　　C. 大小和方向　　D. 频率

31. 在包含有电源在内的完整电路中的电流的大小，与电路中(D)的大小成正比。

A. 电压　　B. 电阻　　C. 电源内阻　　D. 电源电动势

32. 发电设备将其他形式的能转换成电能，在电路系统中向用电设备提供能量的是(D)。

A. 控制电路　　B. 导线　　C. 负载　　D. 电源

33. 用电设备是将电能转换成其他形式的能，在电路中主要消耗能量即将电能转换成其他形式能的设备是(C)。

A. 控制电路　　B. 导线　　C. 负载　　D. 电源

34. 内动能是由工质的(C)决定的。

A. 压力　　B. 比体积　　C. 温度　　D. 容积

35. 在热力学中，气体的内能包括(A)。

A. 内动能和内位能　　B. 分子动能和分子势能

C. 内动能和分子势能　　D. 分子动能和内位能

36. 静止液体中各点的比位能和比压能可以(C)，但两者的总和不变。

A. 相反　　B. 相同　　C. 相互转换　　D. 相互代替

37. 相互有作用力，又离开一定距离的物体具有的能量称(D)能。

A. 动　　B. 热　　C. 化学　　D. 位

38. 在理想气体状态方程式 $PV=RT$ 中，(C)不是基本状态参数。

A. 压力　　B. 比热容　　C. 热力常数　　D. 温度

39. 在描述汽机的进汽压力时通常用 MPa，1MPa 代表(D)

A. 1×10^3Pa　　B. 1×10^4Pa　　C. 1×10^5Pa　　D. 1×10^6Pa

40. 热力学第一定律的实质是(A)。

A. 能量守恒与转换定律在热现象上的应用

B. 热量不可能自发地从低温物体向高温物体传递

C. 绝对零度不可能达到

D. 第二类永动机永远不能制成

41. 储存于系统内部的能量称为内能，(D)不属于内能的范围。

A. 物理内能　B. 核能　C. 化学内能　D. 系统动能

42. 热力学第一定律的数学表达式为(A)。

A. $Q=AW$　B. $Q=A/W$　C. $Q=W/A$　D. $Q=A^2W$

43. 稳定流动能量方程式是根据(A)定律导出的，除稳定流动条件外，没有其他的限制条件。

A. 能量转换守恒　B. 热力学第一

C. 热力学第二　D. 盖吕萨克

44. 完成一条热力循环，至少有一个膨胀过程和一个(A)过程组成。

A. 压缩　B. 等压　C. 等容　D. 等温

45. 热力循环中蒸汽中间再热的目的是(A)。

A. 提高热效率　B. 提高排汽温度

C. 降低热效率　D. 提高蒸汽压力

46. 度量蒸汽动力循环的最主要指标是(C)。

A. 汽耗　B. 热耗　C. 热效率　D. 汽耗率

47. 蒸汽初终压不变，提高初温可使热力循环的(A)降低。

A. 汽耗　B. 热耗　C. 热效率　D. 经济性

48. 正向循环又称(A)循环。

A. 热机　B. 可逆　C. 制冷　D. 绝热

49. 逆向循环又称(D)循环。

A. 朗肯　B. 热机　C. 卡诺　D. 制冷机

50. 在凝结的过程中，物质(D)。

A. 吸热　B. 大量吸热

C. 既不吸热也不放热　D. 放热

51. 1kg 蒸汽完全凝结成同温度的液体所放出的热量称为(A)。

A. 凝结热　B. 凝固热　C. 冷却热　D. 汽化潜热

52. 沸腾是发生在液体内部的一种(D)过程。

A. 凝结　B. 蒸发　C. 加热　D. 汽化

53. 绝热热力系与外界没有(A)的交换，但可以有功的物质的交换。

A. 能量　B. 质量　C. 物质　D. 功

54. 闭口热力系与外界只有能量传递，而无物质交换其(D)保持不变。

A. 温度　B. 压力　C. 内能　D. 质量

55. 已知正六边形的(D)，不能用几何作图法作出正六边形

A. 对角线长度　B. 对边距离　C. 边长　D. 内角

56. 锥度是指正圆锥底圆(C)之比。

A. 半径与锥高　B. 半径与母线

C. 直径与锥高　D. 直径与母线

57. 在机械制图中，三视图的形成应用的是(C)投影方法。

A. 中心　B. 平行　C. 正　D. 斜

58. 在三投影体系中，平行两直线的投影为(D)。

A. 必有一对平行　　B. 一对平行，两对相交

C. 两对平行，一对相交　　D. 三对都平行

59. 在半剖视图中，(D)不可省略。

A. 孔的边缘虚线　　B. 槽的虚线　　C. 虚线　　D. 孔的中心线

60. 画半剖视图应注意：半个剖视图与半个视图的分界线就是(D)，不能是其他任何图线。

A. 细实线　　B. 粗实线　　C. 虚线　　D. 细点划线

61. 孔的最大极限尺寸与轴的最小极限尺寸之代数差为负值叫做(D)，属于过盈配合。

A. 最大间隙　　B. 最小间隙　　C. 最大过盈　　D. 最小过盈

62. 允许零件尺寸和几何参数的变动量称为(D)。

A. 偏差　　B. 极限偏差　　C. 误差　　D. 公差

63. 在设计工作中，基本尺寸确定后，公差与配合的选择主要有三个方面内容：确定公差等级、确定基准和确定(D)。

A. 公差带　　B. 代号　　C. 尺寸　　D. 配合

64. 采用(C)可以缩减所用定值刀具、量具和数量，有利于加工。

A. 基轴　　B. 基准制　　C. 基孔制　　D. 公差

65. 在链传动中，链和轮磨损较严重，用(D)方法修理。

A. 修轮　　B. 修链　　C. 链、轮全修　　D. 更换链、轮

66. 链传动在使用过程中，发现常脱链，是(A)原因造成的。

A. 链被拉长　　B. 链磨损　　C. 轮磨损　　D. 链断裂

67. 根据燃烧三要素，不能在清洁生产时采取有效的灭火措施是(D)。

A. 除掉可燃物　　B. 可燃物冷却至燃点以下

C. 隔绝氧气　　D. 保持良好的通风

68. 液体有机物的燃烧可以采用(C)灭火。

A. 水　　B. 沙土　　C. 泡沫　　D. 油

69. 清洁生产审计有一套完整的程序，其中不包括(A)阶段。

A. 确定实施方案　　B. 预评估　　C. 评估　　D. 方案实施

70. 为了做好防冻防凝工作，停用的设备、管线与生产系统连接处要加好(D)，并把积水排放吹扫干净。

A. 阀门　　B. 保温层　　C. 法兰　　D. 盲板

71. 为了做好防冻防凝工作，低温处的阀门井、消火栓、管沟要逐个检查，排除积水，采取(C)措施。

A. 加固　　B. 疏导　　C. 防冻保温　　D. 吹扫

72. “夏季四防”包括防暑降温、(D)、防雷电和防倒塌。

A. 防霉变　　B. 防干旱　　C. 防跌滑　　D. 防汛

73. 建立 HSE 管理体系可减少各类事故的发生、(C)。

A. 预防污染　　B. 节约能源　　C. 降低风险　　D. 减少成本

74. 在 HSE 管理体系中，不安全行为是指(A)安全规则或安全常识，使事故有可能发生的行为。

A. 违反　　B. 遵守　　C. 学习　　D. 传授

75. 在 HSE 管理体系中，(B)是指与组织的职业健康安全绩效有关的或受其职业健康安全绩效影响的个人或团体。

A. 目标　　B. 相关方　　C. 事件　　D. 不符合

76. 在 HSE 管理体系中，造成死亡、职业病、伤害、财产损失或环境破坏的事件称为(C)。

A. 灾害　　B. 毁坏　　C. 事故　　D. 不符合

77. 凡是电压在(C)V 以上者叫高压。

A. 230　　B. 220　　C. 250　　D. 380

78. 机床照明灯应选(B)V 电压。

A. 6　　B. 24　　C. 220　　D. 380

79. 保险丝要根据电器中(A)的大小选用。

A. 电流　　B. 电压　　C. 电功　　D. 电阻

80. 对泵的试运转，检查电机是否绝缘，电阻应不低于(A)MΩ。

A. 5　　B. 4　　C. 3.5　　D. 3

81. ISO 14001 标准其主要特点是强调(D)、强调法律、法规的符合性、强调系统化管理、强调文件化和强调相关方的观点。

A. 污染预防　　B. 持续改进

C. 末端治理　　D. 污染预防、持续改进

82. 在 ISO 14001 标准体系中，识别环境因素的方法不包括(D)。

A. 过程分析法　　B. 物料恒算　　C. 产品生命周期　　D. 最优化理论

83. 小钢卷尺主要用于测量较短管线的(A)。

A. 长度　　B. 内径　　C. 外径　　D. 壁厚

84. 钢卷尺的最小刻度单位是(D)，常用来测量长度。

A. m　　B. dm　　C. cm　　D. mm

85. 用钢板尺测量工件，在读数时，视线必须与钢板尺的尺面(C)。

A. 平行　　B. 重合　　C. 垂直　　D. 相交

86. 规格为 1000mm 的钢板尺的最小刻度是(C)mm。

A. 100　　B. 10　　C. 1　　D. 0.1

87. 200mm 长的活动扳手最大开口是(B)mm。

A. 20　　B. 24　　C. 28　　D. 32

88. 使用划规画圆时，以划规两脚尖间距离为(B)。

A. 直径　　B. 半径　　C. 周长　　D. 弦

89. 划规不能用来测量(D)。

A. 线段　　B. 角度　　C. 间距　　D. 深度

90. 管钳用于(B)金属管或其他圆柱形工件，是管子螺纹连接或拆卸的工具。

A. 旋转　　B. 转动　　C. 扭动　　D. 搬动

91. 手电钻在使用前，需开机空转(C)min，检查各转动部分是否正常，如有异常，应排除故障后使用。

A. 2　B. 3　C. 1　D. 0.5

92. 台式钻床是一种小型钻床，放在台子上使用。一般用来钻直径(B)mm 以下的孔(手动进刀)。

A. 11　B. 13　C. 15　D. 18

93. 千斤顶是一种起重高度小的最简单的起重设备。它有(A)式和液压式两种。

A. 机械　B. 气压　C. 杠杆　D. 电动

94. 划线平台又叫划线平板，它是用来支承工件并用作(B)时的基准。

A. 平面划线　B. 立体划线　C. 划线　D. 点划线

95. 划针用弹簧钢丝或高速钢制成，直径为(D)mm，可在各种材料的工件表面上划线使用。

A. 1~3　B. 5~8　C. 4~7　D. 3~6

96. 在平台上划比较精确的零部件的高度线应使用的是(A)。

A. 高度游标卡尺　B. 深度游标卡尺
C. 普通游标卡尺　D. 齿轮游标卡尺

97. 錾削时，錾子前刀面与基面之间的夹角叫(D)。

A. 楔角　B. 后角　C. 刃角　D. 前角

98. 錾子切削部分，与切屑直接相接触的表面称(B)。

A. 主前刀面　B. 前刀面　C. 主后刀面　D. 后刀面

99. 三角锉属于(A)。

A. 普通钳工锉　B. 异形锉　C. 整形锉　D. 什锦锉

100. 用于最后修光工件表面的锉刀是(A)。

A. 油光锉　B. 粗平锉　C. 特种锉　D. 什锦锉

101. 十字形螺钉旋具Ⅰ号规格适用的螺钉直径为(B)mm。

A. 3~2.5　B. 2~2.5　C. 6~8　D. 10~12

102. 剥线钳用于剥除线芯截面为(A)mm^2 以下塑料线或橡胶绝缘线的绝缘层。

A. 6　B. 4　C. 3　D. 2

103. 百分表内的齿杆和齿轮的周节是(A)mm。

A. 0.625　B. 0.325　C. 0.425　D. 0.6

104. 当百分表齿轮上升 16 齿，即上升(C)mm。

A. 5　B. 5.5　C. 10　D. 10.5

105. 游标卡尺量得尺寸后，可拧紧螺钉能使(A)紧固。

A. 副尺　B. 主尺　C. 辅助游标　D. 微调

106. 1/20mm 游标卡尺，主尺每小格 1mm，当两量爪合并时，副尺上的 20 格刚好与主尺上的(A)mm 对正。

A. 19　B. 20　C. 18　D. 19.5

107. 游标卡尺在使用前要(D)。

A. 鉴定　B. 涂油　C. 擦拭　D. 校对零位

108. Ⅰ型三用游标卡尺的测量范围是(A)mm。
A. 0~125　B. 0~200　C. 0~300　D. 0~150

109. 千分尺的棘轮盘用(A)与罩壳连接。
A. 螺钉　B. 锁块　C. 销　D. 锥销

110. 千分尺活动套转一周时，螺杆就移动(C)mm。
A. 0.6　B. 0.65　C. 0.5　D. 0.55

111. 微分套筒锥面上沿圆周均布着50条刻线，测量工件时每格单位为(A)mm。
A. 0.01　B. 0.02　C. 0.03　D. 0.05

112. 千分尺的精度主要由它的(C)误差和两测量面平行度误差的大小来决定。
A. 测量　B. 圆度　C. 示值　D. 工作

113. 常用框式水平仪的平面长度为(A)mm。
A. 200　B. 150　C. 100　D. 50

114. 水平仪上的气泡每移动一格，被测长度在2m的两端上，高低相差(D)mm。
A. 0.01　B. 0.02　C. 0.03　D. 0.04

115. 锯弓上的调整螺母形状是(A)的螺母。
A. 元宝　B. 六方　C. 四方　D. 八方

116. 压力式温度计中，(A)是直接与被测介质相接触来感受温度变化的检测元件。
A. 温包　B. 毛细管　C. 弹簧管　D. 盘簧盘

117. 压力表式温度计主要由温包、(B)组成。
A. 测量部分和转换放大部分　B. 测温部分、毛细管和转换放大部分
C. 弹簧管和转换放大部分　D. 毛细管和弹簧管

118. 有一测压点，如被测量最大压力为10MPa，则选用压力表的量程应为(A)MPa。
A. 16　B. 25　C. 10　D. 12

119. 显示压力表的安装高度一般为(A)m。
A. 1.5　B. 1.3　C. 1　D. 2

120. 对输煤系统有明显影响的是煤中(B)。
A. 含硫量和水分　B. 水分和发热量
C. 含硫量和发热量　D. 含硫量、水分和发热量

121. 煤的空气干燥基组成物的百分含量表达式是以空气干燥状态的(B)为基准。
A. 碳　B. 煤　C. 水分　D. 灰分

122. 根据我国的燃料政策火力发电厂应当尽量燃用(B)燃料。
A. 优质　B. 劣质　C. 中性　D. 含水

123. 燃煤中碳和(D)是产生热量的主要来源。
A. 水　B. 灰　C. 氧　D. 氢

124. 火力发电厂要做好燃煤管理工作，以防止煤场自燃。堆煤作业时应(B)。
A. 定期浇水　B. 分层压实　C. 块末分离　D. 边堆边压实

125. 进厂煤的计量方式因(B)不同而不同。
A. 测量方式　B. 运输方式　C. 燃烧方式　D. 用途

126. 煤质验收包括采样、制样和(D)。

A. 测量　B. 称重　C. 燃烧　D. 化验

127. 储煤场一般以储备锅炉(A)天用的煤量为宜。

A. 7~15　B. 10~20　C. 15~25　D. 15~30

128. 炼焦煤冬季储存6个月以后，其结焦性(B)。

A. 未改变　B. 变化不大　C. 变化很大　D. 很差

129. 入炉煤以(D)来完成计量。

A. 吃水表尺　B. 轨道衡　C. 地衡　D. 电子皮带秤

130. 煤的盘点一般(C)进行一次。

A. 每年　B. 每季　C. 每月　D. 每日

131. 煤斗挡板开度法是依据煤斗的挡板开度来调节输煤皮带的(D)。

A. 速度　B. 转速　C. 宽度　D. 出力

132. 只适用于设有门式抓煤设施的电厂的配煤方法是(C)。

A. 变频调节法　B. 混堆法　C. 抓斗数法　D. 煤斗挡板开度法

133. 为了控制煤气中(A)的排放标准，有时采用高硫煤与低硫煤混配。

A. 硫氧化物　B. 氢化物　C. 氧化物　D. 氢氧化物

134. 燃用多种煤的电厂应根据供应煤的煤质和数量制定合理的(C)。

A. 储存方法　B. 卸煤方法　C. 配煤方案　D. 进煤方案

135. 燃油盘点计算前，首先要(A)。

A. 测量油位　B. 停止油罐运行

C. 对油罐加热　D. 脱水

136. 某油罐盘点时，试样油温60℃，视密度0.84g/cm³，必须要转换为(C)℃时密度方可计算。

A. 0　B. 10　C. 20　D. -20

137. 燃油在炉膛内呈(A)进行燃烧。

A. 悬浮状态　B. 胶状　C. 液态　D. 雾态

138. 燃油着火以前(B)，以提高温度。

A. 放出热量　B. 需要热量　C. 需要空气　D. 需要水分

139. 为了保证燃油在锅炉内能够可靠燃烧，锅炉内着火区的温度要比燃油的燃点(B)。

A. 稍高　B. 高很多　C. 稍低　D. 低很多

140. 储油罐油位不得高于(A)，以防跑油。

A. 高限值　B. 低限值　C. 中部　D. 中上部

141. 储油罐顶部应留有足够空间，以备(B)用。

A. 抽油　B. 灭火　C. 排气　D. 排水

142. 储油罐的油温必须严加监视，以防(C)。

A. 自燃　B. 结冰　C. 超温　D. 爆炸

143. 油罐在进行(C)操作过程中，油面不断升高，气体空间容积不断缩小，油气混合压力增加。

A. 放水　B. 排污　C. 发油　D. 注油

144. 压力超过罐顶呼吸阀控制压力时，油气不断向外排出，这个过程就是大呼吸损耗的(B)过程。

A. 吸入　B. 呼出　C. 发油　D. 油蒸气饱和

145. 分为间歇润滑和连续润滑两种方法的是(A)。

A. 润滑装置作用　B. 润滑装置配置

C. 润滑作用　D. 润滑面配置

146. 油压很高属于(B)润滑。

A. 无压力　B. 压力　C. 间歇　D. 连续

147. 一般用油池飞溅润滑，自然冷却的是(B)润滑。

A. 托辊　B. 减速机　C. 轴承　D. 皮带机

148. 当减速机连续停机超过(C)h 再启动时，应充分润滑后方可带负荷运转。

A. 12　B. 36　C. 24　D. 48

149. 减速机使用后要经常检查油位，任何情况下，油位不能低于油尺的(D)。

A. 上限　B. 一半　C. 3/4　D. 下限

150. 减速机初始运行(D)h 后必须首次换油。

A. 50~100　B. 100~200　C. 200~300　D. 200~400

151. 在停机后油温还未降低时应排放(D)。

A. 润滑脂　B. 水　C. 气体　D. 润滑油

152. 换油时，减速机壳体应采用与减速机传动润滑油相同(C)的油进行冲洗。

A. 重量　B. 质量　C. 等级　D. 数量

153. 使用犁煤器时(A)必须采用硫化接头。

A. 胶带　B. 托辊　C. 原煤斗　D. 犁刀

154. 犁头设有(C)机构，工作时不会受煤的冲击力抬起和抖动，始终紧贴胶面。

A. 密封　B. 粘结　C. 锁紧　D. 下沉

155. 犁煤器犁头(A)地压住皮带，会造成皮带的不正常磨损。

A. 过紧　B. 过松　C. 很轻　D. 较短

156. 严禁运行中对犁煤器进行(D)操作。

A. 就地　B. 程序　C. 集中　D. 手动

157. 固定式犁煤器，胶带通过犁煤器时，托板将胶带由槽形变成(B)。

A. V 形　B. 水平段　C. U 形　D. 倒 U 形

158. 电动推杆装有(B)自动保护系统，避免了电动机及构件的损坏。

A. 压力　B. 过载　C. 平衡　D. 减压

159. 电动推杆机械部分损坏，可能会造成犁头(A)不灵。

A. 升降　B. 上升　C. 下降　D. 转动

160. 电动推杆是犁煤器(B)工作的驱动部件。

A. 下压　B. 升降　C. 转动　D. 挡煤

161. 配煤车在运行中若抱闸松弛，会发生(C)现象。

A. 磨损　B. 跑偏　C. 跑车　D. 改向

162. 配煤车配煤时，运输皮带带速不宜过高，一般不超过(D)m/s。

A. 1　B. 2　C. 3　D. 2.5

163. 配煤车运行前润滑油路畅通，并(D)油脂。

A. 加注一半　B. 加注 1/3　C. 加注 2/3　D. 充满

164. 皮带在配煤车爬坡段跑偏时，要及时调整，防止跑偏严重，造成配煤车(A)。

A. 跑车　B. 滑车　C. 掉道　D. 损坏

165. 皮带配煤机遇尾部传动向头部运行时，易造成皮带(D)。

A. 跑偏　B. 划破　C. 断裂　D. 打滑

166. 若需使煤通过配煤小车向尾仓配煤，可将前后挡板置于滚筒护罩(A)。

A. 端部　B. 中间　C. 顶部　D. 底部

167. 配煤小车配煤线(C)时，驱动机构电源拖动困难。

A. 较重　B. 较轻　C. 较长　D. 较短

168. 当叶轮给煤机过载时，安全(A)动作，使给煤机自动停止。

A. 离合器　B. 限位开关　C. 缓冲器　D. 定位

169. 当叶轮给煤机行至煤沟端头时，靠机侧的行程终端(B)使给煤机自动反向行走。

A. 离合器　B. 限位开关　C. 缓冲器　D. 定位

170. 叶轮给煤机安装在料仓出口(B)，是给输煤机械供煤的设备。

A. 上边　B. 下边　C. 左边　D. 右边

171. 在叶轮给煤机运行中，各部轴承温度不超过 80℃，齿轮箱油温不大于(A)℃。

A. 75　B. 80　C. 60　D. 65

172. 叶轮给煤机运行中，滑差电动机不宜长时间低速运转，一般应在(D)r/min 以上运行，防止过热烧坏激磁线圈。

A. 300　B. 350　C. 400　D. 450

173. 电磁振动给煤机激振器电磁线圈由(C)交流电源经整流后供电。

A. 三相　B. 两相　C. 单相　D. 脉冲

174. 电磁振动给煤机的料槽以交流电源的频率(D)次/min 往复运动。

A. 1000　B. 1500　C. 2000　D. 3000

175. 电磁振动给煤机给煤槽下倾角最大不宜超过(C)，否则会出现自流。

A. 5°　B. 10°　C. 15°　D. 20°

176. 电磁振动给煤机如听到磁撞声，必须立即减少电流，(A)振幅，停机后检查。

A. 调小　B. 调大　C. 稳定　D. 快速增加

177. 电磁振动给煤机使用前应首先检查(C)装置的内部接线是否松动脱落。

A. 振动　B. 电源　C. 控制　D. 转动

178. 电磁振动给煤机运行中电源电压波动不宜过大，可以在(C)范围内变化。

A. 1%　B. 2%　C. 5%　D. 10%

179. 自同步惯性振动给煤机利用调频调幅控制器或变频器，实现不停机(C)调节生产率。

A. 按级　B. 逐级　C. 无级　D. 固定

180. 皮带给煤机主要用于出力为(C)t/h 以下的受煤斗的给煤。

A. 100　B. 200　C. 300　D. 500

181. 为了提高出力，在(A)给煤机的全部机长范围内加装固定的侧挡板，做成导煤槽的形式。

A. 皮带　B. 叶轮　C. 环式　D. 电动振动

182. 除铁器按(A)的不同可分为永磁除铁器和电磁除铁器两种。

A. 磁铁性质　B. 布置形式　C. 效果　D. 原理

183. 带式除铁器由电磁铁、机架、驱动电机、减速机、(D)等组成。

A. 改向滚筒　B. 增面滚筒　C. 拉紧滚筒　D. 主、从动滚筒

184. 电磁除铁器有悬挂式、(C)和带式三种。

A. 悬浮式　B. 轨道式　C. 滚筒式　D. 犁式

185. 通电后，启动带式除铁器，给励磁后自控开关跳闸处理方法是更换整流器，(A)。

A. 检查直流励磁回路　B. 检查温控继电器和冷却风机

C. 检查皮带是否有杂物卡住　D. 恢复热继电器

186. 带式除铁器按下常励按钮，(C)开始工作。

A. 电源　B. 探测器　C. 常励电磁　D. 强励电磁

187. 当除铁器电磁铁温升超过(D)℃后，常励和强励均不能启动。

A. 60　B. 80　C. 120　D. 160

188. 带式除铁器停运时，应最后停(C)。

A. 电磁铁　B. 输煤皮带　C. 总电源　D. 弃铁皮带

189. 电磁除铁器所建立的磁场是(B)磁场。

A. 匀强　B. 非匀强　C. 较强　D. 较弱

190. 当电磁除铁器有铁磁性物质进入磁场被磁化后，在物体两端便产生(C)，因此要受到磁场力的作用。

A. 惯力　B. 惯性　C. 磁场　D. 磁场力

191. 电子皮带秤标定的砝码精度应比被标定的电子皮带秤精度高(D)倍以上，才能保证标定结果。

A. 1~2　B. 2~3　C. 3~5　D. 2~5

192. 电子皮带秤用实物标定的方法可以得到较高的标定精度，但不适于(A)电子皮带秤的标定。

A. 大吨位　B. 小吨位　C. 正常吨位　D. 普通

193. 电子皮带秤累计总量与瞬时流量分别在显示器上显示出来，精确度为(C)。

A. 5%　B. 0.5%　C. 0.05%　D. 1%

194. 电子皮带秤是(B)计量，可测量带式输送机上煤的连续通过的瞬时量和累计量。

A. 静态　B. 动态　C. 运动　D. 静止

195. 电子皮带秤应安装在皮带机的倾斜角度在(B)之间的胶带上。

A. 4°~20°　B. 0°~18°　C. 30°　D. 35°

196. 皮带秤运行时跑偏程度(A)。

A. 不超过架构　B. 不超过托辊和滚筒边缘

C. 不超过滚筒轴承座端面　D. 不超过主传动滚筒边缘

197. 电子皮带秤内部的(C)参数已经调整好，不准随意改动，防止调乱程序或损坏设备。

A. 设备　B. 元件　C. 电气　D. 物理

198. 电子皮带秤重桥架上若有(C)时，应及时清理，否则影响计量准确度。

A. 杂物　B. 铁锈　C. 水滴　D. 灰尘

199. 在皮带停止运行后，按(A)顺序停止除尘器的运行。

A. 顺煤流方向　B. 逆煤流方向　C. 大小　D. 先后

200. 布袋除尘器检修门及风管道连接系统应密封，以免(B)。

A. 开胶　B. 开裂　C. 断线　D. 泄漏

201. 煤场洒水器供水压力低于(B)MPa时，回转速度缓慢且洒水距离短。

A. 0.2　B. 0.3　C. 0.5　D. 0.6

202. 当煤场存煤比较干燥，表面水分低于(D)时，应开启喷水系统。

A. 1%　B. 2%　C. 3%　D. 4%

203. 皮带喷淋水系统的总门打开，随着(C)的通过，电磁阀打开，进行自动喷淋。

A. 粉尘　B. 皮带　C. 煤流　D. 水

204. 水雾自动系统在现场粉尘自动监测仪监测到粉尘(C)时，打开该段现场尘源点的自动喷雾装置开始抑尘。

A. 飞扬　B. 通过　C. 超标　D. 落下

205. 用粉尘测试仪实时测试尘源点的粉尘浓度，是对(A)和分散度的在线快速监测和控制。

A. 粉尘浓度　B. 粉尘粒度　C. 煤灰　D. 尘源点

206. 自动喷水系统用(A)安装在皮带头部监测煤流。

A. 红外线　B. 激光　C. 传感器　D. 紫外线

207. 一般在头部滚筒下绕出点设一组螺旋托辊，接着布置清扫器(C)托辊组。

A. V形　B. 平行　C. 梳形　D. 螺旋

208. 缓冲锁气器缓冲了煤流对下段皮带的(C)。

A. 压力　B. 重力　C. 冲击力　D. 排斥力

209. 落差超过(C)m的落煤管一般应安装缓冲锁气板。

A. 4　B. 5　C. 6　D. 8

210. 电子轨道衡经过运算电路处理，得到的称重结果最后以(B)数字显示出来。

A. 二进制　B. 十进制　C. 十六进制　D. 模拟

211. 电子轨道衡传感器将其所感受到的重量按比例转换成模拟(A)信号，四个传感器的总输出信号送到测量系统。

A. 电压　B. 电流　C. 数字　D. 运算

212. 采用机械的力量将车箱翻转卸出物料的大型高效率的卸车设备是(B)。

A. 卸车机　B. 翻车机　C. 斗轮机　D. 桥式抓斗

213. 翻车机的动力来源是(A)。

A. 传动装置　B. 制动器　C. 定位器　D. 传感器

214. 高度小于(D)m的重车或结冻的车辆不准使用翻车机翻卸。

A. 1.5　B. 1.75　C. 2　D. 2.45

215. 翻车机迁车台从重车线向空车线行驶时，必须在车辆最后一对轮进入(A)后方可启动。

A. 止挡器　B. 定位器　C. 摘钩平台　D. 翻车线

216. 迁车台在翻车机系统中用于将翻卸后的空车车辆(B)到空车线路上。

A. 翻转　B. 横移　C. 提升　D. 下降

217. 翻车机迁车台上设有(C)。

A. 摘钩平台　B. 定位器　C. 液压涨轮器　D. 止挡器

218. 钢丝绳驱动的侧倾式翻车机，由电动机启动，驱动装置通过(D)拖动大钳臂，并带着活动平台和车辆一起，绕第一回转点转动。

A. 电机　B. 齿轮　C. 转动　D. 钢丝绳

219. 翻车机摘钩平台升高最大高度是(D)mm。

A. 100　B. 200　C. 300　D. 400

220. 重车铁牛是翻车机卸车线中(B)重车到位的主要设备。

A. 提升　B. 推送　C. 翻转　D. 降落

221. 重车调车机的功能是将整列重车牵向(B)。

A. 地沟　B. 翻车机　C. 平台　D. 摘钩平台

222. 重车调车机的(C)各单元均采用磨擦离合器和液压制动器。

A. 传动装置　B. 翻转装置　C. 驱动装置　D. 导向轮装置

223. 空车铁牛返回速度为(B)m/s。

A. 1　B. 1.5　C. 2　D. 5

224. 推煤机作业前应对(D)进行勘查，防止发生意外。

A. 推土机　B. 操作杆　C. 驾驶室　D. 工作现场

225. 推煤机驾驶员应就坐操作，不要站立驾驶，以免(B)。

A. 触电　B. 碰伤　C. 坠落　D. 弹起

226. 推煤机下坡时，不允许(D)滑行，脚踏在减速踏板上控制好车速。

A. 一挡　B. 二挡　C. 三挡　D. 空挡

227. 推煤机不得在斜坡上(C)。

A. 行驶　B. 启动　C. 换挡　D. 刹车

228. 电厂用的推煤机大多采用以(B)为冷却介质的发动机。

A. 风　B. 水　C. 润滑脂　D. 润滑油

229. 推煤机启动系统是以(C)转动内燃机曲轴，使内燃机由静止状态转入工作状态。

A. 电力　B. 内力　C. 外力　D. 牵引力

230. 推煤机启动前，应使主离合器处于(A)位置。

A. 分离　B. 空挡　C. 封闭　D. 0

231. 推煤机启动系统是以外力转动内燃机(B)，使内燃机由静止状态转入工作状态。

A. 电池　B. 曲轴　C. 变速箱　D. 动力驱动

232. 推煤机的内燃机必须借助(C)以一定的转速转动曲轴。

A. 变速箱　B. 动力驱动　C. 外力　D. 辅助装置

233. 推煤机机油压力表指针应在(B)MPa。

A. 0.13~0.34　B. 0.29~0.34　C. 0.29~0.38　D. 0.20~0.30

234. 推煤机的冷却系统使(B)发热零件壁面在适宜的温度状态下工作。

A. 油箱　B. 内燃机　C. 柴油机　D. 输油泵

235. 推煤机的冷却系统的介质液体主要是采用(C)。

A. 润滑油　B. 防冻液　C. 水　D. 润滑脂

236. 推煤机供给系统的任务是按照(B)工作时所需求的时间，供给气缸适量的空气和燃料。

A. 油箱　B. 内燃机　C. 柴油机　D. 输油泵

237. 柴油推煤机(C)的作用原理是当柴油流过时利用滤芯上的细小缝隙阻止较大颗粒的杂质。

A. 涡流室　B. 回油管　C. 粗滤器　D. 进气管

238. 推煤机润滑系统的作用是向(B)各运动机件的磨擦表面不断地提供适量的润滑油。

A. 油箱　B. 内燃机　C. 柴油机　D. 输油泵

239. 推煤机对(B)的要求主要是尽量能减少进气流动阻力和损失。

A. 冷却系统　B. 进气系统　C. 润滑系统　D. 启动系统

240. 汽油推煤机的(C)有继续将燃料与空气混合和向各缸分配的作用。

A. 排气管　B. 扩压器　C. 进气管　D. 喷嘴环

241. 用来承担卸车和上煤、煤场堆取料作业的机械是(D)

A. 翻车机　B. 斗轮机　C. 推土机　D. 装卸桥

242. 装卸桥的(D)是指在运行过程中，抓斗停在所需要的位置时，不产生任意摆动。

A. 安全　B. 快　C. 合理　D. 稳

243. 装卸桥的(D)是指在稳的基础上，准确地把抓斗放在或停在所需要的位置。

A. 安全　B. 快　C. 合理　D. 准

244. 装卸桥开车前要检查电源供电情况，电压不低于额定电压的(D)。

A. 50%　B. 60%　C. 70%　D. 85%

245. 装卸桥开动小车时应先控制(B)。

A. 钢丝绳　B. 抓斗　C. 制动器　D. 手柄

246. 具有减少呼吸损耗，降低腐蚀等优点是(A)油罐。

A. 浮顶　B. 拱顶　C. 无力矩顶　D. 锥顶

247. 拱顶油罐承压能力较高，正压为2.0kPa，负压为(C)kPa。

A. 1.00　B. 0.25　C. 0.5　D. 0.75

248. 液压安全阀一般选用(B)作为封液。

A. 汽油　B. 轻柴油　C. 重柴油　D. 煤油

249. 为了测量油罐油面高度和吊取油样，油罐上都设有(C)。

A. 呼吸阀　B. 防火器　C. 量油孔　D. 浮梯

250. 为了防止关闭量油孔盖和铁器撞击出火花，在密封槽内应(B)。

A. 加密封　B. 加耐油胶垫　C. 加水喷淋　D. 加防火器

251. 油罐投入前油温应保持在(D)℃以上。

A. 60　B. 65　C. 75　D. 80

252. 用来关断介质，控制流量的部件称为(B)。

A. 管道　B. 阀门　C. 泵　D. 风机

253. 为了调整管道内流体的流量通常在管道上安装(A)阀门。

A. 调节　B. 关断　C. 保护　D. 逆止

254. 闸阀常安装在管道直径大于(D)mm 的管道中。

A. 30　B. 50　C. 70　D. 100

255. 油泵前的(B)一般用粗网制成，主要为了除去油中颗粒较大的机械杂质。

A. 加热器　B. 流量计　C. 滤油器　D. 冲洗装置

256. 滤油器出入口压差超过(A)MPa 时，应更换滤网，否则会引起油泵油压波动。

A. 0.02　B. 0.04　C. 0.06　D. 0.1

257. 供油系统中(B)的作用是将燃油加压后送到锅炉。

A. 油罐　B. 油泵　C. 加热器　D. 滤油器

258. 在燃油系统中，(B)是燃油系统中输送燃油的主要设备。

A. 油罐　B. 油泵　C. 加热器　D. 滤油器

259. 加热器的作用是为了提高燃油在锅炉的(B)质量。

A. 输送　B. 雾化　C. 点火　D. 循环

260. 为了方便人员进出，人孔的高度应为距罐底(C)mm 的地方。

A. 250　B. 450　C. 750　D. 950

261. 使用重油的燃油系统，为了保证燃油的温度、减少燃油的黏度，或对燃油系统进行冲洗的需要，必须要装设(C)系统。

A. 蒸汽　B. 过滤　C. 循环　D. 计量

262. 硬件系统是由(A)、存储器及输入输出设备所组成。

A. CPU　B. 运算器　C. 控制器　D. 内存储器

263. 通常使用(D)来解决某个应用领域中的具体问题。

A. 工具软件　B. 系统软件　C. 软件系统　D. 应用软件

264. 系统软件主要包括(A)、各种程序设计语言及解释和编译系统，数据库管理系统等。

A. 操作系统　B. DOS　C. Windows　D. UNIX

265. 文件扩展名为(A)的文件为一种压缩文件。

A. rar　B. com　C. dot　D. doc

266. 关闭 Word 窗口时，可以使用组合键，即首先激活需要关闭的窗口，然后同时按下(A)和 F4 键即可。

A. Alt　B. Shift　C. Ctrl　D. Shift+Ctrl

267. 在 Word 中，选择(B)菜单中的“退出”命令即可退出 Word。

A. 编辑　B. 文件　C. 工具　D. 视图

268. 如用图形编程器，要受屏幕尺寸的限制，即每行串联触点应少于(D)个。

A. 8　B. 10　C. 15　D. 11

269. 梯形图每一行都是从左边母线开始，线圈接在右边的母线上，所有的触点不能放在线圈的(B)。

A. 左边　B. 右边　C. 中间　D. 下面

270. 在可编程控制器系统编程中，每个地址的第一标示的数据类型是(B)。

A. 离散输出　B. 离散输入　C. 输出寄存器　D. 内部继电器

271. 可编程序控制器在梯形图网络中，一个网络宽度为(C)列。

A. 7　B. 9　C. 11　D. 13

272. 根据输入信号与用户程序来作出逻辑决定，再按这些决定去控制整个系统的执行机构是(D)。

A. 电源模块　B. 编程器　C. 存储器　D. CPU

273. CMOS RAM 是(A)存储器。

A. 随机　B. 只读　C. 可擦只读　D. 可擦可编程只读

274. 在 AMS 监控系统中，图形编辑、文本编辑、菜单编辑等属(A)。

A. 编辑部分　B. 组态部分　C. 数据库管理　D. 文本管理

275. AMS 监控系统作为操作台对(B)进行控制。

A. 上位机　B. 下位机　C. 模拟屏　D. 显示屏

276. 犁煤器撒漏煤严重时，可能是水平托辊不平或间距(B)。

A. 不够　B. 过大　C. 过小　D. 过紧

277. 犁煤器犁头升降不灵易造成电动机(C)。

A. 停机　B. 断电　C. 烧毁　D. 损坏

278. 犁煤器犁口和皮带异常磨损可能产生的原因是水平托辊(A)。

A. 不转　B. 歪斜　C. 迟钝　D. 损坏

279. 引起减速机振动的原因是(D)。

A. 电机故障　B. 联轴器故障　C. 油位过低　D. 齿轮掉齿

280. 减速器地脚螺栓及各部连接螺栓应(D)。

A. 齐全　B. 有垫圈　C. 涂防锈剂　D. 无松动

281. 叶轮给煤机在运行中调整失灵，原因可能是(C)。

A. 联轴器损坏　B. 构架变形　C. 可控硅击穿　D. 行走轮不同步

282. 叶轮给煤机行走轮脱轨的原因可能是(D)。

A. 联轴器损坏　B. 行走轮不同步

C. 可控硅击穿　D. 轨道行程开关损坏

283. 叶轮给煤机控制器交流熔丝熔断，应更换烧坏的(B)，换新熔丝。

A. 控制器　B. 绕组　C. 部件　D. 开关

284. 叶轮给煤机轴承发热，若系轴承缺陷，则退出运行，(B)轴承。

A. 检修　B. 更换　C. 撤掉　D. 维护

285. 电磁振动给料机冲动和间断工作电流上下波动产生的原因是线圈导线损坏、调节线路接触(B)。

A. 良好　B. 不良　C. 优秀　D. 紧密

286. 电机振动给煤机发生自流，可调节倾斜角度，最大不超过(B)。
A. 10° B. 15° C. 20° D. 16°
287. 电机振动给煤机提高生产率，可调节料仓门的开度，改变(B)。
A. 出力 B. 给料量 C. 通风 D. 变频器
288. 给料不均匀，会造成环式碎煤机(C)。
A. 排料粒度大 B. 排料粒度小 C. 产量下降 D. 产量提高
289. 入料口堵塞，会造成环式碎煤机(C)。
A. 排料粒度大 B. 排料粒度小 C. 产量下降 D. 产量提高
290. 翻车机油箱无油，油泵反转，会造成摘钩台(B)。
A. 落不下 B. 升不起 C. 无动作 D. 漏油
291. 翻车机吸油管堵塞，系统泄漏，会造成摘钩台(B)。
A. 落不下 B. 升不起 C. 无动作 D. 漏油
292. 翻车机行走电动机抱闸过紧或打不开，会造成迁车台(C)。
A. 钢轨卡住 B. 缓冲不灵活
C. 定位不准 D. 不同步
293. 翻车机挡销高度不够或挡销与挡座的间隙过小，会造成迁车台(C)。
A. 钢轨卡住 B. 缓冲不灵活
C. 定位不准 D. 不同步
294. 翻车机液压缓冲器主副缸之间的单向阀不灵活，会造成(B)。
A. 缓冲不同步 B. 缓冲能力差
C. 缓冲器损坏 D. 缓冲失灵
295. 翻车机液压缓冲器油量不足或油液黏度太高，会造成(B)。
A. 缓冲不同步 B. 缓冲能力差
C. 缓冲器损坏 D. 缓冲失灵
296. 翻车机翻起后车轮离轨的原因可能是压车缸内(C)。
A. 有杂物 B. 无杂物 C. 有空气 D. 无空气
297. 翻车机(C)，会造成液压压车不紧。
A. 弹簧张力不足 B. 制动轮与制动带间隙过大
C. 蓄能器压力低 D. 蓄能器压力高
298. 推煤机喷油泵柱塞严重磨损，供油量过小，会导致(A)。
A. 启动困难 B. 冒黑烟 C. 不喷油 D. 增加燃料消耗
299. 推煤机油道或滤清器堵塞，会导致(A)。
A. 启动困难 B. 冒黑烟 C. 不喷油 D. 增加燃料消耗
300. 推煤机喷油器(B)应均匀，雾束不得有肉眼可见的油滴飞溅现象。
A. 油滴 B. 油雾 C. 污油 D. 污水
301. 减速机轴上裂纹修补后，一定要进行(B)。
A. 冷处理 B. 热处理 C. 上油 D. 清洗
302. 对减速机磨损的轴，可采用刷镀或金属喷涂的方法进行(B)。
A. 装饰 B. 修复 C. 掩盖 D. 清洗

303. 由于危险断面的应力超过极限应力，减速机(B)可能部分或整个折断。

A. 箱体　　B. 轮齿　　C. 轴　　D. 机壳

304. 齿轮硬度不够及采用黏度较低的润滑油，易造成减速机齿轮(C)。

A. 断面　　B. 断齿　　C. 塑性变形　　D. 破损

305. 减速机润滑油过多，黏度过高，会产生润滑油(B)现象。

A. 失效　　B. 过热　　C. 变质　　D. 损失

306. 减速机密封不良，通气帽堵塞，会造成端盖与机体之间(C)。

A. 粘接　　B. 过热　　C. 漏油　　D. 磨损

307. 电网电压不对称是造成电动机(C)的原因之一。

A. 损坏　　B. 振动　　C. 过热　　D. 短路

308. 转子线圈松脱或笼条断是造成电动机(C)的原因之一。

A. 损坏　　B. 振动　　C. 过热　　D. 短路

309. 滚动轴承密封元件更换前要在润滑脂内浸润(C)min，然后再安装。

A. 10~20　　B. 20~30　　C. 30~40　　D. 40~50

310. 液压机床开动时，运动部件产生突然冲击的现象通常是(B)。

A. 正常现象，随后会自生消除　　B. 油液混入空气

C. 液压缸的缓冲装置出故障　　D. 系统其他部分有故障

311. 将能量由(C)传递到工作机的一套装置称为传动装置。

A. 汽油机　　B. 柴油机　　C. 原动机　　D. 发动机

312. 缸筒较长时，采用的液压缸形式是(B)。

A. 活塞式　　B. 柱塞式　　C. 摆动式　　D. 无杆液压缸

313. 液压系统中，滤油器的作用是(C)。

A. 散热　　B. 连接液压管路

C. 保护液压元件　　D. 滤杂质

314. 液压传动的特点有(B)。

A. 可与其他传动方式联用　　B. 速度、扭距、功率可作无级调节

C. 能迅速转向、变速、传动准确　　D. 不能实现系统过截的保护与保压

315. 柱塞式液压缸(B)。

A. 可作差动连接　　B. 可组合使用完成工作台的往复运动

C. 缸体内壁须精加工　　D. 往复运动速度不一致

316. 齿轮在轴上固定，当要求配合过盈量很大时，应采用(C)装配。

A. 敲击法　　B. 压入法　　C. 液压套合法　　D. 冲压法

317. 安装渐开线圆柱齿轮时，接触斑点处于异向偏接触的不正确位置，其原因是两齿轮(A)。

A. 轴线歪斜　　B. 轴线平行　　C. 轴线不平行　　D. 中心距不准确

318. 油液黏度指的是(A)。

A. 油液流动时内部产生的摩擦力　　B. 黏度与温度变化有关

C. 随油温的升高而升高　　D. 在不同温度的场合，要选用不同的黏度

319. 机械油的牌号愈大，则说明(D)。

A. 纯度愈高　B. 质量愈好　C. 黏度愈小　D. 流动性愈差

320. 压力控制阀是控制液体(A)所用的。

A. 压力　B. 流量　C. 方向　D. 温度

321. 流量控制阀是控制液体(B)所用的。

A. 压力　B. 流量　C. 方向　D. 温度

322. 液压传动系统中，油箱的容积应为泵流量的(C)倍。

A. 2　B. 3　C. 5~10　D. 20

323. 液压传动系统中，油箱的回油及泄油管均须插入(C)。

A. 油面以上　B. 油箱下部　C. 油面以下　D. 油箱顶部

324. 液压系统的油管一般选用(B)号冷拔无缝钢管。

A. 30　B. 10~20　C. 40　D. 50

325. 液压系统的高压软管夹用有钢丝的耐油橡胶制成，一般有(B)层。

A. 5　B. 2~3　C. 4　D. 6

326. 使液压能转换为机械能的能量转换装置是(C)。

A. 油缸　B. 液压管道　C. 液压马达　D. 控制阀

327. 动力来源来自液体压力和输入的油量的是(C)。

A. 油缸　B. 液压管道　C. 液压马达　D. 控制阀

328. 液压系统压力波动和振动的原因可能是(D)。

A. 天气干燥　B. 天气潮湿　C. 气温较高　D. 油泵吸空

329. 液压系统压力波动和振动的原因可能是(D)。

A. 天气干燥　B. 天气潮湿　C. 气温较高　D. 系统内有空气

330. 某油罐直径为20m，罐内原油密度为850kg/m^3，储油高度为7m，则罐内储油量为(B)kg。

A. 1688300　B. 1868300　C. 1836800　D. 1863800

331. 某油罐罐内储油量为3140t，原油密度为850kg/m^3，油罐直径为20m，则罐内油品储油高度为(C)m。

A. 10.76　B. 10.86　C. 11.76　D. 12.76

332. 在油罐周围明火作业，未采取有效防火措施会引起油罐(A)。

A. 着火　B. 温度升高　C. 振动　D. 冒顶

333. 油罐区避雷设施接地不好，就可能在雷雨天遭雷击引起油罐(B)。

A. 温度升高　B. 着火　C. 冒顶　D. 振动

334. 油罐在进油前油温过高，在冲洗时会引起油中水沸腾，导致(D)。

A. 罐温过高　B. 油泵振动　C. 油罐着火　D. 油罐冒顶

335. 油罐冲洗时间过长蒸汽量过多会引起(C)。

A. 含水降低　B. 油泵着火　C. 油罐冒顶　D. 油罐振动

336. 因油泵入口不严导致抽空时，应(B)。

A. 提高油位　B. 检查入口管

C. 提高流量　D. 提高油温

337. 在设备冲洗时运行泵抽空，应(C)。

A. 检查入口管　B. 提高油压　C. 检查冲洗门　D. 提高油位

338. 油泵带负荷启动时，容易造成(C)，应立即停泵。

A. 油泵跳闸　B. 油泵振动　C. 启动负载过大　D. 油泵汽蚀

339. 油泵由于推力间隙留的过大造成油泵启动负载过大，电流大，转速升不起来时，应(B)。

A. 加大负荷　B. 停泵检修　C. 减少负荷　D. 重新启动

340. 当油泵发生(C)故障时，应迅速关小出口阀，提高进口压力，降低进口油温。

A. 振动　B. 串轴　C. 汽化　D. 跳闸

341. 当油泵汽化，供油中断，不能恢复正常运行时，应(A)。

A. 加大负荷　B. 减小负荷　C. 开大冷却水　D. 立即停泵

342. 由于安装高度太高，发生汽蚀，造成油泵振动，应(B)。

A. 增大安装高度　B. 停用油泵，采取措施减小安装高度

C. 更换叶轮　D. 更换导叶

343. 因为转速降低，导致油泵运行中压头降低，应该(D)。

A. 检查压油管　B. 冲洗叶轮　C. 更换填料　D. 检查电动机及电源

344. 由于压油管损坏，造成压头降低，应该(A)。

A. 检查压油管　B. 冲洗叶轮　C. 更换填料　D. 检查电动机及电源

345. 因为转速过低，引起油泵运行中流量减少，应该(D)。

A. 改换电机接线　B. 清洗出口管

C. 清洗叶轮　D. 检查电动机电源

346. 因为进口滤网堵塞，使运行中流量减小时，应(A)。

A. 冲洗滤网　B. 清洗叶轮　C. 清洗出口管　D. 更换叶轮

347. 油泵因安装高度过高，造成启动后不出油，应(D)。

A. 检查进油管　B. 清洗水封管

C. 清洗叶轮　D. 提高油位

348. 电动机转速不够，造成油泵启动后不出油，应该(A)。

A. 检查电源电压　B. 改换电机接线

C. 清洗出油口　D. 降低油泵安装高度

349. 转子中心不正，泵轴弯曲，会导致油泵(D)。

A. 汽蚀　B. 抽空　C. 转速降低　D. 轴承发热

350. 润滑油油质不良或油中有杂质，运行中会导致油泵(A)。

A. 轴承发热　B. 流量减少　C. 压头降低　D. 汽蚀

351. 当油系统运行时，油水突然停止转动，各种信号灯不亮，此时发生了(B)。

A. 油泵跳闸　B. 厂用电中断　C. 油泵汽化　D. 电流表损坏

352. 在厂用电中断时，电流表回零，电压(D)。

A. 不变　B. 上升　C. 下降　D. 回零

353. 叶轮给煤机不宜长时间低速运转，一般在(C)r/min 以上运行，否则激磁绕组将过热。

A. 150　B. 300　C. 450　D. 600

354. 检查惯性振动给煤机的两台振动电动机每组偏心块的(A)，要求一致。

A. 相位　B. 联接　C. 转向　D. 轴承

355. 惯性给煤机，空载试运转时，连续运转4h以后，轴承最高温度不超过(A)℃。

A. 60　B. 70　C. 75　D. 80

356. 共振筛的落料高度不宜过大，一般为(A)mm左右。

A. 0.5　B. 1　C. 2　D. 5

357. 在安装共振筛的板簧组时必须保持板簧组与水平面成(D)角。

A. 15°　B. 20°　C. 30°　D. 45°

358. 滚轴筛煤机的启停是与运煤系统连锁的，必须保证启动时先启动筛后的设备，后启动(A)及筛前的设备。

A. 筛子　B. 筛轴　C. 齿轮　D. 缓冲滚筒

359. 滚轴筛煤机的(D)有过载保护装置。

A. 过热保护　B. 继电保护　C. 过载保护　D. 过热继电保护

360. 除铁器启动后，常励和强励切换不正常处理方法是检查金属探测器，调整其灵敏度至正常动作，(A)。

A. 校对时间继电器定值或更换时间继电器

B. 更换轴承和蜗轮、蜗杆

C. 检查温控继电器和冷却风机

D. 检查直流励磁回路

361. 翻车机重车铁牛控制系统采用过流(D)作为大电机的过载保护。

A. 减速器　B. 联轴器　C. 传感器　D. 继电器

362. 翻车机倾翻电动机和推车器控制系统采用了过流(D)来保护电动机。

A. 减速器　B. 联轴器　C. 传感器　D. 继电器

363. 推煤机坡行角度纵向不能大于30°，横向不能大于(B)。

A. 30°　B. 25°　C. 20°　D. 15°

364. 如果作业面较松，允许推煤机铲刀切入深度最大达(D)mm。

A. 100　B. 200　C. 300　D. 400

365. 推煤机二级技术保养为每工作(D)h一次。

A. 100　B. 200　C. 300　D. 240

366. 清除油罐罐底时，必须对大罐进行(D)。

A. 通蒸汽　B. 降温　C. 通热水　D. 彻底通风

367. 工作区内油蒸汽最大允许浓度为(A)mg/L。

A. 0.3　B. 300　C. 0.03　D. 0.5

368. 油泵一级保养周期为(D)h。

A. 400　B. 600　C. 800　D. 1000

369. 油泵检修时，发现轴有较严重磨损时，应该(B)。

A. 进行研磨　B. 进行更换　C. 继续使用　D. 加强润滑

370. 滤油器在投运前应该进行(C)。

A. 对油泵充油　B. 给滤油器充油

C. 暖滤油器　D. 关闭油泵出口门

371. 当滤油器出入口压差超过(D)MPa 时，应该切换滤油器。
A. 0.1　B. 0.01　C. 0.2　D. 0.02

372. 压力表的检定周期一般不超过(B)。
A. 三个月　B. 半年　C. 两年　D. 五年

多选题

1. 交流电包括(A，B，C)。
A. 交流电流　B. 交流电压　C. 交流电动势　D. 交流频率

2. 正弦交流电的三要素是指(A，B，D)。
A. 最大值　B. 角频率　C. 瞬时值　D. 初相位

3. 有一 R、L、C 串联正弦交流电路，用电压表测得(A，B，C)上的电压均为 10V，用电流表测得电流为 10A，此电路中 $R=1\Omega$。
A. 电阻　B. 电感　C. 电容　D. 电动势

4. 分别表示交流电流、交流电压和交流电动势的瞬时值的是(A，B，C)。
A. i　B. u　C. e　D. L

5. 正弦电动势在变化过程中达到的最大值不包括(A，B，C)。
A. I　B. U　C. E　D. E_m

6. 表示交流电有效值的字母是(B，C，D)。
A. i　B. I　C. E　D. U

7. 常用的电光源有(A，B，C)。
A. 荧光灯　B. 高压钠灯　C. 碘钨灯　D. 灯具

8. 对高压钠灯，说法正确的是(A，B，C)。
A. 高压汞灯安装方式为垂直安装
B. 碘钨灯安装必须保持灯具水平位置
C. 碘钨灯安装时不能与易燃易爆物接近
D. 碘钨灯耐震性能好，因此可以安装在震动大的场所

9. 验电笔的种类有(A，D)。
A. 笔式　B. 磁式　C. 针式　D. 螺丝刀式

10. 在万用表表笔未接入时的调零不应该是(B，C，D)。
A. 机械调零　B. 电位器调零　C. 兆欧调零　D. 欧姆调零

11. 用万用表测量(A，B，C)时，电流都是从红表笔流进经过表头再从黑表笔流出。
A. 电压　B. 电流　C. 电阻　D. 电动势

12. 发电机式兆欧表由(A，B，D)组成。
A. 手摇直流发电机　B. 测量线路　C. 电动系比率表　D. 磁电系比率表

13. 要使电流表扩大量程，不应是(A，C，D)相应的电阻。
A. 串联　B. 并联　C. 串联或混联　D. 混联

14. 磁极与磁极间的相互作用力的传递与(A，B，D)无关。
A. 导体　B. 线圈　C. 磁场　D. 电阻

15. 低压电器按它在电器线路中的地位和作用可分为(B，C)两大类。
A. 高压电器　B. 控制电器　C. 配电电器　D. 保护电器

16. 稳恒电流的(A，B)不随时间改变而改变。

A. 大小　B. 方向　C. 功率　D. 电压

17. 电路的作用是(A，D)。

A. 信息的传递、处理　B. 电流的分配

C. 电压的分配　D. 电能的传输、分配、转换

18. 理想气体的内能，它的数值不决定于(A，B，C，D)。

A. 质量　B. 比热容　C. 容积　D. 压力

19. 物体从高处落下时，随着位置的降低，下列说法正确的是(B，C)。

A. 速度逐渐减小　B. 速度逐渐增大

C. 势能逐渐转化为动能　D. 动能逐渐转化为机械能

20. 火力发电厂的蒸汽参数一般指蒸汽的(A，C)。

A. 压力　B. 比热容　C. 温度　D. 焓

21. 在工程热力学中，热力学第一定律主要说明(A，B)的相互转换和守恒。

A. 热能　B. 机械能　C. 动能　D. 化学能

22. 工质稳定流动方程式表明，对稳定流动的工质加入热量，可能产生的结果是改变工质本身的能量，此外还供给工质克服阻力而作的(B，C)。

A. 压力功　B. 流动净功　C. 对外输出功　D. 推力功

23. 热力循环至少由(A，B)过程组成。

A. 一个膨胀　B. 一个压缩　C. 不可逆　D. 可逆

24. 蒸汽动力循环的热效率完全由蒸汽的(A，B，C)决定。

A. 初温　B. 初压　C. 终压　D. 终温

25. 热机循环的共同点之一是它们都必须有(A，B)。

A. 冷源　B. 热源　C. 膨胀过程　D. 可逆过程

26. 以对流换热为主的传热过程是(A，B，C)。

A. 烟气流过对流过热器　B. 凝汽器中铜管内壁与冷却水的换热

C. 凝汽器中铜管外壁与蒸汽的换热　D. 锅炉水冷壁与炉膛内烟气的换热

27. 同压力下(A，C)二者相等。

A. 凝结热　B. 过热热　C. 汽化潜热　D. 凝固热

28. 物质从液态变成气态的过程叫汽化，它又分为(B，C)两种形式。

A. 液化　B. 蒸发　C. 沸腾　D. 过热

29. 热力学基础不是研究(B，C，D)的规律和方法的一门科学。

A. 热能与机械能相互转换　B. 机械能转变为电能

C. 化学能转变为热能　D. 化学能转变为电能

30. 在工程图中经常要用已知半径圆弧(连接圆弧)相切已知直线。为了保证光滑连接，关键在于正确找出连接圆弧的(A，D)。

A. 圆心　B. 半径长　C. 弧长　D. 切点

31. 在三视图中，物体的宽度由(A，B)同时反映出来。

A. 俯视图　B. 左视图　C. 主视图　D. 俯视图、主视图

32. 在半剖视图中，(A，B，C)可省略。

A. 孔的边缘虚线　B. 槽的虚线　C. 虚线　D. 孔的中心线

33. 基本尺寸相同时，相互结合的(A，B)公差之间的关系称配合。

A. 孔　B. 轴　C. 过盈　D. 间隙

34. 属于国家标准配合的选项是(B，C，D)。

A. 自由　B. 过渡配合　C. 间隙配合　D. 过盈配合

35. 链传动的缺点是(A，B)。

A. 无过载保护　B. 安装精度要求较高

C. 磨损小　D. 传动效率高

36. 着火点较大时，有利于灭火措施的是(A，C，D)。

A. 抑制反应量　B. 用衣服、扫帚等扑打着火点

C. 减少可燃物浓度　D. 减少氧气浓度

37. 清洁生产审计有一套完整的程序，是企业实行清洁生产的核心，其中包括(B，C，D)三个阶段。

A. 确定实施方案　B. 筹划与组织

C. 可行性分析　D. 方案实施

38. 为了做好防冻防凝工作，应注意(A，B，C)。

A. 加强报告制度　B. 加强巡检力度

C. 向上级汇报　D. 独立解决问题

39. HSE 管理体系中，最高管理者不应任命(A，B，C，D)，在 HSE 管理事务中代表其行使职权。

A. 承包方　B. 无关人员　C. 全体员工　D. 企业外人员

40. HSE 管理体系中，危害主要包括(A，B，C，D)等方面。

A. 物的不安全状态　B. 人的不安全行为

C. 有害的作业环境　D. 安全管理缺陷

41. 在 HSE 管理体系中，不符合项按严重程度可分(B，C)。

A. 非常严重不符合项　B. 严重不符合项

C. 一般不符合项　D. 较严重不符合项

42. HSE 管理体系规定，事故的报告、事故的调查、(A，B，C)、处理等程序应按国家的有关规定执行。

A. 事故的分类　B. 事故的等级

C. 损失计算　D. 事故的赔偿

43. 保险丝的替代品不可以是(B，C，D)。

A. 铅丝　B. 铜丝　C. 铁丝　D. 铝丝

44. 穿越皮带不可以(A，B，C)。

A. 跨过　B. 爬过　C. 跳过　D. 走通行桥

45. ISO 14001 标准其主要特点有(A，B，C，D)。

A. 强调污染预防、持续改进　B. 强调法律、法规的符合性

C. 强调系统化管理、强调文件化　D. 强调相关方的观点

46. 在 ISO 14001 标准体系中，为了确保环境因素评价的准确性，在识别环境因素时应考虑土地污染、对社区的影响、原材料与自然资源的使用、其他地方性环境问题外，还应考虑(A，B，C)问题。

A. 大气排放　B. 水体排放　C. 废物管理　D. 材料的利用

47. 常用的钢卷尺有(A，B，C)m 的。

A. 2　B. 5　C. 10　D. 0.5

48. 弯尺是用来检查或测量工件(A，B)，平面度的量具。

A. 内直角　B. 外直角　C. 内锐角　D. 外锐角

49. 常用的活动扳手型号有(A，B，C，D)号。

A. 12　B. 15　C. 17　D. 24

50. 划规需要借助(A，B)来量取尺寸。

A. 直尺　B. 钢板尺　C. 卷尺　D. 量角器

51. 划规是能进行(A，B)的工具。

A. 线段等分　B. 直线等分　C. 角度等分　D. 深度等分

52. 夹持管子 50mm 时，管钳规格长度是(C，D)mm。

A. 250　B. 300　C. 350　D. 450

53. 采用单相电压的手电钻规格有 6mm，(A，B，D)mm 和 23mm 五种。

A. 10　B. 13　C. 15　D. 19

54. 千斤顶按工作原理可分为(A，C，D)。

A. 螺旋千斤顶　B. 机械式千斤顶

C. 齿条千斤顶　D. 油压千斤顶

55. 单脚规不能用来划(A，B，D)工件的中心。

A. 正方形　B. 长方形　C. 圆形　D. 三角形

56. 手握錾子时，錾子头部不应该从手中伸出(A，B，D)mm，否则影响工作。

A. 0　B. 10　C. 20　D. 30

57. 锉刀可分为(A，C，D)三种。

A. 普通锉　B. 刀口锉　C. 特种锉　D. 整形锉

58. 电工钢丝钳由(A，C)组成。

A. 钳头　B. 侧口　C. 钳柄　D. 齿口

59. 百分表的组成件有(A，B，D)。

A. 触头　B. 弹簧　C. 量杆　D. 指针

60. 游标卡尺由(A，B，C，D)组成。

A. 辅助游标　B. 螺钉　C. 主尺　D. 副尺

61. 常用游标卡尺按其测量精度分为(A，D)mm。

A. 0.05　B. 0.03　C. 0.01　D. 0.02

62. 游标卡尺可测量(A，B，C，D)等尺寸。

A. 外径　B. 槽宽　C. 孔径　D. 槽深

63. 外径千分尺的测量范围有(A，B，C)mm。

A. 25~50　B. 50~75　C. 0~25　D. 100~150

64. 螺纹千分尺不能用来测量螺纹的(A，C，D)。

A. 内径　B. 中径　C. 外径　D. 螺距

65. 千分尺的精度为(A，B)级两种。

A. 0　B. 1　C. 3　D. 4

66. 普通水平仪的水准器上刻度值为(A，B，C)mm/m。

A. 0.02　B. 0.04　C. 0.05　D. 0.06

67. 手锯是由(B，C)构成的。

A. 锯齿　B. 锯条　C. 锯弓　D. 活动拉杆

68. 在压力表温度计使用时，毛细管怕(A，B)，而易堵塞。

A. 碰砸　B. 死弯　C. 温度低　D. 湿度大

69. 压力表应安装弹簧圈(或缓冲弯)，其不应安装在(A，C，D)。

A. 一次门后　B. 二次门后　C. 二次门前　D. 一次门前

70. 挥发分不在20%~40%的煤称为(B，C，D)。

A. 烟煤　B. 贫煤　C. 褐煤　D. 无烟煤

71. 煤堆温度超过60℃必须(A，B，C)。

A. 倒堆　B. 松堆　C. 浇水降温　D. 移出煤场

72. 火电厂燃煤验收工作的主要内容是指(A，D)。

A. 进厂煤量　B. 燃烧煤量　C. 剩余煤量　D. 煤质验收

73. 火电厂在选择煤种时，常用(B，D)的煤种。

A. 发热量高　B. 劣质　C. 优质　D. 发热量低

74. 库存煤盘点前需将(A，B)等库存煤整理成比较规则的形状，而后进行丈量计算。

A. 煤场　B. 煤沟　C. 落料口　D. 原煤斗内

75. 不同的煤种可(A，C)的混合堆放，其方法是混堆法。

A. 一层一层　B. 成堆　C. 间隔　D. 整体

76. 配煤依据要视锅炉燃烧而定，通常选用(A，D)为配煤的依据。

A. 灰分　B. 水分　C. 硫分　D. 挥发分

77. 某油罐在盘点时，已知含水率为0.1%，在盘点时不应(A，C，D)。

A. 加上含水　B. 减掉含水　C. 忽略不计　D. 先进行脱水

78. 燃油的燃点一般比闪点高(A，B，C，D)，对燃油的燃烧影响很大。

A. 3　B. 5　C. 4　D. 6

79. 油罐顶部的油气浓度应定期测定，油质应定期化验，防止(A，C)，减少燃油损失。

A. 火灾　B. 水灾　C. 燃油变质　D. 油位下降

80. 进行一次收发油作业，造成的损耗不是(B，C，D)损耗。

A. 大呼吸　B. 小呼吸　C. 吸入　D. 呼出

81. 按油脂进入润滑面的情况，可分为(B，C)润滑。

A. 间歇　B. 压力　C. 无压力　D. 连续

82. 循环润滑时的贮油量应满足减速机(A，B，C)的需要。

A. 各啮合点润滑　B. 轴承润滑　C. 散热冷却　D. 加温

83. 换油后，拆过的(A，C)必须用密封胶重新封好。
A. 轴承端盖　B. 机壳　C. 视孔盖　D. 机轴
84. 犁煤器具有(A，B，C)的特点。
A. 结构紧凑　B. 起落平稳　C. 性能可靠　D. 近距离操作
85. 犁煤器下方卡住硬物时应(A，B)。
A. 停止皮带运行　B. 抬起犁刀　C. 切断电源　D. 继续运行
86. 犁煤器推杆的驱动方式有(A，B，C)。
A. 电动　B. 汽动　C. 液力　D. 手动
87. 当配煤车行走至煤粉仓时，必须(A，D)。
A. 停止来煤　B. 加大煤量　C. 减小煤量　D. 换路运行
88. 配煤车运行中发现(B，C)应停止皮带运行，及时调整。
A. 皮带拉断　B. 抱闸松弛　C. 溜车　D. 损坏
89. 配煤车控制方式有(A，C)两种。
A. 现场手动　B. 现场自动　C. 自动配煤　D. 机械配煤
90. 叶轮给煤机的(A，B，C)不能使两机避免相撞。
A. 叶轮　B. 皮带　C. 轮台　D. 缓冲器
91. 叶轮给煤机的种类有(A，B，C，D)。
A. 桥式叶轮给煤机　B. 门式叶轮给煤机
C. 双侧叶轮给煤机　D. 上传动叶轮给煤机
92. 叶轮给煤机停止运行后，应对设备进行(A，C，D)。
A. 全面检查　B. 拆卸　C. 清理卫生　D. 加油
93. 电磁振动给煤机无(B，C)，物料在料槽上能连续均匀地跳跃前进。
A. 激振器　B. 转动部件　C. 润滑部位　D. 减振器
94. 电磁振动给煤机运行中禁止(A，B)。
A. 煤斗走空　B. 空振　C. 检查温度　D. 停机
95. 电磁振动给煤机具有(A，D)的特点。
A. 消耗功率小　B. 振动大　C. 声音响　D. 工作稳定
96. 皮带给煤机的优点有(A，C，D)。
A. 运行平稳　B. 噪声小　C. 给煤均匀　D. 出力范围大
97. 除铁器在输煤系统中对于保证(A，D)是非常必要的。
A. 设备安全　B. 环境卫生　C. 除尘　D. 稳定运行
98. 带式电磁除铁器本体有(A，B，C)三种。
A. 自冷　B. 风冷　C. 油冷　D. 轴冷
99. 带式除铁器可分为(A，B)两种。
A. 带式永磁除铁器　B. 带式电磁除铁器
C. 带式无磁除铁器　D. 带式除铁器
100. 电磁除铁器采用膨胀散热器油冷式结构，使(A，C)与空气完全隔离，实现了永久性全封闭。
A. 线圈　B. 散热片　C. 导热介质油　D. 励磁

101. 电子皮带秤是动态计量，能输出正比于流量的(A，C)mA电流，具有远传输出计数功能。

A. 0~10　B. 20~30　C. 10~20　D. 20~45

102. 电子皮带秤由(A，B，D)三个主要部件组成。

A. 称重秤架　B. 测速传感器　C. 台秤　D. 称重传感器积算仪

103. 电子皮带秤的校准方式有(A，B，C，D)。

A. 挂码校验　B. 实物校验　C. 链码校验　D. 电子校验

104. 严禁工作人员在电子皮带秤的(A，B)上行走。

A. 皮带　B. 称重段　C. 通行桥　D. 边上

105. 布袋除尘器能用于含(B，C)的粉尘。

A. 水分　B. 油烟　C. 黏性　D. 煤灰

106. 煤场洒水器的零配件采用(B，C，D)等材质，使用可靠寿命长。

A. 木材　B. 铝合金　C. 不锈钢　D. 铜

107. 当喷淋系统电磁阀故障自动失灵时，应手动打开(A，C)。

A. 系统总门　B. 水阀门　C. 旁路门　D. 电磁阀

108. 水雾自动系统是集(A，B，C)等技术于一体的智能化控制系统。

A. 自动监测　B. 自动控制　C. 雾化　D. 粉尘

109. 安装清扫器可以(A，B，C，D)。

A. 避免皮带跑偏　B. 滚筒黏煤　C. 产生很多扬尘　D. 避免滚筒变形

110. 缓冲锁气器有(A，B)两种。

A. 单板锁气器　B. 双板锁气器　C. 无板锁气器　D. 吊皮挡帘

111. 电子轨道衡信号通过转换后，通过微机进行(C，D)。

A. 放大整理　B. 运算　C. 信息判断　D. 数据处理

112. 翻车机本体按驱动方式分为(A，C)。

A. 钢丝绳传动　B. 皮带传动　C. 齿轮传动　D. 蜗杆传动

113. 车辆进入(A，B)时，与定位器的接触速度要适中。

A. 翻车机　B. 迁车台　C. 摘钩平台　D. 翻车线

114. 翻车机迁车台行走机构驱动采用(A，C)方式。

A. 磨擦传动　B. 齿轮传动　C. 销齿传动　D. 蜗杆传动

115. 翻车机转到45°角前，储能器与(C，D)油路联通。

A. 液压涨轮器　B. 止挡器　C. 液压缸上腔　D. 液压缸下腔

116. 翻车机摘钩平台主要由(A，B，C)等组成。

A. 平台　B. 单向定位器　C. 液压装置　D. 铁轨

117. 翻车机重车铁牛有(A，B)两种方式。

A. 地沟式　B. 地面式　C. 半空式　D. 轨道式

118. 重车调车机是一种新型设备，从(A，B，C，D)等动作，都能实现自动作业。

A. 抬臂摘钩　B. 落臂牵引　C. 前进　D. 后退

119. 空车铁牛的传动部分有(A，C)和一台两级渐开线齿轮减速机。

A. 大小电动机　B. 调车机　C. 制动器　D. 铁牛臂

120. 推煤机在运行中需要转弯时，操作操纵杆和脚踏板应注意(B，C)。
A. 快放脚踏板　B. 拉动要缓慢　C. 放松要平稳　D. 快速拉动
121. 推煤机在铲推作业中，遇到(A，B，D)不能前进时，应立即停止铲推。
A. 大阻力　B. 易爆物品　C. 煤块　D. 大铁块
122. 推煤机负荷(A，B，C，D)都会增加发动机缸套内的积炭，降低发动机寿命。
A. 过高　B. 超载　C. 过低　D. 不足
123. 柴油机燃料供给系统的结构由(A，B，C，D)和柴油滤清器以及输油管等组成。
A. 油箱　B. 输油泵　C. 喷油泵　D. 喷油器
124. 推煤机启动前，应检查润滑系统的(A，B，C，D)等部位的润滑情况。
A. 喷油泵　B. 调速器　C. 变速箱　D. 油底壳
125. 推煤机的内燃机电力启动有(A，B)两种。
A. 启动电动机　B. 启动发电机　C. 人力启动　D. 单缸启动
126. 推煤机运转中要检查(A，C)等有无泄漏。
A. 润滑油　B. 电流表　C. 冷却水　D. 排气
127. 推煤机的水冷系统应具有(A，D)的特点。
A. 优良的适应性　B. 快速制冷　C. 快速升温　D. 良好的密封性
128. 柴油推煤机油箱的作用是清除柴油中的(B，C)。
A. 气　B. 杂质　C. 水分　D. 柴油
129. 推煤机润滑系统是由(A，B，C，D)、机油滤清器等组成。
A. 机油泵　B. 机油箱　C. 散热器　D. 安全限压器
130. 推煤机进气系统由(A，B，C)等组成。
A. 滤清器　B. 进气管　C. 进气道　D. 散热器
131. 装卸桥由(B，C，D)三个主要部分组成。
A. 操纵室　B. 小车行走机构
C. 大车行走机构　D. 升降闭合机构
132. 装卸桥操作时要(A，B，D)。
A. 平稳　B. 加速要缓慢　C. 加速要迅速　D. 减速要缓慢
133. 储油罐按顶部构造分为(A，B)两种。
A. 浮顶　B. 拱顶　C. 无力矩顶　D. 锥顶
134. 液压安全阀一般不会选用(A，C，D)作为封液。
A. 汽油　B. 轻柴油　C. 重柴油　D. 煤油
135. 油罐顶装设量油孔是用来对燃油的油位进行(B，C)。
A. 密封　B. 测量　C. 取样　D. 观察
136. 阀门可以用来(B，D)。
A. 控制油温　B. 关断介质　C. 调节管道　D. 控制流量
137. 为除去油中的机械杂质，一般不在油泵前加装(A，B，D)
A. 加热器　B. 流量计　C. 滤油器　D. 冲洗装置
138. 油泵在燃油系统中的主要功能是将机械能转变成(B，C)。
A. 热能　B. 压能　C. 动能　D. 势能

139. 油罐的人孔不可以安装在油罐的(A，B，D)。

A. 上部　　B. 中部　　C. 下部　　D. 罐顶

140. PLC 系统属于弱电控制，主机弱电供电等级一般有(A，B，C，D)。

A. 直流 48V　　B. 直流 24V　　C. 直流 12V　　D. 直流 5V

141. 常用的 PLC 编程语言有(A，B，C，D)。

A. 梯形图　　B. 助记符指令　　C. 功能图　　D. 高级功能

142. 现场设备与 PLC 之间的接口装置是(A，D)模块。

A. 输入　　B. 编程　　C. 存储器　　D. 输出

143. PLC 常用的存储器有(B，C，D)中所存的信息。

A. CDROM　　B. 随机存储器　　C. EPROM　　D. EEPROM

144. AMS 监控系统程序功能模块的组成，分别是(A，B，C，D)。

A. 监控主程序　　B. 系统数据　　C. 电子地图编程　　D. 系统运行参数

145. 操作员站的主要任务是(B，C，D)。

A. 功能管理　　B. 操作　　C. 数据采集　　D. 报警提示

146. 犁煤器犁刀升降失灵会引起(A，B)。

A. 撒煤　　B. 漏煤　　C. 刮伤皮带　　D. 着火

147. 犁煤器熔断器断开会造成(A，B，C)。

A. 犁煤器放不下　　B. 犁煤器抬不起

C. 犁煤器烧损　　D. 犁煤器卡死

148. 电动机发生故障的原因分(A，B)两类。

A. 内因　　B. 外因　　C. 机械　　D. 电气

149. 减速机磨损的轴，可采用(B，C)的方法进行修复。

A. 更换　　B. 刷镀　　C. 金属喷涂　　D. 修补

150. 激磁绕组的引线或线圈的接头焊接不良，运行温度升高使焊锡开焊而开路，造成(A，B，C)。

A. 无激磁电流　　B. 可控硅被击穿

C. 电位器损坏　　D. 联轴器损坏

151. 叶轮给煤机可控元件烧坏，处理方法是(A，B)。

A. 改善通风　　B. 更换可控元件

C. 撤掉可控元件　　D. 维护可控元件

152. 电磁振动给料机接通电源后不振动的原因是(A，B，C)。

A. 熔丝断了　　B. 绕组导线短路

C. 引出线接头断　　D. 气隙太小

153. 电机振动给煤机加负载后振幅下降的处理方法是(A，B)。

A. 改善料仓口设计　　B. 降低料槽压力

C. 通风　　D. 调小变频器

154. 环式碎煤机产生连续敲击声响的原因可能是(A，B，C)。

A. 筛板零件松动　　B. 环轴窜动　　C. 杂物过多　　D. 轴度过大

155. 翻车机摘钩台升不起的原因可能是(B，C)。

A. 刹车过紧　　B. 内泄油　　C. 溢流阀损坏　　D. 对位不准

156. 翻车机迁车台定位不准可能是因为(A，B)的间隙不在规定范围内。
A. 挡销　B. 挡座　C. 缓冲器　D. 平台
157. 翻车机液压缓冲器(A，C)磨损严重时会漏油，从而造成缓冲能力下降。
A. 活塞　B. 主缸　C. 密封圈　D. 副缸
158. 翻车机制动器失灵刹不住车的原因有(A，B，C)。
A. 弹簧张力不足　B. 制动轮与制动带间隙过大
C. 制动带过分磨损　D. 制动轮与制动带间润滑过多
159. 推煤机喷油泵不喷油的原因可能是(A，B，C，D)。
A. 油箱无油　B. 系统有空气
C. 输油泵不供油　D. 柱塞偶件咬死
160. 推煤机密封性试验，喷油嘴不得有(A，C，D)油现象。
A. 渗　B. 无　C. 漏　D. 滴
161. 减速机轴的修复方法是(A，C)。
A. 刷镀　B. 掩盖　C. 金属喷涂　D. 清洗
162. 当减速机齿轮两齿面发生粘在一起时，原因是齿面间的(A，B，C)。
A. 压力大　B. 瞬时速度高　C. 润滑效果差　D. 压力小
163. 减速机通气孔漏油可能的原因是(A，B，C)。
A. 油过多　B. 油温高　C. 挡油片角度不对　D. 磨损
164. 电动机过热的原因可能是(A，B，C，D)。
A. 环境温度过高　B. 内部油垢多　C. 静子电流过大　D. 电源缺相
165. 滚动轴承内外环的(A，B，C)表面金属脱落，应停机维修。
A. 滚道　B. 滚珠　C. 滚柱　D. 滚动体
166. 液压传动系统中的油液是在受(B，C)的状态下进行工作的。
A. 负载　B. 调节　C. 控制　D. 压迫
167. 一个完整的液压系统是由(A，B，C，D)和辅助部分组成的。
A. 动力部分　B. 执行部分　C. 控制部分　D. 工作介质
168. 液压传动元件易于实现(A，C，D)有利于专业批量生产，提高产品质量。
A. 标准化　B. 直线运动　C. 系列化　D. 通用化
169. 液压油在液压系统中起着(A，B，C，D)等作用。
A. 能量传递　B. 系统润滑　C. 防腐防锈　D. 冷却
170. 液压油的黏度要符合说明书的要求，(A，B)是不能混用的。
A. 不同品种　B. 不同牌号　C. 相同品种　D. 相同牌号
171. 液压控制阀是用来控制和调节液压系统中液体的(A，C，D)的液压元件。
A. 压力　B. 流量　C. 方向　D. 速度
172. 油箱在液压传动中是比较重要的辅助设备，分(A，B，C)三种。
A. 固定设备用油箱　B. 行走车辆用油箱
C. 压力用油箱　D. 流量用油箱
173. 液压系统油管道的安装要符合工艺要求，管道应(A，B，C)。
A. 尽量短　B. 布置整齐　C. 转弯少　D. 尽量长

174. 液压马达有(B，C，D)三种形式。

A. 指针式　B. 齿轮式　C. 叶片式　D. 柱塞式

175. 液压系统压力波动和振动的原因可能是(A，B，C，D)。

A. 油生泡沫　B. 机械振动　C. 溢流阀跳动　D. 输油不均匀

176. 非油罐储量计算公式的是(A，B，C)。

A. $V_G=(1/4)\pi D^2 H_r$　B. $V_G=(1/4)\pi r^2 H_p$

C. $V_G=(1/4)\pi H^2 D_p$　D. $V_G=(1/4)\pi D^2 H_p$

177. 油罐着火的原因可能是(A，B，C，D)。

A. 未采取隔绝措施　B. 接地不好

C. 未采取防火措施　D. 用油管做地线

178. 引起油罐冒顶的原因可能是(A，B)。

A. 上油前未脱水　B. 蒸汽量过多　C. 接地不好　D. 未采取防水措施

179. 当油泵发生抽空现象时，应(A，C)

A. 检查入口管　B. 提高油压　C. 检查冲洗门　D. 提高油位

180. 油泵启动负载过大的原因可能是(A，B)。

A. 推力间隙过大　B. 填料压得太紧

C. 油泵抽空　D. 油温高

181. 当油泵发生振动，应(A，B)。

A. 停泵检修　B. 减小负荷　C. 加大负荷　D. 更换填料

182. 油泵压头降低的处理方法有(A，D)。

A. 检查压油管　B. 冲洗叶轮

C. 更换填料　D. 检查电动机及电源

183. 油泵流量减小时，处理的方法是(A，B)。

A. 冲洗滤网　B. 清洗叶轮　C. 拆除叶轮　D. 清洗出口管

184. 油泵不出油的处理方法有(C，D)。

A. 检查进油管　B. 清洗水封管　C. 清洗叶轮　D. 提高油位

185. 厂用电中断时，会发生(A，B)现象。

A. 转动机械声音消失　B. 加热器油温上升

C. 加热器油温下降　D. 转动机械噪声大

186. 叶轮给煤机日常维护要按规程要求及时认真地进行(A，B，C，D)。

A. 加油　B. 清扫　C. 清理　D. 定期试验

187. 惯性给煤机在使用中应定期对轴承加注润滑脂，不可用的润滑脂为(B，C，D)。

A. 二硫化钼　B. 润滑剂　C. 润滑油　D. 三硫化钼

188. 共振筛要经常检查和清理筛网，防止(B，C)。

A. 损坏设备　B. 带负荷停机　C. 筛网堵塞　D. 电机烧损

189. 带式除铁器减速器可采用(B，C)号机油。

A. 0　B. 40　C. 50　D. 60

190. 推煤机在进行二级技术保养时，应(A，B)。

A. 清理散热器　B. 清理水箱外部

C. 排油　D. 拆除履带

191. 清理油罐时，应使(A，B，C)的流通部分畅通。

A. 防火器　　B. 呼吸阀　　C. 安全阀　　D. 大罐

192. 压力表按检查校对规范进行，可以保证压力表的(B，C，D)。

A. 灵敏度　　B. 使用寿命　　C. 精度　　D. 安全可靠运行

四、技能操作鉴定要素细目表

鉴定范围						鉴定点	
一级		二级		三级		代码	名称
代码	名称	代码	名称	代码	名称		
A	技能要求	A	操作设备	A	操作输煤及卸储煤设备	001	电机振动给料机的就地启动
						002	电磁振动给料机的就地启动
						003	犁煤器的就地启动
						004	犁煤器的就地停止
						005	推煤机的启动
						006	推煤机启动前的检查
						007	配煤车启动前的检查
						008	配煤车的操作方法
						009	装卸桥的启动
				B	操作燃油设备	001	油水分离器的启停
						002	加热器的启停
						003	供油泵的启动
						004	储油罐的切换
						005	油罐检尺
		B	故障分析与处理	A	分析处理输煤及卸储煤设备故障	001	犁煤器卡死原因的分析
						002	推煤机不启动原因的分析
						003	推煤机冷却系统原因的分析
						004	推煤机喷油嘴不喷油原因的分析
						005	碎煤机环锤破碎原因的分析
						006	碎煤机环锤破碎的处理
						007	筛煤机堵塞的处理
				B	分析处理燃油设备故障	001	供油泵故障的判断
						002	油泵汽蚀原因的分析
						003	油泵振动原因的分析
						004	油泵流量低原因的分析
						005	油泵轴承过热原因的分析
						006	油泵不上油原因的分析
						007	储油罐着火原因的分析
						008	油水分离器故障原因的分析
						009	柱塞泵温度高的处理
						010	柱塞泵运行中流量减小的处理方法
						011	柱塞泵运行中压力降低的处理方法

续表

鉴定范围						鉴定点	
一级		二级		三级		代码	名称
代码	名称	代码	名称	代码	名称		
		C	设备维护与保养	A	维护输煤及卸储煤设备	001	电磁振动给料机运行中的维护
						002	推煤机的保养
						003	翻车机的维护
						004	电机振动给料机运行中的维护
				B	维护燃油设备	001	油水分离器的维护保养
						002	齿轮泵的维护保养
						003	螺杆泵的维护保养
						004	柱塞泵的维护保养

五、技能操作试题

试题1：电机振动给料机的就地启动(现场模拟操作)

（考核时间：25min）

序号	考核内容	考核要点	配分	评分标准	检测结果	扣分	得分	备注
1	准备工作	工具、用具准备	2	工具、用具缺一项扣2分				
		穿戴劳保用品规范	3	穿戴不规范扣2分				
		检查电机振动给料机，符合启动条件后方可启动	10	未检查扣10分				
		向程控值班员汇报，就地启动电机振动给料机	10	未向程控值班员汇报扣10分				
2	启动操作	将控制箱内的转换开关切换到就地位置	10	未切换扣10分				
		按下电铃按钮，警告要启动电机振动给料机	10	未按警铃扣10分				
		按下启动按钮	5	未启动扣5分				
3	启动后检查	检查电机的声音	10	未检查电机声音扣10分				
		检查电机的温度	10	未检查电机温度扣10分				
		检查电机的振动情况	10	未检查电机振动情况扣10分				
		检查电机振动给料机的出力	10	未检查出力扣10分				
		一切正常后向程控值班员汇报运行情况	10	未向程控值班员汇报扣10分				
4	安全及其他	按国家或企业有关安全规定执行操作		违规一次从总分中扣5分；严重违规停止操作			—	
		在规定时间内完成		超时停止操作			—	
合计			100					

试题 2：电磁振动给料机的就地启动(现场模拟操作)

(考核时间：25min)

序号	考核内容	考核要点	配分	评分标准	检测结果	扣分	得分	备注
1	准备工作	工具、用具准备	7	工具、用具不齐全扣 7 分				
		穿戴劳保用品规范	3	穿戴不规范扣 3 分				
		检查电磁振动给料机，符合启动条件后方可启动	10	未检查扣 10 分				
		向程控值班员汇报，就地启动电磁振动给料机	10	未向程控值班员汇报扣 10 分				
2	启动操作	将控制箱内的转换开关切换到就地位置	10	未切换扣 10 分				
		将电位器调整到“零”	10	未调整扣 10 分				
		按下电铃按钮，警告要启动电机振动给料机	10	未打铃扣 10 分				
		按下启动按钮	10	未启动扣 10 分				
3	启动后工作	检查电磁振动给料机的振动、温度、声音	10	未检查扣 10 分				
		通过调整电位器调整电机振动给料机的出力	10	未调整扣 10 分				
		一切正常后向程控值班员汇报运行情况	10	未汇报扣 10 分				
4	安全及其他	按国家或企业有关安全规定执行操作		违规一次从总分中扣 5 分；严重违规停止操作			—	
		在规定时间内完成		超时停止操作			—	
合计			100					

试题 3：犁煤器的就地启动(现场模拟操作)

(考核时间：25min)

序号	考核内容	考核要点	配分	评分标准	检测结果	扣分	得分	备注
1	准备工作	工具、用具准备	7	工具、用具不齐全扣 7 分				
		穿戴劳保用品规范	3	穿戴不规范扣 3 分				
		检查犁煤器，符合启动条件后方可启动	10	未检查扣 10 分				
		向程控值班员汇报，就地启动犁煤器	10	未通知扣 10 分				
		将控制箱内的转换开关切换到就地位置	10	未切换扣 10 分				

续表

序号	考核内容	考核要点	配分	评分标准	检测结果	扣分	得分	备注
2	启动操作	按下电铃按钮，警告要启动犁煤器	10	未打铃扣10分				
		选择原煤仓	10	未选择扣10分				
		按下下降按钮	10	未落犁煤器扣10分				
3	启动后检查	检查犁煤器下降是否平稳	10	未检查扣10分				
		检查犁煤器与皮带的接触是否良好	10	未检查扣10分				
		一切正常后向程控值班员汇报	10	未向程控值班员汇报扣10分				
4	安全及其他	按国家或企业有关安全规定执行操作		违规一次从总分中扣5分；严重违规停止操作			—	
		在规定时间内完成		超时停止操作			—	
合　计			100					

试题4：犁煤器的就地停止(现场模拟操作)

（考核时间：25min）

序号	考核内容	考核要点	配分	评分标准	检测结果	扣分	得分	备注
1	准备工作	工具、用具准备	7	工具、用具不齐全扣7分				
		穿戴劳保用品规范	3	穿戴不规范扣3分				
		观察原煤斗煤位	10	未观察扣10分				
		通知程控值班员可以停止上煤	10	未通知程控值班员扣10分				
		通知料口停止上煤	10	未通知扣10分				
		等待皮带上煤走完	10	未等待扣10分				
2	停止操作	抬起犁煤器	10	未抬起扣10分				
		清除犁煤器上杂物	10	未清除扣10分				
		清理原煤斗	10	未清理扣10分				
3	停机后检查	检查犁煤器推杆	10	未检查扣10分				
		检查犁煤器电机	10	未检查扣10分				
4	安全及其他	按国家或企业有关安全规定执行操作		违规一次从总分中扣5分；严重违规停止操作			—	
		在规定时间内完成		超时停止操作			—	
合　计			100					

试题5：推煤机的启动(现场模拟操作)

(考核时间：25min)

序号	考核内容	考核要点	配分	评分标准	检测结果	扣分	得分	备注
1	准备工作	工具准备	7	工具不齐全扣7分				
		穿戴劳保用品规范	3	穿戴不规范扣3分				
		分开主离合器	10	未分开主离合器扣10分				
		将变速杆放在空档位置	10	未归空档扣10分				
		合上电路开关	10	未合电路开关扣10分				
2	启动操作	将主离合器操纵杆推向前方	10	未操作扣10分				
		使主离合器处理分离状态	10	未操作扣10分				
		将油门操纵杆向下拉下1/3行程	10	未操作扣10分				
		将变速操纵杆放在空档位置	10	未操作扣10分				
		打火启动	10	未操作扣10分				
		待负荷预热运转后，起步行驶	10	未预热扣10分				
3	安全及其他	按国家或企业有关安全规定执行操作		违规一次从总分中扣5分；严重违规停止操作			—	
		在规定时间内完成		超时停止操作			—	
合计			100					

试题6：推煤机启动前检查(现场模拟操作)

(考核时间：25min)

序号	考核内容	考核要点	配分	评分标准	检测结果	扣分	得分	备注
1	准备工作	工具、用具准备	2	工具、用具不齐全扣2分				
		穿戴劳保用品规范	3	穿戴不规范扣3分				
2	检查项目	检查冷却水系统	10	未检查冷却系统扣10分				
		检查柴油箱油位	10	未检查油位扣10分				
		检查各部件润滑情况	10	未检查润滑情况扣10分				
		检查各部件紧固情况	10	未检查紧固情况扣10分				
		检查履带张紧度	5	未检查履带扣5分				
		检查各操纵杆	10	未检查操纵杆扣10分				
		检查制动踏板	10	未检查制动踏板扣10分				
		排除油路中的气体	10	未排气扣10分				

续表

序号	考核内容	考核要点	配分	评分标准	检测结果	扣分	得分	备注
		检查电气线路	10	未检查电气线路扣 10 分				
		检查照明设备	10	未检查照明扣 10 分				
3	安全及其他	按国家或企业有关安全规定执行操作		违规一次从总分中扣 5 分；严重违规停止操作			—	
		在规定时间内完成		超时停止操作			—	
合 计			100					

试题 7：配煤车启动前检查(现场模拟操作)

（考核时间：25min）

序号	考核内容	考核要点	配分	评分标准	检测结果	扣分	得分	备注
1	准备工作	工具、用具准备	2	工具、用具不齐全扣 2 分				
		穿戴劳保用品规范	3	穿戴不规范扣 3 分				
2	检查紧固情况	电动机地脚螺丝	10	未检查地脚螺栓扣 10 分				
		靠背轮不松动	5	未检查背轮扣 5 分				
		煤仓箅子牢固	10	未检查扣 10 分				
		清扫装置可靠有效	10	未检查扣 10 分				
3	检查畅通情况	轨道无杂物	10	有杂物扣 10 分				
		落料管无堵塞	10	未检查落料管扣 10 分				
		润滑油路畅通	10	未检查润滑油路扣 10 分				
		翻板灵活	10	未检查扣 10 分				
		检查轨道两端限位开关	10	未检查扣 10 分				
		电磁抱闸无堵塞	10	未检查抱闸扣 10 分				
4	安全及其他	按国家或企业有关安全规定执行操作		违规一次从总分中扣 5 分；严重违规停止操作			—	
		在规定时间内完成		超时停止操作			—	
合 计			100					

试题 8：配煤车的操作方法(现场模拟操作)

（考核时间：25min）

序号	考核内容	考核要点	配分	评分标准	检测结果	扣分	得分	备注
1	准备工作	工具、用具准备	2	工具、用具不齐全扣 2 分				
		穿戴劳保用品规范	3	穿戴不规范扣 3 分				
		配煤车应处于备用状态	10	未在备用状态扣 10 分				

续表

序号	考核内容	考核要点	配分	评分标准	检测结果	扣分	得分	备注
		配煤车各部件符合启动条件	10	未检查扣10分				
2	操作设备	启动配煤车	10	未启动扣10分				
		根据堆积角不同，调整卸料车角度	10	未调整扣10分				
		用闸板控制物料的流向	5	未控制流向扣5分				
		用闸板控制物料的流量	10	未控制流量扣10分				
		前后移动卸料车	10	未操作扣10分				
		拖缆随配煤车移动	10	拖缆未随配煤车移动扣10分				
3	运行中检查	观察配煤车跑偏情况	10	未观察扣10分				
		及时发现配煤车溜车现象	10	未及时发现扣10分				
4	安全及其他	按国家或企业有关安全规定执行操作		违规一次从总分中扣5分；严重违规停止操作			—	
		在规定时间内完成		超时停止操作			—	
合计			100					

试题9：装卸桥的启动(现场模拟操作)

(考核时间：25min)

序号	考核内容	考核要点	配分	评分标准	检测结果	扣分	得分	备注
1	准备工作	工具、用具准备	2	工具、用具不齐全扣2分				
		穿戴劳保用品规范	3	穿戴不规范扣3分				
2	启动前准备	装卸桥处于备用状态	10	未在备用状态扣10分				
		装卸桥各部件符合启动条件	10	未检查扣10分				
		鸣铃起车	10	未鸣铃扣10分				
3	启动操作	合上主接触器闸	10	未合闸扣10分				
		按动启动电钮	5	未按电钮扣5分				
		起车要平稳	10	不平稳扣10分				
		逐挡加速	10	未逐挡加速扣10分				
		操作大车行走操纵杆	10	未操作扣10分				
		操作小车行走操纵杆	10	未操作扣10分				
		操作抓斗升降	10	未操作扣10分				
4	安全及其他	按国家或企业有关安全规定执行操作		违规一次从总分中扣5分；严重违规停止操作			—	
		在规定时间内完成		超时停止操作			—	
合计			100					

试题10：油水分离器的启停(现场模拟操作)

（考核时间：25min）

序号	考核内容	考核要点	配分	评分标准	检测结果	扣分	得分	备注
1	准备工作	工具、用具准备	2	工具、用具不齐全扣2分				
		穿戴劳保用品规范	3	穿戴不规范扣3分				
		打开出水管路上的调压阀	5	未打开扣5分				
		打开筒体顶部的放气阀	5	未打开扣5分				
		将1、2级排油旋钮转到自动位置上	5	未转换扣5分				
2	供水	把吸口管路接到吸工业水位置上	10	未操作扣10分				
		接通电源使泵向分离筒内供水	10	未操作扣10分				
		灌满清水后，关闭放气阀	10	未灌满扣5分 未关闭扣5分				
		关闭清水的闸阀	10	未关闭扣10分				
3	吸油污水	把泵吸口管路接到隔油池	10	未操作扣10分				
		调节工作压力	10	未调节扣10分				
		确保筒体充满水	10	未充满水扣10分				
4	加热	接通电源，加热	5	未通电扣5分				
		严禁筒内无水启动加热器	5	无水启动扣5分				
5	安全及其他	按国家或企业有关安全规定执行操作		违规一次从总分中扣5分；严重违规停止操作			—	
		在规定时间内完成		超时停止操作			—	
合　计			100					

试题11：加热器的启停(现场模拟操作)

（考核时间：25min）

序号	考核内容	考核要点	配分	评分标准	检测结果	扣分	得分	备注
1	准备工作	工具、用具准备	2	工具、用具不齐全扣2分				
		穿戴劳保用品规范	3	穿戴不规范扣3分				
		开启加热器蒸汽总门	10	未开启扣10分				
		稍开疏水出入口门	10	未开出口门扣5分				
				未开入口门扣5分				
		预热加热器	10	未预热扣5分				
2	启动加热器	缓慢开启加热器出入口门	10	未开启出口门扣5分				
				未开启入口门扣5分				

续表

序号	考核内容	考核要点	配分	评分标准	检测结果	扣分	得分	备注
		充油	10	未充油扣10分				
		压力正常后，全开加热器出入口门	10	未全开出口门扣5分				
				未全开入口门扣5分				
		调整加热器蒸汽门开度	10	未调整扣10分				
3	停止加热器	缓慢关闭加热器出入口门	10	未关闭出口门扣5分				
				未关闭入口门扣5分				
		关小加热器蒸汽门	10	未关小扣10分				
		使加热器处于备用状态	5	未处在备用状态扣5分				
4	安全及其他	按国家或企业有关安全规定执行操作		违规一次从总分中扣5分；严重违规停止操作			—	
		在规定时间内完成		超时停止操作			—	
合　计			100					

试题12：供油泵的启停（现场模拟操作）

（考核时间：25min）

序号	考核内容	考核要点	配分	评分标准	检测结果	扣分	得分	备注
1	准备工作	工具、用具准备	2	工具、用具不齐全扣2分				
		穿戴劳保用品规范	3	穿戴不规范扣3分				
		供油泵处于备用状态	5	未查看扣5分				
		滤油器处于备用状态	5	未查看扣5分				
		开启供油泵入口门	5	未开启扣5分				
		关闭出口门	5	未关闭扣5分				
		关闭循环门	5	未关闭扣5分				
2	启动操作	断开联动开关	10	未断开扣10分				
		投入操作开关	10	未投入扣10分				
		缓慢开启出口门	10	未缓慢开启扣10分				
		调整出口压力	10	未调整扣10分				
		投入联动开关	5	未投入扣5分				
3	停止操作	调整出口压力	10	未调整扣10分				
		缓慢关闭出口门	10	未缓慢开启扣10分				
		断开开关	5	未断开扣5分				
4	安全及其他	按国家或企业有关安全规定执行操作		违规一次从总分中扣5分；严重违规停止操作			—	
		在规定时间内完成		超时停止操作			—	
合　计			100					

试题 13：储油罐的切换(笔试)

（考核时间：25min）

序号	考核内容	考核要点	配分	评分标准	检测结果	扣分	得分	备注
1	准备工作	工具准备	10	未答此项扣 10 分				
		检查备用油罐	10	未答此项扣 10 分				
		备用油罐进行脱水	10	未答此项扣 10 分				
2	启动备用泵	通知相关人员，准备切换储油罐	10	未答此项扣 10 分				
		开启备用罐供油门	10	未答此项扣 10 分				
		并列运行 10min	10	未答此项扣 10 分				
3	停止原运行泵	运行正常后，关闭原运行罐供油门	10	未答此项扣 10 分				
		开启备用罐冷热回油门	10	未答此项扣 10 分				
		有油流动关闭原运行罐冷热回油门	10	未答此项扣 10 分				
		观察油罐运行情况	10	未答此项扣 10 分				
4	考核时限	在规定时间内完成		超时停止答卷			—	
合　计			100					

试题 14：油罐检尺(现场模拟操作)

（考核时间：25min）

序号	考核内容	考核要点	配分	评分标准	检测结果	扣分	得分	备注
1	准备工作	工具准备	2	工具、用具不齐全扣 2 分				
		穿戴劳保用品规范	3	穿戴不规范扣 3 分				
		了解罐内油高	10	不清楚油高扣 10 分，				
		掌握检尺总高度	10	不清楚检尺总高度扣 10 分				
		选择检查钢卷尺	10	选择钢卷尺错误扣 5 分				
				不检查扣 5 分				
2	检尺操作	下尺，计下尺深度	10	人站位不对扣 2 分				
				下尺部位不对扣 3 分				
				下尺深度不对扣 5 分				
		提尺	10	读数误差超过 1mm 扣 5 分				
				提尺不平稳扣 5 分				
		读粘油高度	10	粘油深度不正确扣 10 分				
		重复下尺	10	不检查量油尺扣 2 分				
				不重复下尺扣 2 分				
				人站位不对扣 2 分				
				下尺部位不对扣 2 分				
				下尺深度不对扣 2 分				
		读数	10	与上次误差超过 2mm 扣 10 分				

续表

序号	考核内容	考核要点	配分	评分标准	检测结果	扣分	得分	备注
3	计量数据	擦净卷尺并收回	5	不擦卷尺扣3分				
				不收回扣2分				
		计算油罐内油量	10	油高计量不正确扣5分				
				油量计算不正确扣5分				
4	安全及其他	按国家或企业有关安全规定执行操作		违规一次从总分中扣5分；严重违规停止操作			—	
		在规定时间内完成		超时停止操作			—	
合　计			100					

试题15：犁煤器卡死原因的分析(笔试)

（考核时间：25min）

序号	考核内容	考核要点	配分	评分标准	检测结果	扣分	得分	备注
1	准备工作	工具准备	5	未答此项扣5分				
		停止皮带运行	10	未答此项扣10分				
		向程控汇报	10	未答此项扣10分				
		切断电源	10	未答此项扣10分				
2	分析电气故障	检查犁煤器电源接触情况	10	未答此项扣10分				
		查看热偶状态	10	未答此项扣10分				
		电机烧损，有异味	10	未答此项扣10分				
		电机上有杂物缠绕	10	未答此项扣10分				
3	分析机械故障	电动推杆卡死	10	未答此项扣10分				
		犁刀卡死	5	未答此项扣5分				
		有异物卡住犁刀架	10	未答此项扣10分				
4	考核时限	在规定时间内完成		超时停止答卷			—	
合　计			100					

试题16：碎煤机环锤破碎原因的分析(笔试)

（考核时间：25min）

序号	考核内容	考核要点	配分	评分标准	检测结果	扣分	得分	备注
1	准备工作	工具准备	5	未答此项扣5分				
2	环锤自身故障	环锤质量不合格	10	未答此项扣10分				
		环锤材质不标准	10	未答此项扣10分				
		环锤与筛板间隙过小	10	未答此项扣10分				

续表

序号	考核内容	考核要点	配分	评分标准	检测结果	扣分	得分	备注
		碎煤机内硬物打碎环锤	10	未答此项扣10分				
		环锤磨损严重	10	未答此项扣10分				
		环锤安装工艺不符合要求	10	未答此项扣10分				
3	周边设备引发故障	碎煤机中心不正	10	未答此项扣10分				
		轴承松动引起破碎	10	未答此项扣10分				
		减震平台失效	10	未答此项扣10分				
		碎煤机与电动机功率不匹配	5	未答此项扣5分				
4	考核时限	在规定时间内完成		超时停止答卷			—	
	合　　计		100					

试题17：碎煤机环锤破碎的处理方法(现场模拟操作)

(考核时间：25min)

序号	考核内容	考核要点	配分	评分标准	检测结果	扣分	得分	备注
1	准备工作	工具准备	2	工具、用具不齐全扣2分				
		穿戴劳保用品规范	3	穿戴不规范扣3分				
		停止碎煤机运行	5	未停止扣5分				
		将切换开关切换到就地位置	5	未切换扣5分				
		做好防护措施	10	未做措施扣10分				
		设专人监护	5	未设监护人扣5分				
2	处理过程	打开检修门	10	未打开检修门扣10分				
		将破碎的环锤取出	10	未取出破碎环锤扣10分				
		更换新环锤	10	未更换新环锤扣10分				
		调整环锤间距	10	未调整扣10分				
		关闭检修门	10	未关闭扣10分				
		试运行	5	未试运行扣5分				
3	完成操作	解除措施	5	未解除措施扣5分				
		切换开关	5	未切换扣5分				
		清理现场	5	未分析扣5分				
4	安全及其他	按国家或企业有关安全规定执行操作		违规一次从总分中扣5分；严重违规停止操作			—	
		在规定时间内完成		超时停止操作			—	
	合　　计		100					

试题 18：筛煤机堵塞的处理方法（现场模拟操作）

（考核时间：25min）

序号	考核内容	考核要点	配分	评分标准	检测结果	扣分	得分	备注
1	准备工作	工具准备	2	工具、用具不齐全扣2分				
		穿戴劳保用品规范	3	穿戴不规范扣3分				
		停止筛煤机运行	10	未停止扣10分				
		将切换开关切换至就地位置	10	未切换扣10分				
		做好防护措施	10	未做措施扣10分				
		设专人监护	10	未设监护人扣10分				
2	清理操作	打开检修门	10	未操作扣10分				
		清理筛煤机内余煤	10	未清理扣10分				
		将筛板上杂物清除	10	未清除扣10分				
3	完成操作	关好检修门	10	未关好扣10分				
		将切换开关切换回来	10	未切换扣10分				
		清理现场	5	未清理扣5分				
4	安全及其他	按国家或企业有关安全规定执行操作		违规一次从总分中扣5分；严重违规停止操作			—	
		在规定时间内完成		超时停止操作			—	
合　计			100					

试题 19：油泵振动原因的分析（笔试）

（考核时间：25min）

序号	考核内容	考核要点	配分	评分标准	检测结果	扣分	得分	备注
1	准备工作	工具、用具准备	5	未答此项扣5分				
2	分析故障原因	油泵与电动机中心不一致	10	未答此项扣10分				
		地脚螺丝松动	10	未答此项扣10分				
		叶轮损坏	10	未答此项扣10分				
		转动部分磨损	10	未答此项扣10分				
		轴承损坏	10	未答此项扣10分				
		泵轴弯曲	10	未答此项扣10分				
		叶轮堵塞	10	未答此项扣10分				
		油泵汽化	10	未答此项扣10分				
		来油量不稳	10	未答此项扣10分				
		泵体内有空气	5	未答此项扣5分				
3	考核时限	在规定时间内完成		超时停止答卷			—	
合　计			100					

试题20：油泵流量低原因的分析(笔试)

(考核时间：25min)

序号	考核内容	考核要点	配分	评分标准	检测结果	扣分	得分	备注
1	准备工作	工具、用具准备	5	未答此项扣5分				
2	分析故障原因	检查电动机电流	10	未答此项扣10分				
		检查油泵油压	10	未答此项扣10分				
		电动机转速降低	10	未答此项扣10分				
		泵体安装过高	10	未答此项扣10分				
		有空气漏入吸油管	10	未答此项扣10分				
		空气经填料箱进入泵内	10	未答此项扣10分				
		叶轮堵塞	10	未答此项扣10分				
		叶轮密封损坏	10	未答此项扣10分				
		入口滤网堵塞	10	未答此项扣10分				
		油罐液位过低	5	未答此项扣5分				
3	考核时限	在规定时间内完成		超时停止答卷			—	
合　计			100					

试题21：油泵轴承过热原因的分析(笔试)

(考核时间：25min)

序号	考核内容	考核要点	配分	评分标准	检测结果	扣分	得分	备注
1	准备工作	工具、用具准备	10	未答此项扣10分				
2	轴承原因	油泵轴承损坏	10	未答此项扣10分				
		轴承砂架损坏	10	未答此项扣10分				
		轴承冷却水中断	10	未答此项扣10分				
		轴承尺寸不合格	10	未答此项扣10分				
		泵轴弯曲	10	未答此项扣10分				
3	泵体原因	油泵与电动机不同心	10	未答此项扣10分				
		油环断裂	10	未答此项扣10分				
4	润滑油原因	润滑油油质不合格	10	未答此项扣10分				
		润滑油油位太低	10	未答此项扣10分				
5	考核时限	在规定时间内完成		超时停止答卷			—	
合　计			100					

试题 22：油泵不上油原因的分析（笔试）

（考核时间：25min）

序号	考核内容	考核要点	配分	评分标准	检测结果	扣分	得分	备注
1	准备工作	工具、用具准备	10	未答此项扣 10 分				
2	分析故障原因	检查电动机电流	10	未答此项扣 10 分				
		检查油泵入口压力	10	未答此项扣 10 分				
		联轴器脱开	10	未答此项扣 10 分				
		吸油管路密封损坏	10	未答此项扣 10 分				
		油泵未灌满油，有空气	10	未答此项扣 10 分				
		油泵安装高度过高	10	未答此项扣 10 分				
		电动机转速低	10	未答此项扣 10 分				
		叶轮堵塞	10	未答此项扣 10 分				
		油罐油位过低	10	未答此项扣 10 分				
3	考核时限	在规定时间内完成		超时停止答卷			—	
		合　　计	100					

试题 23：油罐着火原因的分析（笔试）

（考核时间：25min）

序号	考核内容	考核要点	配分	评分标准	检测结果	扣分	得分	备注
1	准备工作	工具、用具准备	10	未答此项扣 10 分				
2	设备故障原因	电气设备打火花	10	未答此项扣 10 分				
		油喷溅到高温蒸汽管道上	10	未答此项扣 10 分				
		有金属撞击	10	未答此项扣 10 分				
		管沟有积油	10	未答此项扣 10 分				
		接地装置故障	10	未答此项扣 10 分				
		油罐加热温度过高	10	未答此项扣 10 分				
3	人为因素	在油区动用电火焊	10	未答此项扣 10 分				
		在油区点明火	10	未答此项扣 10 分				
		违章作业	10	未答此项扣 10 分				
4	考核时限	在规定时间内完成		超时停止答卷			—	
		合　　计	100					

试题 24：电磁振动给料机运行中的维护（现场模拟操作）

（考核时间：25min）

序号	考核内容	考核要点	配分	评分标准	检测结果	扣分	得分	备注
1	准备工作	工具、用具准备	2	工具、用具不齐全扣 2 分				
		穿戴劳保用品规范	3	穿戴不规范扣 3 分				

续表

序号	考核内容	考核要点	配分	评分标准	检测结果	扣分	得分	备注
		启动前将电位器调整到最小位置	10	未调整扣10分				
2	维护项目	启动后逐渐使振幅达到额定值	10	未逐渐增大扣10分				
		检查板弹簧压紧螺栓	10	未检查扣10分				
		观察电流变化	10	未观察扣10分				
		检查电磁铁调整螺栓	10	未检查扣10分				
		检查电磁铁与衔铁之间的气隙	10	未检查扣10分				
		电磁铁和铁芯不允许磁撞	10	未检查扣10分				
		给煤槽倾角最大不宜超过15°	10	倾角大于15°扣10分				
		电源电压波动在±5%范围内	10	未检查电压波动扣10分				
		料槽内应无杂物	5	未检查扣5分				
3	安全及其他	按国家或企业有关安全规定执行操作		违规一次从总分中扣5分；严重违规停止操作			—	
		在规定时间内完成		超时停止操作			—	
合计			100					

试题25：翻车机的维护(现场模拟操作)

（考核时间：25min）

序号	考核内容	考核要点	配分	评分标准	检测结果	扣分	得分	备注
1	准备工作	工具、用具准备	2	工具、用具不齐全扣2分				
		穿戴劳保用品规范	3	穿戴不规范扣3分				
2	日常维护	检查回转盘、平衡块等结构部件	10	未检查扣10分				
		维护活动平台	10	未维护扣10分				
		维护驱动装置	10	未维护扣10分				
		维护压车装置	10	未维护扣10分				
		维护托车装置	10	未维护扣10分				
		维护煤斗、煤箅和风机	10	未维护煤斗扣3分				
				未维护煤箅扣3分				
				未维护风机扣4分				

续表

序号	考核内容	考核要点	配分	评分标准	检测结果	扣分	得分	备注
3	定期维护	维护液压系统	10	未维护扣10分				
		维护电气设备外部	10	未维护扣10分				
		紧固螺栓	10	未紧固扣10分				
		给各装置加油	5	未加油扣5分				
4	安全及其他	按国家或企业有关安全规定执行操作		违规一次从总分中扣5分；严重违规停止操作			—	
		在规定时间内完成		超时停止操作			—	
合计			100					

试题26：电机振动给料机运行中的维护(现场模拟操作)

(考核时间：25min)

序号	考核内容	考核要点	配分	评分标准	检测结果	扣分	得分	备注
1	准备工作	工具、用具准备	2	工具、用具不齐全扣2分				
		穿戴劳保用品规范	3	穿戴不规范扣3分				
		启动前将电位器调整到最小位置	10	未调整扣10分				
2	维护项目	启动后逐渐使振幅达到额定值	10	未逐渐增大扣10分				
		检查板弹簧压紧螺栓	10	未检查扣10分				
		观察电流变化	10	未观察扣10分				
		检查电机调整螺栓	10	未检查扣10分				
		检查仓臂振打器	10	未检查扣10分				
		检查煤槽板弹簧完好情况	10	未检查扣10分				
		给煤槽倾角最大不宜超过15°	10	倾角大于15°扣10分				
		电源电压波动在±5%范围内	10	未检查电压波动扣10分				
		料槽内应无杂物	5	未检查扣5分				
3	安全及其他	按国家或企业有关安全规定执行操作		违规一次从总分中扣5分；严重违规停止操作			—	
		在规定时间内完成		超时停止操作			—	
合计			100					

试题 27：油水分离器的维护保养（现场模拟操作）

（考核时间：25min）

序号	考核内容	考核要点	配分	评分标准	检测结果	扣分	得分	备注
1	准备工作	工具、用具准备	2	工具、用具不齐全扣2分				
		穿戴劳保用品规范	3	穿戴不规范扣3分				
2	运行维护	使用前打满水继续工作半小时	10	未继续工作半小时扣10分				
		停机前打满水继续工作半小时	10	未继续工作半小时扣10分				
		控制油水分离器温度	10	未控制扣10分				
		工作时筒内压力保持在0.05~0.1MPa	10	未保持扣10分				
		取样时预放1min	5	未预放扣5分				
		隔油池油污水静止10min后进入装置处理	10	未静止扣10分				
3	静止保养	清洗时底部阀门应及时关闭	10	未关闭扣10分				
		装置停止工作时，蒸汽阀应关闭	10	未关闭扣10分				
		保持设备清洁	10	不清洁扣10分				
		装置暂停工作时，筒体应灌满水	10	未灌满水扣10分				
4	安全及其他	按国家或企业有关安全规定执行操作		违规一次从总分中扣5分；严重违规停止操作			—	
		在规定时间内完成		超时停止操作			—	
		合　计	100					

试题 28：螺杆泵的维护保养（现场模拟操作）

（考核时间：25min）

序号	考核内容	考核要点	配分	评分标准	检测结果	扣分	得分	备注
1	准备工作	工具、用具准备	2	工具、用具不齐全扣2分				
		穿戴劳保用品规范	3	穿戴不规范扣3分				
2	静止保养	保养外壳	10	未保养扣10分				
		螺杆泵密封良好	10	密封不好扣10分				
		维护螺杆泵出入口连接	10	连接不正确扣10分				
		轴承油质良好	10	油质不好扣10分				
		经常加油	10	油位过低扣10分				
		保持表面清洁	10	表面不清洁扣10分				
		定期维修	5	未定期维修扣5分				

续表

序号	考核内容	考核要点	配分	评分标准	检测结果	扣分	得分	备注
3	运行维护	保证螺杆泵转向正确	10	转向不正确扣10分				
		保证振动不超过规定值	10	振动过大扣10分				
		保证无金属撞击	10	有金属撞击扣10分				
4	安全及其他	按国家或企业有关安全规定执行操作		违规一次从总分中扣5分；严重违规停止操作			—	
		在规定时间内完成		超时停止操作			—	
合　计			100					

第三部分

高 级 工

一、石油石化职业资格等级标准(高级工工作要求)

职业功能	工作内容	技能要求	相关知识
一、操作设备	(一)操作输煤及卸储煤设备	1. 能启停变频调速振动给料机 2. 能启停叶轮给煤机 3. 能启停配煤车 4. 能启停输煤辅助设备 5. 能操作侧倾式翻车机 6. 能操作底开门自卸车 7. 能操作链斗卸车机 8. 能操作门式滚轮堆取料机	1. 变频调速振动给料机原理及操作方法 2. 叶轮给煤机原理及操作方法 3. 配煤车原理及操作方法 4. 输煤辅助设备的性能参数 5. 侧倾式翻车机原理及操作方法 6. 底开门自卸车原理及操作方法 7. 链斗卸车机原理及操作方法 8. 门式滚轮堆取料机原理及操作方法
	(二)操作燃油设备	1. 能操作供油设备 2. 能操作污水处理系统 3. 能操作蒸汽系统 4. 能操作吹扫油污系统	1. 供油设备原理及操作方法 2. 污水处理系统原理及操作方法 3. 蒸汽系统原理及操作方法 4. 吹扫油污系统原理及操作方法
	(三)操作燃料集控设备	1. 能选择输煤流程 2. 能程序启停输煤设备 3. 能解锁启停输煤设备 4. 能操作控制云台 5. 能切换工业电视	1. 输煤系统工作原则及规定 2. 程序控制原理及操作方法 3. 解锁控制原理及操作方法 4. 控制云台的操作方法 5. 控制云台的布置方式 6. 工业电视的操作方法 7. 工业电视的布置方式
二、故障判断与处理	(一)判断处理输煤及卸储煤设备故障	1. 能判断侧倾式翻车机故障原因 2. 能判断底开门自卸车故障原因 3. 能处理悬臂式斗轮堆取料机故障 4. 能处理电磁振动给料机故障 5. 能处理电机振动给料机故障 6. 能处理输煤辅助设备故障 7. 能处理翻车机故障 8. 能处理推煤机故障	1. 侧倾式翻车机出现故障的现象 2. 底开门自卸车故障的分析方法 3. 悬臂式斗轮堆取料机技术参数 4. 电磁振动给料机的结构及组成 5. 电机振动给料机的结构及组成 6. 输煤辅助设备的结构及组成 7. 翻车机的的结构及组成 8. 推煤机常见故障的排除方法
	(二)判断处理燃油设备故障	1. 能判断供油设备故障原因 2. 能判断污水处理系统故障原因 3. 能处理油水分离器故障 4. 能处理加热器故障 5. 能处理卸油设备故障	1. 供油设备出现故障的现象 2. 污水处理系统故障的分析方法 3. 油水分离器常见故障的处理方法 4. 加热器的结构及组成 5. 卸油设备的结构及组成
	(三)判断处理燃料集控设备故障	1. 能分析计算机死机原因 2. 能查杀计算机病毒 3. 能分析控制云台故障原因 4. 能处理工业电视故障	1. 计算机维修常识 2. 计算机病毒产生原因及查杀方法 3. 控制云台结构性能 4. 工业电视的故障原因及处理方法
三、设备维护与保养	(一)维护保养输煤及卸储煤设备	1. 能维护保养变频调速振动给料机设备 2. 能维护保养犁式卸料器 3. 能维护保养配煤车 4. 能维护保养储煤罐 5. 能维护保养装卸桥 6. 能维护保养侧倾式翻车机	1. 变频调速振动给料机保养要求 2. 犁式卸料器维护保养要求 3. 配煤车维护保养内容 4. 储煤罐维护保养措施 5. 装卸桥维护保养内容 6. 侧倾式翻车机维护保养要求

续表

职业功能	工作内容	技能要求	相关知识
	(二)维护保养燃油设备	1. 能维护保养卸油设备 2. 能维护保养储油设备 3. 能维护保养供油设备	1. 卸油设备管理规定 2. 储油设备管理规定 3. 供油设备管理规定

二、理论知识鉴定要素细目表

鉴定范围						鉴定点		
一级		二级		三级		代码	名称	重要程度
代码	名称	代码	名称	代码	名称			
A	基本要求	A	基础知识	A	电工基础知识	001	直流电路的串联	X
						002	直流电路的并联	X
						003	直流电路的混联	X
						004	直流电路的计算方法	X
						005	串联电路的性质	X
						006	并联电路的性质	Y
						007	混联电路的性质	X
						008	电路的作用	X
						009	电路的状态	X
						010	叠加原理的内容	Y
						011	替代原理的内容	X
						012	三相交流电路的概念	X
						013	三相交流电路的功率计算	X
						014	绝缘材料的性能	X
						015	磁性材料的性能	X
				B	机械基础知识	001	绘制零件图的要点	X
						002	齿轮的规定画法	X
						003	弹簧的规定画法	Y
						004	装配图的视图表示方法	X
						005	识读装配图的基本方法	X
						006	轴测图的概念	X
						007	轴测图的分类	X
						008	表面展开图的概念	X
						009	表面展开图的内容	X
						010	流体的物理性质	X
						011	流体的特性	X
						012	流体的静压力特性	Y
						013	流体体积的变化因素	X
						014	流体过流面的特性	X
						015	流动与流线的关系	X
						016	流动与流速的关系	X

续表

鉴定范围						鉴定点		
一级		二级		三级		代码	名称	重要程度
代码	名称	代码	名称	代码	名称			
						017	流体的密度概念	X
						018	流体的重度概念	Y
						019	齿轮传动的精度及跑合	X
						020	蜗杆传动的装配要求	Y
						021	蜗杆传动的优缺点	X
						022	轴承的作用	X
						023	朗能循环的特性	X
						024	朗能循环的构成	X
						025	功的概念	X
				C	安全质量环保知识	001	质量管理 PDCA 动态循环的意义	X
						002	ISO 9000 标准“质量”的意义	X
						003	ISO 9000 标准的核心标准	X
						004	ISO 9000 标准的八项管理原则	X
						005	质量认证的概念	Y
						006	标准化的意义	X
						007	全面质量管理的特点	X
						008	不良产品的分级	X
						009	处置不合格品的途径	X
				D	电力生产知识	001	电力发展的现状	X
						002	电力发展新技术	X
						003	电厂的种类	X
						004	发电厂设备的容量	Y
						005	发电厂的系统组成	X
						006	火力发电生产的常识	X
						007	火力发电生产的主要设备	X
						008	电力系统概述	X
				E	润滑基础知识	001	润滑的基本原理	X
						002	润滑的种类	Y
						003	润滑的要点	X
						004	润滑剂的选用原则	X
						005	轴承润滑的作用	X
B	相关知识	A	操作设备	A	操作输煤及卸储煤设备	001	缓冲锁气器的作用	X
						002	逆止器的作用	X
						003	电子轨道衡的技术指标	Y
						004	落煤管的作用	X
						005	储煤罐装卸料的过程	X
						006	桥式抓斗起重机开车前的检查内容	X
						007	桥式抓斗起重机的操作方法	X

续表

鉴定范围						鉴定点		
一级		二级		三级		代码	名称	重要程度
代码	名称	代码	名称	代码	名称			
						008	桥式抓斗起重机的构成	X
						009	桥式抓斗起重机运行机构的工作原理	X
						010	侧倾式翻车机的工作过程	X
						011	翻车机的工艺过程	X
						012	链斗卸车机的工作原理	X
						013	消防水泵的启停注意事项	Y
						014	排污泵运行中的注意事项	X
						015	泥浆泵的工作原理	X
						016	泥浆泵的运行	X
				B	操作燃油设备	001	油罐呼吸阀的作用	X
						002	油罐阻火器的作用	X
						003	油罐附件的要求	X
						004	卸油系统设备的作用	Y
						005	供油系统的作用	X
						006	供油系统的组成	X
						007	供油系统的基本要求	X
						008	检查启动前的供油系统	X
						009	供油电动机的运行要求	X
						010	对锅炉房燃油系统的基本要求	X
						011	燃油系统的任务	Y
						012	燃油系统的组成	X
						013	燃油系统的主要设备	X
						014	燃油点火系统各部分的作用	X
						015	燃油系统受油前的条件	Y
						016	卸油系统的任务	X
						017	锅炉房燃油系统的作用	X
						018	污油回收系统的生产流程	Y
						019	阀门各部件的作用	X
						020	阀门的作用	X
						021	阀门部件的检查要求	X
				C	操作燃料集控设备	001	输煤系统联锁的特点	X
						002	输煤系统的运行原则	X
						003	输煤程控的特点	X
						004	输煤集控的操作要点	Y
						005	输煤程控的操作	X
						006	集控值班员接班前的工作内容	X
						007	程控启动前的检查内容	X
						008	集中单独控制的作用	X

续表

鉴定范围						鉴定点		
一级		二级		三级		代码	名称	重要程度
代码	名称	代码	名称	代码	名称			
						009	工业电视系统的功能	Z
						010	工业电视控制器的切换方法	X
						011	工业电视的控制方法	X
						012	主控机切换画面的操作方法	Y
						013	实现微机程序控制系统的要求	X
						014	文件夹共享的方法	X
						015	打印共享的方法	X
						016	IE 浏览器的设置	X
						017	接收电子邮件	X
						018	发送电子邮件	X
		B	故障分析与处理	A	分析处理输煤及卸储煤设备故障	001	处理碎煤机环锤故障的方法	X
						002	处理碎煤机常见故障的方法	X
						003	处理带式除铁器故障的方法	X
						004	处理叶轮给煤机常见故障的方法	X
						005	处理推煤机零部件故障的方法	Z
						006	处理斗轮机输送带跑偏的方法	X
						007	处理斗轮机散料的方法	X
						008	斗轮机异常噪声的警示	X
						009	处理斗轮机减速机断轴的方法	X
				B	分析处理燃油设备故障	001	处理加热器漏油的方法	X
						002	燃油系统的试验要求	X
						003	含油污水处理的意义	X
						004	含油污水水质的特点	X
						005	沉淀隔油污水的处理法	Y
						006	污水浮选除油法	X
						007	出口逆止阀对油泵的影响	X
						008	调整运行方式对系统的影响	X
				C	处理燃料集控设备故障	001	输煤设备的控制与保护要点	X
						002	清除计算机病毒的方法	X
						003	计算机病毒的特点	Y
						004	计算机病毒的危害	X
						005	计算机病毒的传播途径	X
		C	设备维护与保养	A	维护保养输煤及卸储煤设备	001	维护电子皮带秤的步骤	X
						002	电子皮带秤的校验	X
						003	输煤现场喷水抑尘的机理	X
						004	维护储煤罐的方法	X
						005	维护翻车机迁车台的方法	X
						006	电子轨道衡运行维护的方法	X
						007	维修桥式抓斗起重机的规定	X

续表

<table>
<tr><th colspan="6">鉴 定 范 围</th><th colspan="3">鉴 定 点</th></tr>
<tr><th colspan="2">一级</th><th colspan="2">二级</th><th colspan="2">三级</th><th rowspan="2">代码</th><th rowspan="2">名 称</th><th rowspan="2">重要程度</th></tr>
<tr><th>代码</th><th>名 称</th><th>代码</th><th>名 称</th><th>代码</th><th>名 称</th></tr>
<tr><td rowspan="10"></td><td rowspan="10"></td><td rowspan="10">C</td><td rowspan="10">设备维护与保养</td><td rowspan="10">B</td><td rowspan="10">维护保养燃油设备</td><td>001</td><td>保养油罐的方法</td><td>X</td></tr>
<tr><td>002</td><td>油罐密封的要求</td><td>X</td></tr>
<tr><td>003</td><td>设备冲洗的规定</td><td>X</td></tr>
<tr><td>004</td><td>冲洗供油泵的方法</td><td>X</td></tr>
<tr><td>005</td><td>冲洗加热器的方法</td><td>X</td></tr>
<tr><td>006</td><td>冲洗滤油器的方法</td><td>X</td></tr>
<tr><td>007</td><td>对处理后的污水水质的要求</td><td>X</td></tr>
<tr><td>008</td><td>处理含油污水对药剂的要求</td><td>X</td></tr>
<tr><td>009</td><td>燃油的加热方法</td><td>Y</td></tr>
<tr><td>010</td><td>油泵暖泵的要求</td><td>X</td></tr>
</table>

三、理论知识试题

判断题

1. 有一只伏特表，它的最大量程是250V，内阻是250kV，如果要测量500V的电压应该串联一个200Ω的附加电阻。（×）

正确答案： 附加电阻的电压 $U_1=500-250(\mathrm{V})$，由：分压公式 $U_1/U=R_1/(R_1+r_0)=1/2$ 得 $R_1=250\Omega$。

2. 串联电路中，阻值大的分配到的电压大，阻值小的分配到的电压小。（√）

3. 有一只微安表，它的最大量程是100μA，内阻 R_0 为1kΩ，如果要改装为最大量程是10mA的毫安表，必须并联 $R_f=5\Omega$ 的分流电阻。（×）

正确答案： 由公式：$I_f=I\times R_0/(R_f+R_0)$ 再由 $I_f=I-I_0$ 联立解得：分流电阻的值为：10.1Ω。

4. 电阻 $R_3=8\Omega$，与电阻 $R_2=12\Omega$ 相并联再与电阻 $R_1=8\Omega$ 串联，则电阻 R_1 两端的电压为18V。（×）

正确答案： 电阻 $R_3=8\Omega$，与电阻 $R_2=12\Omega$ 相并联再与电阻 $R_1=8\Omega$ 串联，则电阻 R_1 两端的电压为15V。

5. 直流电路中既有串联，又有并联的接线方式称为混联电路。（√）

6. 在分析计算电路中，已知星形网络，在求等效三角形网络时，已知：R_A、R_B、R_C、求 R_{AB} 的公式可表示为：$R_{AB}=R_A+R_B+R_C/R_A\times R_B$。（×）

正确答案： 在分析计算电路中，已知星形网络，在求等效三角形网络时，已知：R_A、R_B、R_C、求 R_{AB} 的公式可表示为：$R_{AB}=R_A+R_B+R_AR_B/R_C$。

7. 三个电阻串联电路两端的总电压等于各电阻两端电压之和。即：$U=U_1+U_2+U_3$。（√）

8. 串联电路上各电阻的压降比等于其流过的电流比。（×）

正确答案： 串联电路上各电阻的压降比等于其电阻比。

9. 并联电路中总功率等于各电阻上的功率之和。（√）

10. 混联电路中总功率不一定等于各电阻上的功率之和，要根据具体电路而定。（×）

正确答案：混联电路中总功率等于各电阻上的功率之和。

11. 电阻的串联和并联相结合的连接方式，称为电阻的串、并联或混联。（√）

12. 混联电路电阻经简化计算，可用一个等效电阻来代替。（√）

13. 利用二极管组成的整流电路可以将直流电变换成脉动的交流电。（×）

正确答案：利用二极管组成的整流电路可以将交流电变换成脉动的直流电。

14. 处于断路状态的负载不能正常工作。（√）

15. 电路短路后不会烧坏电路元件或设备。（×）

正确答案：电路短路后会烧坏电路元件或设备。

16. 叠加定理能用来计算线性电路中的电流和电压，又能计算非线性电路的电压和电流。（×）

正确答案：叠加定理能用来计算线性电路中的电流和电压，对非线性电路叠加定理不适用。

17. 由于功率不是电压、电路的一次函数，所以不能用叠加定理来计算功率。（√）

18. 替代原理可应用于线性电路，不可应用于非线性电路。（×）

正确答案：替代原理即可应用于线性电路，又可应用于非线性电路。

19. 应用替代原理替代后，电路中全部电压和电流均将保持原值不变。（√）

20. 任意时刻，对称三相正弦量中三个正弦量的瞬时值之和等于零。（√）

21. 任何瞬间，对称三相电动势相加都等于零。（√）

22. 对称三相负载，无论何种接法，求总功率的公式都是 $P=\sqrt{3}UI\cos\phi$。（√）

23. 电阻相同的三相负载接在同一三相电源上，无论负载接成星形还是三角形，接受的有功功率是相等的。（×）

正确答案：电阻相同的三相负载接在同一三相电源上，三角形接法接受的有功功率是星形接法接受的有功功率的 3 倍。

24. 一般变压器的绝缘材料多用布类。（×）

正确答案：一般变压器的绝缘材料多用纸类。

25. 绝缘材料的电导率随环境温度的升高而减小。（×）

正确答案：绝缘材料的电导率随环境温度的升高而增大。

26. 磁性材料按其特性和应用，分为软磁材料和硬磁材料两大类。（×）

正确答案：磁性材料按其特性和应用，分为软磁材料和永磁材料两大类。

27. 磁材料是易于磁化和去磁的一类磁性材料。（×）

正确答案：软磁材料是易于磁化和去磁的一类磁性材料。

28. 零件图上不必注出生产过程的技术要求。（×）

正确答案：零件图上要注出生产过程的技术要求。

29. 零件的测绘是依据实际零件画出图形，测量出尺寸和制定出技术要求。（√）

30. 绘制齿轮、齿条啮合图时，齿轮节圆和齿条节线应平行。（×）

正确答案：绘制齿轮、齿条啮合图时，齿轮节圆和齿条节线应相交。

31. 在平行于齿轮轴线的投影面的视图上，齿轮一般画成剖视，而轮齿规定不剖。（√）

32. 在平行于螺旋弹簧轴线的投影面的视图中，各圈的外轮廓线应画成直线。（√）

33. 在装配图中，型材直径或厚度在图形上等于或小于 2mm 的螺旋弹簧，允许用示意图绘制。 （×）

正确答案： 在装配图中，型材直径或厚度在图形上等于或小于 1mm 的螺旋弹簧，允许用示意图绘制。

34. 对某些作直线运动的零件，可用其两个尺寸表示运动的极限位置。 （√）

35. 在装配图中，零件的较小工艺结构如圆角、倒角、退刀槽等必须画出。 （×）

正确答案： 在装配图中，零件的较小工艺结构如圆角、倒角、退刀槽等不必画出。

36. 读装配图首先看该机器或部件的用途、工作原理、传动路线以及使用上的特点。 （√）

37. 在装配图中的必要尺寸是指表示机器或部件的规格以及装配、检验、安装时所需要的一些尺寸。 （√）

38. 轴测图能如实地反映物体的全部形状。 （×）

正确答案： 轴测图不能如实地反映物体的全部形状。

39. 一个物体只能画出一个轴测图。 （×）

正确答案： 一个物体可以画出无数不同的轴测图。

40. 空间的直线互相平行，画在正等测图上不平行。 （×）

正确答案： 空间的直线互相平行，画在正等测图上仍然平行。

41. 物体上的直线画在斜等测图上仍为直线。 （√）

42. 用图解法绘制表面展开图，精确度高于计算法，在多数情况下，展开过程较为简便，故在生产中广泛应用。 （×）

正确答案： 用图解法绘制表面展开图，精确度低于计算法，在多数情况下，展开过程较为简便，故在生产中广泛应用。

43. 对于计算法，多用于不便使用图解法的小型钣金件的展开。 （×）

正确答案： 对于计算法，多用于不便使用图解法的大型钣金件的展开。

44. 作斜棱柱的棱面展开图，最常用的作法是滚转法。它的作图原理就是绕任一点的旋转法。 （×）

正确答案： 作斜棱柱的棱面展开图，最常用的作法是滚转法。它的作图原理就是绕平行线的旋转法。

45. 球面的展开图形是一个圆。 （×）

正确答案： 球面是不可以展开的。

46. 毛细管现象是由于表面张力的作用，使液体能沿着很细的管道自动上升(或下降)的一种现象。 （√）

47. 表示流体黏滞性大小的物理量叫流体的黏滞系数或称为密度。 （×）

正确答案： 表示流体黏滞性大小的物理量叫液体的黏滞系数或称为黏度。

48. 气体为可压缩流体，发电厂常用的是水蒸气、空气、氢气等。 （√）

49. 流体的密度和重度与流体种类有关，与流体的温度压力无关。 （×）

正确答案： 流体的密度和重度与流体种类有关，还与流体的温度、压力有关。

50. 流体静压力的方向和作用面垂直，并指向作用面。 （√）

51. 单位面积上的压力称为压强。 （√）

52. 用体积表示的流量称为重度流量。 （×）

正确答案： 用体积表示的流量称为容积流量。

53. 过流断面上各点流速就是平均流速。 (×)

正确答案：过流断面上各点流速的平均值就是平均流速。

54. 缓变流的过流断面是与液流轴线相平行的平面。 (×)

正确答案：缓变流的过流断面是与液流轴线相垂直的平面。

55. 水在等直径管段中流动时，其流线为曲线。 (×)

正确答案：水在等直径管段中流动时，其流线为直线。

56. 流速只有大小没有方向。 (×)

正确答案：流速既有大小又有方向。

57. 公式$\rho=m/V$，计算的是流体的平均密度。 (√)

58. 流体的比容与密度是相等的。 (×)

正确答案：流体的比容与密度的关系是互为倒数的关系。

59. 流体的重度与重力加速度有关。 (√)

60. 流体的重度与所处位置的变化无关。 (×)

正确答案：流体的重度随所处位置的变化而变化。

61. 齿轮副的接触斑点的分布应趋近齿面中部，齿顶和两端部棱边处不允许接触，否则将影响齿轮传动精度。 (√)

62. 齿轮传动装配进行跑合，可提高接触精度使噪声减小。 (√)

63. 蜗杆传动机构装配时，不必保证蜗杆轴心线与蜗轮轴心线互相垂直。 (×)

正确答案：蜗杆传动机构装配时，必须保证蜗杆轴心线与蜗轮轴心线互相垂直。

64. 蜗杆传动机构的装配顺序，按其结构特点的不同有的应先装蜗轮，后装蜗杆，有的则相反。 (√)

65. 在蜗杆分度圆上的螺旋线降角称为蜗杆的导程角。 (×)

正确答案：在蜗杆分度圆上的螺旋线升角称为蜗杆的导程角。

66. 蜗杆传动中功率损失小，传动效率高，故蜗杆传动用于功率不大且不连续工作的场合。 (×)

正确答案：蜗杆传动中功率损失大，传动效率低，故蜗杆传动用于功率不大且不连续工作的场合。

67. 轴承是支承轴的零件。 (√)

68. 轴承密封的作用是防止杂质进入，润滑油变质，损坏轴承。 (√)

69. 朗肯循环是对卡诺循环在某些热力过程的改进，因而在实际中易于实现，但其效率在理论上比卡诺循环要低。 (×)

正确答案：由于增加了过热器，提高了平均吸热温度，由循环热效率公式：$\eta_t=1-T_2/T_1$，可知朗肯循环有较高热效率。

70. 在朗肯循环中，排汽在凝汽器中为定温定压放热凝结过程。 (√)

71. 功的公式为$W=FS\cos\theta$。 (√)

72. 一物体受力作用，发生位移则做了功。 (×)

正确答案：一物体受力作用，在力的方向上发生了位移则做了功。

73. PDCA 循环是全面质量管理的科学方法，可用于企业各个方面、各个环节的质量管理活动。 (√)

74. 追求产品质量与产品寿命周期内支付的总费用之间的最佳结合，体现了全面质量管

理的经济性特点。（√）

75. 在 ISO 9000 标准中，质量仅指产品质量。（√）

76. 全面质量管理的 C 阶段为检查效果、发现问题阶段。（√）

77. ISO 9004：2000 标准是“指南”，可供组织作为内部审核的依据，也可用于认证合同目的。（×）

正确答案：ISO 9001：2000 标准是“指南”，可供组织作为内部审核的依据，也可用于认证合同目的。

78. ISO 9000 族标准质量管理八项原则是一个组织在质量管理方面的总体原则。（√）

79. PDCA 循环是实施 ISO 9000 标准系统管理原则的方法。（×）

正确答案：PDCA 循环是实施 ISO 9000 标准持续改进原则的方法。

80. 企业质量体系认证依据的标准是产品标准。（×）

正确答案：企业质量体系认证依据的标准是质量管理标准。

81. 标准化品种控制是指为满足主要需要，对产品、过程或服务的质量做最佳选择。（×）

正确答案：标准化品种控制是指为满足主要需要，对产品、过程或服务的种类做最佳选择。

82. 生产制造过程的质量管理是全面质量管理的中心环节。（√）

83. 全面质量管理的 P 阶段为计划阶段。（√）

84. 对某项产品返工后仍需重新进行检查。（√）

85. 地球上除煤碳以外的一切能源都来自太阳。（×）

正确答案：地球上除核能以外的一切能源都来自太阳。

86. 锂基脂通用性强且使用寿命长，便于储存和应用。（√）

87. 每一台机组的发电能力的千瓦数称单机容量。（√）

88. 发电厂的装机容量就是机组容量。（×）

正确答案：发电厂的装机容量就是所有机组容量。

89. 火力发电厂的组成主要包括热力和电力两大部分。（√）

90. 火力发电厂的生产系统主要是由给水系统和蒸汽系统及电气系统三大系统组成。（×）

正确答案：火力发电厂的生产系统主要是由汽水系统、燃烧系统和电气系统三大系统组成。

91. 发电厂的额定功率表示发电机的输出能力，单位为千瓦或兆瓦。（√）

92. 在冲动式汽轮机中，蒸汽的膨胀发生在喷嘴和动叶栅中。（×）

正确答案：在冲动式汽轮机中，蒸汽的膨胀只发生在喷嘴中，在动叶栅中蒸汽不继续膨胀。

93. 凝汽式汽轮机是指进入汽轮机的蒸汽在做功后部分排入凝汽器，凝结成水返回锅炉。（×）

正确答案：凝汽式汽轮机是指进入汽轮机的蒸汽在做功后全部排入凝汽器，凝结成水返回锅炉。

94. 电网的额定电压就是指电力线路的额定电流。（×）

正确答案：电网的额定电压就是指电力线路的额定电压。

95. 轴承润滑的目的在于降低磨擦阻力，减少磨损，同时还能起到冷却、防尘防锈、防腐蚀吸振等作用。（√）

96. 润滑材料只包括润滑油和润滑脂两类。（×）

正确答案： 润滑材料，包括润滑油和润滑脂两类，在某些场合下，也有使用固体或气体作润滑剂的。

97. 润滑油和润滑脂的区别在于，润滑脂是一种稠化了的润滑油。（√）

98. 10 号机油的“10 号”是指规定温度下的黏度。（√）

99. 二硫化钼锂基脂最高使用温度不超过 120℃。（×）

正确答案： 二硫化钼锂基脂最高使用温度不超过 145℃。

100. 当滚动轴承的工作温度大于 100℃以上时，应采取钙基脂润滑。（×）

正确答案： 当滚动轴承的工作温度大于 100℃以上时，应采取二硫化钼润滑脂润滑。

101. 滑动轴承通常低速运转用油杯润滑，高速运转用飞溅润滑。（×）

正确答案： 滑动轴承通常低速运转用油杯润滑，高速运转用压力润滑。

102. 用于重要的高速重载的机械中的滑动轴承润滑方法可采用飞溅润滑。（×）

正确答案： 用于重要的高速重载的机械中的滑动轴承润滑方法可采用压力润滑。

103. 滑动轴承的润滑油膜具有吸振能力。（√）

104. 滑动轴承润滑的目的是为了降低摩擦表面的摩擦系数，使转动的效率高，轴承的温度低，磨损小，寿命长。（√）

105. 缓冲锁气器可以使除尘风量减少到原来的 2/3。（×）

正确答案： 缓冲锁气器可以使除尘风量减少到原来的 1/3。

106. 缓冲锁气器可以使落煤管落料居中均匀，防止皮带跑偏撒煤。（√）

107. 皮带逆止器失灵的原因之一是带式逆止器皮带翻身。（√）

108. 皮带过长或过短会造成皮带逆止器失灵。（√）

109. 各种不同规格的车型和某些有特殊构造的专用车不可以在不停车的情况下用电子轨道衡连续地自动称量。（×）

正确答案： 各种不同规格的车型和某些有特殊构造的专用车均能在不停车的情况下用电子轨道衡连续地自动称量。

110. 电子轨道衡装有微处理机，能将称重数据自动进行处理。（√）

111. 落煤管的外形尺寸和角度，应有利于各种煤的顺利通过。（√）

112. 当落煤管发生堵煤时，振打器振动 10s，若消除不成功不可继续振打。（×）

正确答案： 当落煤管发生堵煤时，振打器振动 10s，若消除不成功可继续振打直到疏通为止。

113. 当电厂来煤是经过筛选、颗粒均匀时，储煤罐的效果比较好。（√）

114. 储煤罐的卸料过程以分块流动方式最好。（×）

正确答案： 储煤罐的卸料过程以整体流动方式最好。

115. 桥式抓斗起重机启动前应检查各油嘴、油管、油路是否畅通。（√）

116. 桥式抓斗起重机启动前应检查抓斗的灵活性，两刀口的错位和间隙不大于 30mm。（×）

正确答案： 桥式抓斗起重机启动前应检查抓斗的灵活性，两刀口的错位和间隙不大于 3mm。

117. 开动桥式抓斗起重机升降卷筒以上升方向旋转，使钢丝绳保持在能将斗口逐渐合拢，完成抓斗闭合。（√）

118. 桥式抓斗起重机下降时，使开闭卷筒和升降卷筒同时以下降方向旋转，直到斗部插进被抓取的物料中为止。（√）

119. 桥式抓斗起重机主梁与端梁呈钢性联接，两端梁中部均用螺栓固定。（√）

120. 桥式抓斗起重机操纵室有开式和闭式两种形式。（√）

121. 桥式抓斗起重机大车运行机构采用独立驱动形式。（×）

正确答案： 桥式抓斗起重机大车运行机构采用分别驱动形式。

122. 桥式抓斗起重机小车运行机构是由电动机带动立式减速器。（√）

123. 齿轮传动式侧倾式翻车机采用绕线式电动机启动性能较好，过载能力较低。（×）

正确答案： 齿轮传动式侧倾式翻车机采用绕线式电动机启动性能较好，具有较高的过载能力。

124. 侧倾式翻车机卸车时车辆中心靠近回转中心，将物料倾翻到车的一侧。（×）

正确答案： 侧倾式翻车机卸车时车辆中心远离回转中心，将物料倾翻到车的一侧。

125. 贯通式翻车机适用于翻车机出口后场地较窄、距离较短的环境。（×）

正确答案： 贯通式翻车机适用于翻车机出口后场地较广、距离较长的环境。

126. 翻车机系统以翻车机本体为主机，配有重车调车机、空车调车机等设备。（√）

127. 链斗卸车机的综合出力一般为250~300t/h。（√）

128. 链斗卸车机卸煤过程是先启动翻斗的升降机构和旋转机构，再启动抛料皮带机。（×）

正确答案： 链斗卸车机卸煤过程是先启动抛料皮带机，再启动翻斗的升降机构和旋转机构。

129. 消防水泵启动时，主控制盘的启动开关应在开的位置。（√）

130. 消防水泵应先停止运行泵，一切正常后，再启动备用泵。（×）

正确答案： 消防水泵应先启动备用泵，一切正常后，再停止运行泵。

131. 排污泵运行应注意出水量是否充满，吸水管进口处有无堵塞。（√）

132. 停止排污泵运行时，先按停止按钮，然后再关闭出水闸门，水泵停转。（×）

正确答案： 停止排污泵运行时，先关闭出水闸门，然后再按停止按钮，水泵停转。

133. 立式泥浆泵可以通过螺母的松紧来调整叶轮与护板和叶轮槽下侧之间有一个适当的间隙。（√）

134. 立式泥浆泵泵轴在电动机驱动下带动叶轮旋转，叶轮的旋转产生压力，在压力的作用下，甩向外围。（×）

正确答案： 立式泥浆泵泵轴在电动机驱动下带动叶轮旋转，叶轮的旋转产生离心力，在离心力的作用下，甩向外围。

135. 在立式泥浆泵运行中，如发现停止排水，可继续水冲洗工作。（×）

正确答案： 在立式泥浆泵运行中，如发现停止排水，应立即停止水冲洗工作。

136. 呼吸阀的主要作用是用来调节罐内外压力的。（√）

137. 呼吸阀能够调节油罐的温度。（×）

正确答案： 呼吸阀能够调节油罐的内外压力。

138. 油罐的阻火器是为了防止油罐的压力过高。（×）

正确答案： 油罐的阻火器是为了防止火焰进入油罐。

139. 阻火器是为了加快散热，防止火焰进入油罐。（√）

140. 油罐的泡沫室必须每月检查一次，保证完好。（√）

141. 3000m^{3}以下的油罐应设2个以上的人孔，方便检修。 (×)

正确答案：3000m^{3}以下的油罐应设1个以上的人孔，方便检修。

142. 从卸油站到油库油罐的管理称卸油系统。 (√)

143. 在卸油系统中不用安装滤油器。 (×)

正确答案：在卸油系统中必须安装滤油器。

144. 供油泵是供油系统的主要设备。 (√)

145. 供油系统设备不包括加热器。 (×)

正确答案：供油系统设备包括加热器。

146. 供油系统是指燃油从油罐经过过滤，升压加热后送至锅炉并经油枪雾化进入锅炉燃烧的油管路及设备组成的系统。 (√)

147. 加热燃油的蒸汽一般不要超过250℃。 (√)

148. 油泵房必须保证良好的密封，防止油气外泄。 (×)

正确答案：油泵房必须保证良好的通风，及时排出可燃气体。

149. 供油系统投入前消防系统必须完好。 (√)

150. 供油系统投入前可以不用蒸汽，投入后再投入蒸汽加热。 (×)

正确答案：油系统投入前必须投用蒸汽。

151. 供油电动机的轴承温度不超过75℃。 (√)

152. 供油电动机可以连续起动，以适应锅炉用油需要。 (×)

正确答案：供油电动机不允许连续起动。

153. 连接油枪的金属软管弯曲半径一般大于外径的10倍。 (√)

154. 炉前燃油管道和蒸汽管道布置较近，可以防止发生火灾。 (×)

正确答案：炉前燃油管道和蒸汽管道布置较远，可以防止发生火灾。

155. 冬季上油前必须对油管进行脱水。 (×)

正确答案：冬季上油前必须对油管进行冲洗。

156. 油区必须保证锅炉的启、停用油。 (√)

157. 污油回收后，不用冲洗管路。 (×)

正确答案：污油回收后，必须冲洗管路。

158. 泵前滤油器的工作压力差为2.0MPa。 (×)

正确答案：泵前滤油器的工作压力小于0.02MPa。

159. 油罐内加热器必须在燃油的液面比罐内加热器高50cm时，才能进行。 (√)

160. 锅炉全部停运时，油泵房不可以中断供油。 (×)

正确答案：锅炉全部停运时，油泵房可以中断供油。

161. 燃油系统必须保证消防通道畅通，消防系统试验合格后方可受油。 (√)

162. 卸油时必须有良好的接地防止静电产生火花。 (√)

163. 卸油时应用有铁丝的胶管吸油。 (×)

正确答案：卸油时不能使用有铁丝的胶管吸油。

164. 锅炉房燃油系统的作用是保证锅炉用油的需要。 (√)

165. 锅炉房燃油系统的主要作用是保证燃油能循环。 (×)

正确答案：锅炉房燃油系统主要作用是保证为锅炉送油。

166. 齿轮泵启动前出入口门必须全开，防止憋压。 (√)

167. 污油回收应将油回收到运行罐直接使用。 （×）

正确答案： 污油回收应将油回收到备用油罐。

168. 阀盖、阀体是阀门的主要承压部件。 （✓）

169. 阀门的主要承压部位是衬垫。 （×）

正确答案： 阀门的主要承压部位是阀体。

170. 压力低于 6.4MPa 的阀门为低压阀门。 （×）

正确答案： 压力低于 6.4MPa 的阀门为中压阀门。

171. 阀门的阀杆弯曲对阀门使用没有影响。 （×）

正确答案： 阀门的阀杆弯曲对阀门使用有影响，必须检修或更换。

172. 阀门的螺栓与螺母的螺纹必须完好配合得当。 （✓）

173. 程序控制方式下碎煤机可以最后启动，最先停止。 （×）

正确答案： 程序控制方式下碎煤机可以最先启动，最后停止。

174. 某一设备发生故障停机时，则该设备以前的各设备按照联锁顺序自动停运。 （✓）

175. 程控值班员应根据输煤系统运行情况，合理地选择每一台需要运行的设备，并进行相应切换。 （✓）

176. 当程控系统无故障时应采用就地手动控制。 （×）

正确答案： 当程控系统无故障时应采用程序控制。

177. 输煤系统计算机程序控制方式并不是正常上煤和配煤工作的主要控制方式。 （×）

正确答案： 输煤系统计算机程序控制方式是正常上煤和配煤工作的主要控制方式。

178. 自动配煤的优先级顺序原则是强制配煤、低煤位优先配、高煤位顺序配和余煤配。 （✓）

179. 集控显示的事故信号不是现场设备发生故障时的报警信号。 （×）

正确答案： 集控显示的事故信号是现场设备发生故障时的报警信号。

180. PLC 依所选流程按逆煤流方向逐台延时启动各皮带。 （✓）

181. 在输煤程控系统的远程控制中，联锁停机能正常投入，打到机旁就地操作时，联锁停机也正常有效。 （×）

正确答案： 在输煤程控系统的远程控制中，联锁停机能正常投入，打到机旁就地操作时，联锁停机失效。

182. 集控值班员应检查室内所有设备、设施及卫生等情况，接班前 30min 向班长汇报。 （×）

正确答案： 集控值班员应检查室内所有设备、设施及卫生等情况，接班前 5min 向班长汇报。

183. 程序启动前检查 PLC 机上的指示灯是否亮，不亮应停止操作进行处理。 （✓）

184. 程序启动前应检查各参与运行设备是否都在备用状态。 （✓）

185. 事故联锁大多通过出口继电器触点来实现，但不可以通过可编程序控制器输出模块的逻辑触点进行联锁控制。 （×）

正确答案： 事故联锁大多通过出口继电器触点来实现，也可通过可编程序控制器输出模块的逻辑触点进行联锁控制。

186. 集中单独控制时，各设备间的事故联锁及保护均已投入。 （✓）

187. 工业电视系统不会自动弹出故障设备画面。 （×）

正确答案：工业电视系统会自动弹出故障设备画面。

188. 设备列表将所有的设备以视图的方式显示出来，方便在列表中分类操作设备。（×）

正确答案：设备列表将所有的设备以列表的方式显示出来，方便在列表中分类操作设备。

189. 微机程序控制对控制系统应配备尽量多的保护装置。（×）

正确答案：微机程序控制对控制系统应配备一定数量的保护装置。

190. 在采用自动配煤的控制方式中，锅炉的每一个原煤仓都可以假设为检修仓，以便停止配煤。（√）

191. 每个使用 TCP/IP 的连接都会启用“Microsoft 网络的文件和打印机共享”组件，并且使用它来共享本地文件夹。（√）

192. IE 浏览器和 Windows 的资源管理器一样，均可以查看和管理本机资源和网络资源。（×）

正确答案：使用 IE 浏览器可以查看基于超文本方式的 WEB 资源。

193. 碎煤机环锤更换装配前，将四排锤环一分为二，计算其总重量及色差。（×）

正确答案：碎煤机环锤更换装配前，将四排锤环一分为二，计算其总重量及差值。

194. 碎煤机更换新锤，必须拆下轴两端的侧板。（√）

195. 碎煤机轴承温度过高的处理方法是：调整导流板。（×）

正确答案：碎煤机轴承温度过高的处理方法是：调整装配紧力。

196. 碎煤机内产生连续撞击声的处理方法是：紧固两端的止退挡圈。（√）

197. 带式除铁器减速机温升高，应向减速机内加润滑油。（×）

正确答案：带式除铁器减速机温升高，应向减速机内加油。

198. 带式除铁器励磁给不上，应检修冷却风机。（√）

199. 叶轮给煤机电动机不动作，可以按热继电器复位按钮来解决。（×）

正确答案：叶轮给煤机行车不动作，可以按热继电器复位按钮来解决。

200. 叶轮给煤机行车不动作，修复回路接线可能解决。（√）

201. 推煤机气缸套高于机体平面尺寸很多时，应报废。（×）

正确答案：推煤机气缸套高于机体平面尺寸很多时，应修整。

202. 推煤机气缸套发生击穿现象时，应换新的气缸套。（√）

203. 改变物料的下落方向和位置，可以避免斗轮机输送带打滑。（×）

正确答案：改变物料的下落方向和位置，可以避免斗轮机输送带跑偏。

204. 调整驱动滚筒的位置可以防止斗轮机输送带跑偏。（√）

205. 物料从斗轮机输送带一边撒出，可以通过调整输送带的张紧度来解决。（×）

正确答案：物料从斗轮机输送带一边撒出，可以通过调整输送带的跑偏来解决。

206. 选用余度较大的输送带可以避免斗轮机撒料。（√）

207. 斗轮机的滚筒损坏，在轴承座处会发出咯咯响声。（×）

正确答案：斗轮机的轴承损坏，在轴承座处会发出咯咯响声。

208. 斗轮机因联轴器不同心发生噪声时，应及时对电动机、减速机的位置进行调整。（√）

209. 斗轮机电动机轴的材料采用 30 号钢，且直径较大，会避免断轴发生。（×）

正确答案：斗轮机电动机轴的材料采用 45 号钢，且直径较大，会避免断轴发生。

210. 增大斗轮机减速机轴肩处过渡圆角，可以使减速机不会在较短的时间内断轴。（√）

211. 加热器泄漏不严重时，可以加大流量继续运行。（√）

212. 加热器中油漏入蒸汽疏水中时，可以关小疏水门加热器继续运行。（×）

正确答案：加热器中油漏入蒸汽疏水中时，应该停止加热器运行。

213. 油系统在油循环试验时可以不用做事故按钮试验。（×）

正确答案：油系统在油循环试验时必须要做事故按钮试验。

214. 燃油系统在油循环试验前最好进行一次全系统水循环试验。（√）

215. 含油污水可以直接排入厂排水管网。（×）

正确答案：含油污水不可以直接排入厂排水管网。

216. 含油污水会严重污染环境，必须进行处理。（√）

217. 含油污水中的石油乳化物是乳化程度很高的"油包水"型乳化物。（×）

正确答案：含油污水中的石油乳化物是乳化程度很低的"油包水"型乳化物。

218. 污水中石油乳化物乳化速度很慢，沉降方法不能将其除去。（√）

219. 进行污水处理时，不同的污水可采用相同的混凝剂。（×）

正确答案：进行污水处理时，不同的污水不可以采用相同的混凝剂。

220. 含油污水的水质和温度影响除油效果。（√）

221. 污水浮选除油的效果决定于气泡的分散度，与别的因素无关。（×）

正确答案：污水浮选除油的效果决定于气泡的分散度，与空气压力也有关。

222. 含油污水中含有一定量的表面活性物质，可以降低污水的表面张力。（√）

223. 供油泵的最小允许流量应大于再循环流量，可防止发生气化，振动等事故。（√）

224. 为防止供油泵出口油倒流，泵出口应安装截止阀。（×）

正确答案：为防止供油泵出口油倒流，泵出口应安装逆止阀。

225. 在运行中应该采取最少台数的满载泵，以提高效率。（√）

226. 为提高油泵效率，应关小出口阀门，以提高出口压力。（×）

正确答案：为提高油泵效率，应开大出口阀门，以提高出口压力。

227. 集控室操作台上不设控制按钮和转换开关，只保留急停按钮。（√）

228. 输煤系统采用程序控制，无法保证设备运行的可靠性。（×）

正确答案：输煤系统采用程序控制，可以提高设备运行的可靠性。

229. 杀毒软件不必及时进行更新就能对新出现的病毒进行防治。（×）

正确答案：杀毒软件必须及时进行更新才能对新出现的病毒进行防治。

230. 使用反病毒软件与手工处理一样，容易在清除病毒时破坏系统中的正常数据。（×）

正确答案：使用反病毒软件与手工处理不同，在清除病毒时轻易不会破坏系统中的正常数据。

231. 计算机病毒不具有自我繁殖的能力。（×）

正确答案：计算机病毒具有自我繁殖的能力。

232. 由于病毒的隐蔽性和多样化，使得对其产生和发展趋势很难进行预测和估计。（√）

233. 计算机病毒的产生是计算机犯罪的一种表现形式。（√）

234. 计算机病毒不会感染和破坏计算机的只读存储器。（×）

正确答案：计算机病毒会感染和破坏计算机的只读存储器。

235. 光盘介质也可以传播计算机病毒。（√）

236. 计算机病毒不可能从网络进行传播。（×）

正确答案：计算机病毒能从网络进行传播。

237. 电子皮带秤使用中要防止物料回滚，避免皮带打滑。（√）

238. 要定期对电子皮带秤进行加油润滑。（√）

239. 电子皮带秤的计量误差应小于±3。（×）

正确答案：电子皮带秤的计量误差应小于±0.5%。

240. 电子皮带秤每月应用料斗秤实煤校验2~4次。（√）

241. 原煤水分低于4%时粉尘较大，不好控制，需要从煤源点开始进行喷水和加湿控制。（×）

正确答案：原煤水分低于4%时粉尘较大，不好控制，需要从原煤仓开始进行喷水和加湿控制。

242. 储煤罐用于混煤，则可以随意开启给煤机。（×）

正确答案：储煤罐用于混煤，则应按不同煤种混合的比例开启相应的给煤机。

243. 来煤的粒度、水分是否符合标准，是储煤罐正常运行的重要条件。（√）

244. 翻车机迁车台的钢丝绳使用一段时间后需调整张力，使之满足运行要求。（×）

正确答案：翻车机迁车台的钢丝绳使用一段时间后需调整长度，使之满足运行要求。

245. 翻车机迁车台的定位器是靠过流定位，。（√）

246. 轨道衡的模-数转换器在使用前要提前接通电源，以保证在测量前有足够的反应时间。（×）

正确答案：轨道衡的模-数转换器在使用前要提前接通电源，以保证在测量前有足够的预热时间。

247. 轨道衡称量时，列车应按规定速度匀速地通过台面。（√）

248. 桥式抓斗起重机润滑时不必断电。（×）

正确答案：桥式抓斗起重机润滑时应停电作业。

249. 桥式抓斗起重机在潮湿的场合可以选用钠基润滑脂。（×）

正确答案：桥式抓斗起重机在潮湿的场合不宜选用钠基润滑脂。

250. 对油罐的放水阀、量油孔等应经常进行检查，以保证油罐的安全运行。（√）

251. 油罐的呼吸阀每年检查一次即可。（×）

正确答案：油罐的呼吸阀每月要进行一次检查。

252. 浮顶油罐使用管式密封时，由于密封管内的液体可以流动，故吊带与罐壁之间没有较大磨擦。（√）

253. 带二次密封的油罐密封的密封效果较好，但寿命较短。（×）

正确答案：带二次密封的油罐密封的密封效果较好，并且寿命较长。

254. 设备冲洗后残油可以随意排放。（×）

正确答案：设备冲洗后残油不允许随意排放。

255. 准备冲洗的供油泵必须与系统解列。（√）

256. 蒸汽进入油系统对供油没有影响。（×）

正确答案：蒸汽进入油系统对供油有影响。

257. 冲洗加热器的压力必须在0.5MPa以上，蒸汽投入后要加强监视。（√）

258. 冲洗加热器时，加热器的排空门，要打开，以便监视加热器是否漏油。（×）

正确答案：冲洗加热器时，加热器的排空门要关闭。

259. 滤油器冲洗前，必须检查与滤油器相连的管路和阀门在关闭状态。 （✓）
260. 冲洗滤油器时，应打开压力表门、监视蒸汽压力。 （×）
正确答案：冲洗滤油器时，应关闭压力表门。
261. 处理后的含油污水对杂质没有要求，对含油量有要求。 （×）
正确答案：处理后的含油污水对杂质有要求，对含油量也有要求。
262. 处理后含油污水的水质合格方能排放。 （✓）
263. 污油处理要根据污水含油量选择药剂。 （×）
正确答案：污油处理要根据污水水质选择药剂。
264. 处理含油污水时不需要使用防垢剂。 （✓）
265. 为防止泵入口前温度过高使油泵汽化，加热器一般都是设在油泵出口后。 （✓）
266. 燃油加热温度越高越好。 （×）
正确答案：燃油加热温度不能过高。
267. 油泵的暖泵温度不应低于40℃。 （✓）
268. 暖泵操作前要将油压调低。 （×）
正确答案：暖泵操作前要将油压调高。

单选题

1. 将电路中两个或两个以上的电阻首尾互相连接起来，使电流只有一条通路称为(B)。
A. 并联　B. 串联　C. 混联　D. 单联
2. 串联电路总电压(C)各电阻上的分电压之和。
A. 大于　B. 小于　C. 等于　D. 大于或等于
3. 两个电阻并联时，其等值电阻为(A)。
A. $R_1 \times R_2/(R_1+R_2)$　B. $R_1 \times R_2/(R_1-R_2)$
C. $R_1+R_2/R_1 \times R_2$　D. $R_1 \times R_2$
4. 若有 R_1、R_2两个电阻并联，其等值电阻为 R，则 R_1、R_2与 R 的关系为(D)。
A. $R=R_1>R_2$　B. $R=R_2>R_1$
C. $R_2=R_1>R$　D. $R_2=R_1=2R$
5. 如图所示，现有三个阻值均为 R 的混联电阻，总电阻为(B)。
A. $R/2$　B. $3R/2$　C. $R/3$　D. $2R/3$
6. 在混联电阻中，电源电压为10V，流过4Ω电阻的电流为1A，则流过5Ω电阻的电流为(C)A。
A. 1　B. 3　C. 2　D. 4
7. 有一直流发电机，端电压为220V，内阻为0.2Ω，当发出电流为5A时，其电动势为(C)V。
A. 220　B. 225　C. 221　D. 230
8. 一段导线电阻为 R，现将导线平均分成两段，将其中一段均匀拉长为原长度后再与另一段导线并联，则总电阻为(C)。
A. $3R$　B. $2R/3$　C. $2R/5$　D. $3R/2$
9. 三个电阻值为 R_1、R_2、R_3的电阻串联后总电阻 $R=$(A)。
A. $R_1+R_2+R_3$　B. $1/R_1+1/R_2+1/R_3$
C. $1/(R_1+R_2+R_3)$　D. $R_1+1/(R_2+R_3)$

10. 电阻串联电路中，各电阻在电路中(A)相同。

A. 电流　B. 电压　C. 功率　D. 电能

11. 两个以上电阻首端与首端相连，尾端与尾端相连称为电阻的(A)。

A. 并联　B. 连接　C. 串联　D. 混联

12. 两组串联电路并联在一起，$R=2\Omega$，$r=6\Omega$，A、B 两点间的等效电阻为(A)Ω。

A. 1.5　B. 3　C. 12　D. 6

13. 发电设备将其他形式的能转换成电能，电路系统中向用电设备提供能量的是(D)。

A. 控制电路　B. 导线　C. 负载　D. 电源

14. 用电设备是将电能转换成其他形式的能，在电路中主要消耗能量即将电能转换成其他形式的能的设备是(C)。

A. 控制电器　B. 导线　C. 负载　D. 电源

15. 当电路中电源开关被拉开或保险丝熔断或导线断开时叫(C)。

A. 电路　B. 通路状态　C. 开路状态　D. 短路状态

16. 电路里任何地方不同电位的两点，由于某种原因未经负载而直接被连接一起时称(D)。

A. 电路　B. 电路通路　C. 电路断路　D. 电路短路

17. 电路中电源开关接通，电路产生电流，负载正常工作时，此电路称为(C)。

A. 电路　B. 短路状态　C. 通路状态　D. 开路状态

18. 应用叠加定理时，所谓电压源不起作用是因为(D)。

A. 电压源开路　B. 去掉电压源　C. 电压源　D. 电压源短路

19. 某电路应用叠加定理计算出电源输出功率分别为 5kW 和 10kW，则电源输出总功率为(D)。

A. 15kW　B. 5kW　C. 10kW　D. 具体电路具体分析

20. 三个并联的电阻，利用替代原理，对该支路电压可用独立电压源替代，$U_1=20\text{V}$，$U_2=4\text{V}$，则 $U_3=$(D)V。

A. 4　B. 6　C. 7　D. 8

21. 三个并联的电阻，利用替代原理，对该支路电压可用独立电流源替代，$U_1=20\text{V}$，$U_2=4\text{V}$，则 $i_3=$(A)A。

A. 1　B. 2　C. 3　D. 4

22. 能产生幅值相等、频率相同、相位互差(D)的电动势，称为三相发电机。

A. 240　B. 180　C. 60　D. 120

23. 三相电动势达到最大值的次序，称为(A)。

A. 相序　B. 相差　C. 顺序　D. 次序

24. 三相对称电源发出的功率为 $P=\sqrt{3}\,UI\cos\phi$，其中 U、I 为线电压和线电流，ϕ 为(D)。

A. 线电压和线电流相位差　B. 线电压和相电流的相位差

C. 线电流和相电压的相位差　D. 相电压和相电流的相位差

25. 三相发电机、三相电动机的铭牌上标明的有功功率都是指(D)。

A. 三相中任意以相的有功功率　B. 三相平均有功功率

C. 最大有功功率　D. 三相总有功功率

26. 绝缘材料受潮后，绝缘电阻会显著(D)。

A. 上升　B. 上下浮动　C. 不变　D. 下降

27. 绝缘油中用量最大、用途最广的是(C)。

A. 植物油　B. 合成油　C. 矿物油　D. 动物油

28. 电工硅钢片属于(A)。

A. 软磁材料　B. 硬磁材料　C. 钢材料　D. 永磁材料

29. 机件上与视图呈(C)的平面(或直线)，在该视图面上的视图积聚成一条直线(或一个点)。

A. 平行　B. 倾斜　C. 垂直　D. 平行或垂直

30. 机械制图中，齿轮的分度圆用(D)画出。

A. 粗实线　B. 波浪线　C. 细实线　D. 细点划线

31. 斜齿或人字齿，制图时视图中用三条(C)表示轮齿的方向。

A. 粗实线　B. 细点划线　C. 细实线　D. 波浪线

32. 对于两端并紧、磨平的压缩弹簧，不论支承圈数多少和末端贴紧情况如何，都可按有效圈是整数，支承圈数为(A)圈的形式表达。

A. 2.5　B. 3　C. 1.5　D. 2

33. 在装配图中，若需要特别表明零件的某些(A)，如凹槽、键槽、销孔等，可采用局部剖视图。

A. 结构　B. 形状　C. 特点　D. 精度

34. 在装配图中，相邻零件的接触面和相配合表面用(D)来表示两面相接触。

A. 不画线　B. 符号标注　C. 两条线　D. 一条线

35. 装配图的读法，首先是看(C)并了解部件的名称。

A. 明细表　B. 零件图　C. 标题栏　D. 技术文件

36. 读装配图时，要分清接触面与非接触面，非接触面用(D)条线表示。

A. 1　B. 4　C. 3　D. 2

37. 根据(D)投影原理绘制的管线立体图，称轴测图。

A. 正　B. 侧　C. 部分　D. 轴测

38. 物体上的直线在轴测图中(C)。

A. 形成平面　B. 变成曲线　C. 仍为直线　D. 缩为线段

39. 轴测图根据(D)与投影面的不同位置可分为两大类。

A. 投影方向　B. 投影高度　C. 投影角度　D. 投射线

40. 将立体表面展开后所得的图形，称为立体的(A)。

A. 表面展开图　B. 式样图　C. 表面图　D. 实样展开图

41. 所谓立体表面展开的问题，实质上是求出立体表面的(D)。

A. 面积　B. 体积　C. 投影　D. 实形

42. 直棱柱的各个棱面都是长方形，所以只要知道它的高度和(D)，就能作出它的展开图。

A. 任二棱面的夹角　B. 任二棱面的实形

C. 任一棱面的实形　D. 底面的实形

43. 柱面展开的一般方法是先做一个内接的相应的(A)，然后展开。

A. 棱柱　B. 三角　C. 圆　D. 棱面

44. 流体与固体的区别是固体分子间距离比流体分子间距离小得多，分子间的内聚力也比流体分子间的内聚力大得多，因此，固体具有固体体积，流体(D)，具有流动性。

A. 有一定形状　B. 形状特别　C. 固定形状　D. 没有一定形状

45. 当温度不变时，液体随压强的增加而体积减小的性质，称为液体的(D)性。

A. 膨胀　B. 黏滞　C. 流动　D. 压缩

46. 当压强不变时，液体随温度升高，而体积增大的性质，称为液体的(D)性。

A. 压缩　B. 黏滞　C. 流动　D. 膨胀

47. 流体的特性是具有(D)。

A. 固态性　B. 稳定性　C. 气态性　D. 流动性

48. 在静止液体中，位于同深度的各点的静压力(D)。

A. 不等　B. 四周大　C. 中间大　D. 相等

49. 膨胀系数表示(A)不变时，单位温度变化所引起的液体体积的相对变化量。

A. 压力　B. 流量　C. 密度　D. 重度

50. 流体的压缩性的大小用(A)系数来表示。

A. 弹性　B. 膨胀　C. 温度　D. 压力

51. 液流中与所有流线相垂直的截面称为(A)。

A. 过流断面　B. 湿周　C. 水力半径　D. 液压面

52. 过流断面的面积与断面湿周的比值叫(D)。

A. 湿周　B. 水力周长　C. 过流断面周长　D. 水力半径

53. 流线的速度向量不随时间而变的稳定流叫(A)流。

A. 均匀　B. 缓变　C. 紊　D. 层

54. 单位时间内流体所走过的路程叫做(C)。

A. 体积流量　B. 质量流量　C. 流速　D. 平均流速

55. 在流体力学中，液体的密度用(A)表示。

A. ρ　B. m　C. n　D. f

56. 单位体积的液体所具有的质量，称为流体的(C)。

A. 相对密度　B. 比热容　C. 密度　D. 质量

57. 转速高的大齿轮装在轴上后应作(B)检查，以免工作时产生过大振动。

A. 精度　B. 平衡　C. 齿面接触　D. 两齿轮配合精度

58. 在接触区域内通过脉冲放电，把齿面凸起的部分先去掉，使接触面逐渐扩大的方法叫(B)。

A. 加载跑合　B. 电火花跑合　C. 研磨　D. 刮削

59. 普通圆柱蜗杆传动的精度等级有(C)个。

A. 18　B. 15　C. 12　D. 10

60. 蜗杆传动齿侧间隙的检查，对于要求较高的用(C)方法测量。

A. 塞尺　B. 压铅　C. 百分表　D. 游标卡尺

61. 蜗杆传动(B)较大。

A. 噪声　B. 承载能力　C. 温度　D. 压力

62. 轴承的作用是(A)。

A. 减少摩擦，提高机械效率　　B. 减小阻力，使设备转速提高

C. 增大阻力，使机械转速降低　　D. 增大摩擦，降低机械效率

63. 采用朗肯循环时，(D)是从热源吸热的。

A. 绝热膨胀　　B. 等温压缩　　C. 绝热压缩　　D. 等温膨胀

64. 在朗肯循环中，进行绝热膨胀的设备是(B)。

A. 给水泵　　B. 汽轮机　　C. 凝汽器　　D. 锅炉

65. 在朗肯循环过程中，完成定压吸热的设备是(D)。

A. 给水泵　　B. 汽轮机　　C. 凝汽器　　D. 锅炉

66. 功的单位是(C)。

A. 牛顿　　B. 瓦特　　C. 焦耳　　D. 帕斯卡

67. 以一定的初速度竖直向上抛出一个小球，小球上升的最大高度为 h，空气阻力的大小为 f，则从抛出再回到原出发点的过程中，空气阻力对小球做的功为(C)。

A. 0　　B. $-fh$　　C. $-2fh$　　D. $-4fh$

68. 在下列关于 PDCA 动态循环标准的论述中，正确的是(A)。

A. 2000 年版质量管理标准采用了 PDCA 的动态循环标准

B. PDCA 的动态循环只能用于单个过程

C. PDCA 的动态循环只能用于整个网络集成管理

D. PDCA 中的 A 指的是“检查”

69. 下列各项中属于产品固有特性的是(B)。

A. 价格　　B. 噪声　　C. 保修期　　D. 礼貌

70. 质量是一组(D)满足要求的程度。

A. 特性　　B. 固有特性　　C. 赋予特性　　D. 内在和外在特性

71. 可以用于审核和第三方认证的标准是(B)。

A. ISO 9000：2000《质量管理体系基础和术语》

B. ISO 9001：2000《质量管理体系要求》

C. ISO 9004：2000《质量管理体系业绩改进指南》

D. ISO 10012：2000《测量控制系统》

72. ISO 9001 和 ISO 9004 的区别在于(D)。

A. 采用以过程为基础的质量管理体系模式

B. 建立在质量管理八项原则的基础之上

C. 强调与其他管理标准的相容性

D. 用于审核和认证

73. “利用员工的知识和经验，通过培训使得他们能够参与决策和对过程的改进，让员工以实现组织的目标为己任”是 ISO 9000 标准(A)原则在质量管理中的应用。

A. 全员参与　　B. 过程方法　　C. 持续改进　　D. 系统管理

74. 产品质量认证活动是(D)开展的活动。

A. 生产方　　B. 购买方

C. 生产和购买方　　D. 独立与生产方和购买方之外的第三方机构

75. 我国《标准化法》、《产品质量认证条例》规定，对有国家标准、(A)的产品，企业可以申请产品质量认证。

A. 行业标准 B. 地方标准 C. 企业标准 D. 地企双方标准

76. 标准化的重要意义是改进产品、过程或服务的(C)，防止贸易壁垒，并促进技术合作。

A. 品质 B. 性能 C. 适用性 D. 功能性

77. 全面质量管理与传统质量管理截然不同，它要求产品的质量必须符合(C)要求，这体现出全面质量管理的适用性特点。

A. 技术标准 B. 规范 C. 用户 D. 企业预定的技术

78. 全面质量管理强调以(B)质量为重点的观点。

A. 产品 B. 工作 C. 服务 D. 工程

79. 产品的不良项分为A、B、C、D四级，B级不良项是指产品的(D)不良项。

A. 轻微 B. 一般 C. 致命 D. 严重

80. 不合格品控制的目的是(D)。

A. 让顾客满意 B. 减少质量损失

C. 提高产品质量 D. 防止不合格品的非预期使用

81. 流化床的燃烧技术就是在流化燃烧的同时完成脱(B)的过程。

A. P B. S C. Mn D. Ca

82. 可再生能源不包括(B)。

A. 风能 B. 核能 C. 太阳能 D. 水能

83. 利用煤、(A)和天然气等作为燃料的发电厂称为火电厂。

A. 石油 B. 潮汐 C. 风力 D. 太阳能

84. 核电厂是利用(A)内的变化所释放的核能转变成电能的场所。

A. 原子能 B. 分子 C. 离子 D. 质子

85. 锅炉的容量是指锅炉每小时生产(A)的数量。

A. 蒸汽 B. 热能 C. 电能 D. 机械能

86. 发电厂的装机容量是指(C)发电量。

A. 单机每小时 B. 单机24h

C. 所有机组每小时 D. 所有机组24h

87. 在易污染的环境中，对低速或中速轴承，要把轴承和盖内全部空间填满(D)。

A. 添加剂 B. 稠化剂 C. 润滑油 D. 润滑脂

88. 某电厂有8台蒸气参数为3.43MPa，433℃的汽轮发电机组。该厂属于(B)。

A. 高温高压电厂 B. 中温中压电厂

C. 超高压电厂 D. 低温低压电厂

89. 目前凝汽式机组发电厂热效率一般为(B)。

A. 25%～30% B. 35%～45% C. 55%～65% D. >80%

90. 汽轮机型号表示汽轮机基本特性，其型号由三段组成，其中第二段表示(C)。

A. 汽轮机型号 B. 功率 C. 蒸气参数 D. 设计变型序号

91. 根据电厂的容量大小及其供电范围可以分为区域性发电厂、地方性发电厂及(B)等。

A. 火力发电厂 B. 自备发电厂 C. 水力发电厂 D. 原子能发电厂

92. 系统负荷是随着(C)不断变化的。

A. 系统电压　B. 系统电流　C. 时间　D. 系统无功功率

93. 润滑油中最重要的物理性能指标是(B)，它是选择润滑油的主要依据。

A. 熔点　B. 黏度　C. 密度　D. 重度

94. 在(C)情况下宜选用黏度高的润滑油。

A. 载荷小　B. 滑动速度高　C. 工作温度高　D. 表面光洁度高

95. 轴承常用的润滑油是(C)。

A. 润滑油　B. 润滑脂　C. 二硫化钼　D. 透平油

96. 石墨润滑脂多用于(D)的滑动轴承的润滑。

A. 高温重载　B. 高速运转　C. 低速运转　D. 外露重载

97. 润滑脂习惯上称为黄油或干油，是一种(A)材料。

A. 凝胶状　B. 固状　C. 液状　D. 雾状

98. 润滑油选用的一般原则是温度高负荷大时要选用(A)的。

A. 黏度高　B. 黏度低　C. 黏度适中　D. 价格贵

99. 泵采用滚动轴承时，当被输送液体温度在80℃以下，转速在2950r/min以下的小型泵采用(A)油润滑轴承。

A. 黄干　B. 透平　C. 抗燃　D. 石

100. 当泵滚动轴承温度超过(C)℃时，黄干油将失去润滑作用，应及时采取相应的措施。

A. 60　B. 65　C. 70　D. 80

101. 齿轮在啮合时，其动力不是齿间直接传递，而是通过一层(A)。

A. 润滑剂　B. 润滑脂　C. 润滑油　D. 物质

102. 润滑的意义在于达到(B)摩擦、降低磨损、延长机械设备使用寿命的目的。

A. 增加　B. 减少　C. 提高　D. 减缓

103. 缓冲锁气器可以保护输煤皮带，减少(A)。

A. 磨损　B. 摩擦　C. 撞击　D. 偏斜

104. 缓冲锁气器可以保护(C)托辊，延长寿命。

A. 平行　B. 槽型　C. 缓冲　D. 调心

105. 电厂输煤系统中常用的制动装置是(A)。

A. 带式逆止器　B. 减速器　C. 异步电动机　D. 清扫器

106. 滚柱式逆止器滚子严重磨损或损坏，压簧损坏，镶块脱落，造成(C)失灵。

A. 电动机　B. 减速机　C. 逆止器　D. 胶带

107. 电子轨道衡动态计量的精度一般为(A)。

A. 1%~0.2%　B. 2%~0.5%　C. 1%~2%　D. 2%~3%

108. 皮带机尾部落煤管应保证落煤与胶带运行方向的一致，并均匀地导入胶带，防止胶带(B)。

A. 打滑　B. 损坏　C. 断裂　D. 停止

109. 一般落煤管倾斜角应不大于(C)。

A. 16°　B. 30°　C. 55°　D. 90°

110. 储煤罐装料时产生的大小块煤重新分布的现象，叫做(B)。

A. 重新分布　B. 离析现象　C. 分流现象　D. 物理现象

111. 在储煤罐卸料过程中，物料流动受物料的(A)影响，也受装料方式影响。

A. 物理性质　B. 化学性质　C. 离析现象　D. 大小

112. 检查桥式抓斗起重机所有连接部位的紧固情况前，应关闭(B)。

A. 开关　B. 电源　C. 车门　D. 抓斗

113. 桥式抓斗起重机开闭卷筒以下降方向旋转，(C)卷筒不动作，直到抓斗开口成功。

A. 上升　B. 下降　C. 升降　D. 启动

114. 桥式抓斗起重机起升时，两卷筒(A)向上升方向旋转。

A. 同时　B. 其中之一　C. 分别　D. 单独

115. 桥式抓斗起重机大车运行、小车运行都备有独立的电动机，既能(B)驱动也能联合驱动。

A. 同时　B. 独立　C. 连接　D. 联轴

116. 桥式抓斗起重机的(C)结构包括大车桥架、小车架、操纵室和抓斗四部分。

A. 大车　B. 整体　C. 金属　D. 操纵

117. 桥式抓斗起重机各机构均采用(B)支承。

A. 滑动轴承　B. 滚动轴承　C. 联轴器　D. 角型轴承

118. 桥式抓斗起重机各机构间用(A)连接。

A. 齿轮联轴器　B. 轴承　C. 动滑轮组　D. 静滑轮组

119. 钢丝绳驱动的侧倾式翻车机，由电动机启动，驱动装置通过(D)拖动大钳臂，并带着活动平台和车辆一起，绕第一回转点转动。

A. 电机　B. 齿轮　C. 传动　D. 钢丝绳

120. 当齿轮传动式侧倾式翻车机在零位时，平台上的定位装置的制动铁靴在(C)状态。

A. 平行　B. 垂直　C. 升起　D. 下落

121. 折返式翻车机将车辆夹持定位整体翻转(B)，物料卸入料斗内，并回翻至0。

A. 160°~165°　B. 165°~175°　C. 175°~180°　D. 180°~185°

122. 没有布置迁车台，而是将翻卸后的空车通过铁牛或调车机直接推向空车线的是(C)式翻车机。

A. 折返式　B. 转子　C. 贯通　D. 侧翻

123. 链斗卸车机是利用上下回转的(C)，将煤从车厢内提升到一定高度卸在水平皮带机上的。

A. 钢丝绳　B. 齿轮　C. 链斗　D. 抓斗

124. 链斗卸车机的(C)既可以在车中分层取煤，也可以逐点取煤。

A. 卷扬机　B. 起升机构　C. 链斗　D. 斗式提升机构

125. 消防水泵启动时应把控制盘切换开关投入到(C)位置。

A. 程控　B. 就地　C. 手动　D. 联锁

126. 消防水泵电流应在(D)A之间。

A. 30~35　B. 35~42　C. 42~48　D. 48~50

127. 排水泵轴承温度不得超过(C)℃。

A. 50　B. 60　C. 75　D. 80

128. 排水泵轴承箱内的(C)应保持在油标刻度间。

A. 机油　B. 黄油　C. 润滑油　D. 轻脂油

129. 立式泥浆泵(B)端采用单列圆柱滚子轴承。

A. 泵　B. 驱动　C. 电机　D. 轴承

130. 当叶轮中心压力降低到低于吸水管内的压力时，水就在这个压力的作用下，由进水管处流入(A)。

A. 叶轮　B. 底座　C. 电机　D. 泵体

131. 运行前应开启泵坑清洗阀和出水管清洗阀，进行清洗工作的是(D)泵。

A. 污水　B. 消防水　C. 排水　D. 泥浆

132. 机械式呼吸阀设在油罐顶部，用来调节油罐的(B)。

A. 温度　B. 内外压力　C. 液位　D. 透气量

133. 油泵内压力高于大气压时，油罐呼吸阀的(D)阀就会被打开使罐内气体排出。

A. 真空　B. 安全　C. 逆止　D. 压力

134. 阻火器是罐顶安全装置，位于罐顶(A)的下部，主要是为了防止火焰进入油罐。

A. 呼吸阀　B. 透气孔　C. 量油孔　D. 安全阀

135. 阻火器主要是依靠(A)吸收燃烧气体的热量，使火焰熄灭，防止油罐着火。

A. 钢网　B. 铁板　C. 呼吸阀　D. 压力阀

136. 油罐防火堤是为了防止油品流散，它的高度应为(D)m。

A. 0.5　B. 0.7　C. 0.8　D. 1

137. 卸油系统中的(A)，主要目的是为了增加燃油的流动性。

A. 蒸汽系统　B. 测温系统　C. 接地装置　D. 油统计

138. 卸油系统中的(B)是为了方便排水。

A. 透气孔　B. 放水槽　C. 分层测温装置　D. 油位计

139. 加热器的作用是为了提高燃油在炉内的(D)。

A. 闪点　B. 黏度　C. 密度　D. 雾化效果

140. 供油系统中的(B)主要是为了减少油中的杂质。

A. 油泵　B. 滤油器　C. 加热器　D. 蒸汽管路

141. 供油系统中的(A)主要作用是为了贮存燃油。

A. 油罐　B. 油泵　C. 回热器　D. 污油坑

142. 供油系统中的油罐必须加装(A)装置并确保精度。

A. 计量　B. 照明　C. 循环水　D. 供电

143. 加热燃油的蒸气温度不能超过(D)℃。

A. 150　B. 200　C. 100　D. 250

144. 供油系统投用前必须要做(A)试验。

A. 压力　B. 加热　C. 计量　D. 通风

145. 蒸汽系统投入前压力应保持在(C)MPa 以上，各阀门处于备用状态。

A. 0.2　B. 0.3　C. 0.5　D. 0.8

146. 供油系统投用前，油泵轴承室内油位不能超过油面镜的(C)

A. 1/2　B. 2/3　C. 3/4　D. 顶部

147. 电动机起动后电机不转并发生嗡嗡响声，可能是(B)。

A. 电机过热　B. 电机缺相　C. 电机不同轴　D. 过电流

148. 燃油管道上的压力脉动管上一般装设隔离罐，隔离罐应经过(C)倍水压试验合格。

A. 0.5　B. 1　C. 1.5　D. 2

149. 燃油管道上的冲洗门应尽量(A)燃油管。

A. 远离　B. 贴近　C. 隔离　D. 区分于

150. 燃油系统的任务是把(A)连续不断的输送到锅炉房前。

A. 燃油　B. 冷却水　C. 蒸汽　D. 凝结水

151. 回油系统的(D)是控制回油量的的主要设备。

A. 供油门　B. 油泵　C. 加热器　D. 回油门

152. 对燃油进行提压的设备是(B)，是供油系统中最重要设备。

A. 加热器　B. 供油泵　C. 滤油器　D. 污油泵

153. 供油泵是燃油系统的主要动力设备，将原动机的动能转为流体的(B)。

A. 向心力　B. 压能　C. 势能　D. 热能

154. 燃油系统中加热器通常采用(A)，因其传热效果好。

A. 套管式　B. 直管式　C. 蛇形管　D. 直流式

155. 燃油点火系统中的来油系统的作用，是最终把油输送至(D)

A. 油泵　B. 加热器　C. 锅炉　D. 油罐

156. 燃油点火系统中的供油系统的作用，是把油输送至(A)。

A. 锅炉　B. 油罐

C. 污油处理系统　D. 燃油脱水系统

157. 油系统在受油前，应该装有可靠的(B)以保证燃油正常输送。

A. 防火通道　B. 加热汽源　C. 疏散通道　D. 生活供水

158. 在卸油过程中，对原油加热一般不超过(B)℃。

A. 30　B. 45　C. 75　D. 100

159. 在卸油过程中，对重油加热一般不超过(A)℃。

A. 80　B. 100　C. 150　D. 200

160. 锅炉燃油系统是锅炉房里所有的(A)。

A. 燃油设备　B. 供回油管　C. 燃油喷嘴　D. 油压调节装置

161. 油罐内的油和水通常情况下是通过(A)进行分离的。

A. 密度不同　B. 压力不同　C. 温度不同　D. 加药

162. 污油池内的含油污水(B)直接排入厂排水管网。

A. 可以　B. 不可以　C. 稍加沉降　D. 加热后可以

163. 阀门的(B)作用是保证阀体的密封。

A. 阀瓣　B. 填料　C. 阀杆　D. 手轮

164. 用来关断介质，控制流量的部件称为(B)。

A. 管道　B. 阀门　C. 泵　D. 风机

165. 为了调整管道内流体的流量通常在管道上安装(A)阀门。

A. 调节　B. 关断　C. 保护　D. 逆止

166. 阀体与阀盖接合面应完好，径向间隙在(B)mm。

A. 0.1～0.2　B. 0.2～0.5　C. 0.5～0.7　D. 1～2

167. 阀杆的弯曲度不能够超过(A)mm。

A. 0.1～0.25　B. 0.25～0.5　C. 0.5～0.7　D. 0.1～2

168. 输煤系统各设备间设置联锁，在故障情况下，必须自动停止故障点至(B)所有运行设备。

A. 故障点　B. 煤源点　C. 正常点　D. 下一个运行段

169. 输煤系统各设备是按照一定的运行要求顺序起停，互相制约参与到(A)的主要设备。

A. 联锁运行　B. 保护装置　C. 设备运行　D. 电气联锁

170. 输煤系统运行由储煤场向原煤仓输煤，必须按(B)方向依次启动输煤设备。

A. 顺煤流　B. 逆煤流　C. 正　D. 反

171. 当程序出现故障或试验时使用(B)和联锁控制。

A. 程控　B. 就地　C. 解联锁　D. 集控

172. 影响输煤系统自动控制的因素之一是被控对象的(C)。

A. 自检　B. 监测　C. 稳定性　D. 安全性

173. 由于PLC系统具有很高的可靠性，所以发生故障的部位大多集中在(C)部件上。

A. 输入输出　B. 现场设备　C. 电子　D. 传输

174. 集中控制系统中都装有输煤系统(D)显视屏。

A. 电子　B. 数字　C. 信号　D. 模拟

175. 当任一设备发生事故跳闸时，立即联跳逆煤流方向的设备，(B)不跳闸。

A. 筛煤机　B. 碎煤机　C. 缓冲滚筒　D. 给料机

176. 从流程组态中选设备流程，以(D)为界分段选取所用的皮带，依次选择所需要的上煤路线。

A. 筛煤机　B. 碎煤机　C. 皮带　D. 三通挡板

177. 自动调节给煤量，是通过(C)调节变频器的频率来改变给煤机的转数或给煤机的振动频率来完成的。

A. 就地　B. 手动　C. 远程　D. 程控

178. 集控值班员应检查并落实(B)煤位情况。

A. 煤场　B. 原煤仓　C. 料口　D. 给料机

179. 系统启动前应将程控台上切换按钮切换到(A)位置。

A. 程控　B. 手动　C. 集控　D. 联锁

180. 控制系统有采用(B)V强电控制的，也有采用直流36V、24V等弱电控制的。

A. 110　B. 220　C. 12　D. 380

181. 集中单独控制时，必须按照联锁要求逆煤流方向逐一地启动各设备，否则将因(A)作用启动不起来。

A. 联锁　B. 保护　C. 拉紧　D. 控制

182. 工业电视系统可以实现整个输煤监控系统的(C)功能。

A. 跟踪　B. 报警　C. 调动、指挥　D. 监视

183. 将某摄像机的画面显示到某一监视器上的操作方法是(A)。

A. 监视器号—摄像机号—CAM　B. 监视器号—CAM—摄像机号

C. CAM—监视器号—摄像机号　D. 摄像机号—CAM—监视器号

184. 设备启动后，在集控室的(B)上有明显的显示。
A. 数字屏　B. 模拟屏　C. 工业电视　D. 上位机
185. 要有符合有关精确度要求的(C)，以供集控值班人员掌握系统出力及上煤量。
A. 测量设备　B. 仪表　C. 计量系统　D. 检测仪器
186. 单击 IE(D)菜单中的“Internet 选项”，在弹出“Internet 选项”对话框中有相应的选项设置。
A. 文件　B. 窗口　C. 格式　D. 工具
187. 碎煤机发生振动后，处理时，必须严格按要求进行(B)。
A. 清洗洗锤环　B. 锤环组配　C. 重组转子　D. 拆除
188. 处理碎煤机环锤故障时，更换的锤环重量误差应小于(C)g。
A. 50　B. 100　C. 200　D. 150
189. 锤环与筛板之间的间隙的调整在碎煤机(B)情况下进行。
A. 运行　B. 空载　C. 负载　D. 启动
190. 因轴承游隙大造成碎煤机振幅超标，应(C)。(振幅超标：大于 0.06mm)
A. 继续运行　B. 维修　C. 更换轴承　D. 拆除轴承
191. 碎煤机给料不足，出力明显降低，应调节(D)。
A. 筛板　B. 筛片　C. 环锤　D. 给料装置
192. 带式除铁器因控制回路熔断器熔断而无法转动时，应(C)。
A. 手动转动　B. 不使用　C. 更换熔断器　D. 继续使用
193. 带式除铁器因电动机过载而造成声音异常的处理方法是(C)。
A. 加大电流量　B. 更换大电动机
C. 减少负载　D. 加油
194. 叶轮给煤机未合电源开关，电动机不动作，处理方法是(A)。
A. 合上刀闸开关　B. 更换熔断器
C. 修复电机　D. 修复接线
195. 叶轮给煤机 220V 电源未接通，指示灯不亮，处理方法是(A)。
A. 修复电源接线　B. 更换熔断器
C. 修复电机　D. 更换指示灯
196. 处理推煤机气缸套时必须用(B)压出或装入机体。
A. 手　B. 专用工具　C. 机械　D. 电器
197. 斗轮运行时，皮带跑偏的解决办法是，可以在滚筒的两侧安装(B)进行监控和适时调整。
A. 跑偏开关　B. 传感器　C. 拉线开关　D. 扫煤器
198. 调整斗轮机输送带跑偏时，(A)的两个轴承座应当同时平移，以保证滚筒轴线与输送带纵向方向垂直。
A. 张紧滚筒　B. 驱动滚筒　C. 改向滚筒　D. 滚筒
199. 因输送机过载而造成斗轮机(B)撒料，应减轻负荷。
A. 凹段输送带处　B. 导料槽处
C. 煤斗处　D. 斗轮机头部
200. 控制运送能力，可以减轻斗轮机(B)的撒料现象。
A. 凹段输送带处　B. 转载点处

C. 煤斗处　　D. 斗轮机头部

201. 斗轮机的(C)因其长度较大，自重大，在严重偏心时会发生异常噪声。

A. 平行托辊　　B. 减振托辊　　C. 回程托辊　　D. 上托辊

202. 斗轮机的托辊制造时无缝钢管壁厚不均匀，产生的(B)较大，在严重偏心时会发生异常噪声。

A. 向心力　　B. 离心力　　C. 重力　　D. 压力

203. 提高减速机(B)的余量，可以避免斗轮机的减速机断轴现象。

A. 低速轴　　B. 高速轴　　C. 齿轮轴　　D. 联轴器

204. 斗轮机电动机轴与减速机(B)不同心时，会发生断轴现象，应仔细调整其位置。

A. 低速轴　　B. 高速轴　　C. 齿轮轴　　D. 联轴器

205. 斗轮机减速机(B)设计强度不够时，会发生断轴现象，应修改减速机设计。

A. 低速轴　　B. 高速轴　　C. 齿轮轴　　D. 联轴器

206. 加热器漏油较严重时，应该(D)。

A. 提高流量　　B. 降低流量　　C. 提高温度　　D. 停止运行

207. 发生严重泄漏的加热器，应该停止运行，此时加热门应(D)。

A. 全开　　B. 半开　　C. 销开　　D. 全关

208. 燃油系统投运前应进行水压试验，最低试验压力不得低于(B)MPa。

A. 0.2　　B. 0.4　　C. 0.3　　D. 0.1

209. 燃油设备做循环试验时，试验时间不得少于(D)h。

A. 1　　B. 2　　C. 4　　D. 8

210. 含水污油经过电——化学方法处理的污水中不含(B)，这样可以减少对环境的污染。

A. 氧气　　B. 轻烃　　C. 细菌　　D. 无机盐

211. 含油污水属碳酸氢钠型，其pH值合理范围应为(C)

A. 6.0~6.5　　B. 6.0~7.2　　C. 8.0~8.5　　D. 6.0~8.5

212. 将含油污水打入到隔油池，利用油与水的密度差使它们分离的方法是(B)

A. 混凝沉淀隔油　　B. 沉淀隔油　　C. 浮选除油　　D. 二级除油

213. 在实际生产过程中，要根据不同的(C)，优选混凝剂品种进行污水处理。

A. 生产工艺　　B. 处理规模　　C. 污水水质　　D. 污水含油率

214. 在污水处理中，采用浮选除油方法时，最好选用(A)作为浮选气。

A. 天然气　　B. 空气　　C. 氧气　　D. 氢气

215. 使用微孔管浮选除油时，空气在水中的溶解度与(C)成正比。

A. 气泡的分散度　　B. 污水的温度

C. 空气所受压力　　D. 污水的表面张力

216. 如果离心泵出口逆止阀再循环流量(B)，会使泵汽化，泵平衡管压力升高。

A. 过大　　B. 过小　　C. 等于最小流量　　D. 突然变大

217. 油泵运行时，(C)对逆止阀冲刷很严重，常会损坏逆止阀。

A. 蒸气　　B. 低压油流　　C. 高压油流　　D. 冷却水

218. 油泵阀门开度小时，燃油的流速较高，节流损失(A)。

A. 加大　　B. 减少　　C. 不变　　D. 缓解

219. 油泵在(C)工作时，效率最高，耗电最少。

A. 小流量　　B. 大流量　　C. 额定流量　　D. 刚启动

220. 程控系统可通过继电器触点和 PLC 内部程序来实现(C)。

A. 控制　　B. 保护　　C. 联锁　　D. 启停

221. 输煤系统要有一整套运行可靠的(D)，能将现场设备的运行状态传送到集中控制室。

A. 控制器　　B. 保护器　　C. 联锁装置　　D. 传感器

222. “冲击波”及其变种病毒是通过微软的 RPC 漏洞迅速传播自己，消耗大量 CPU 和网络资源，常常导致系统死机。因此必须安装相应的(A)才能保证用户系统安全。

A. 补丁程序　　B. 防病毒软件　　C. 防毒硬件　　D. 应用软件

223. 清除病毒的方法通常有两种：(C)和利用反病毒软件。

A. 自动处理　　B. 机械处理　　C. 人工处理　　D. 系统还原

224. 计算机病毒是指(C)。

A. 带细菌的磁盘　　B. 已损坏的磁盘

C. 具有破坏性和传染性的程序　　D. 被破坏了的程序

225. 发现计算机病毒后，若无法消除，则彻底的清除方法是(B)。

A. 删除磁盘文件　　B. 格式化磁盘

C. 用查毒软件处理　　D. 用杀毒软件处理

226. 下列关于计算机病毒传播渠道的描述中，(D)是不对的。

A. 有病毒的网络系统会使该网络上的程序染上病毒

B. 已带有病毒的计算机会使该机上的软盘染上病毒

C. 购买的软件本身带有病毒，会使用此软件的机器带上病毒

D. 机器长时间不开机使用会产生病毒

227. 系统引导型病毒传染的对象是(A)。

A. 软盘 BOOT 和硬盘 BOOT 区引导程序

B. 软盘驱动器

C. 硬盘驱动器

D. 内存

228. 尽量使皮带不要(D)，以防电子皮带秤的测重传感器受力不均匀。

A. 打滑　　B. 拉断　　C. 划破　　D. 跑偏

229. 给煤量均匀、皮带上煤层厚度一致，是保证(A)在使用中测量准确的要点。

A. 速度传感器　　B. 调速表　　C. 电子皮带秤　　D. 自动配比

230. 一般情况下皮带秤多用于称量(B)。

A. 上石量　　B. 上煤量

C. 配料量　　D. 定量上煤的调节

231. 电子皮带秤校验时应在 90%、60%(C)三个点上进行。

A. 50%　　B. 40%　　C. 30%　　D. 10%

232. 喷水除尘的原理是利用(B)产生水雾，将尘源封闭。

A. 蒸汽　B. 喷头　C. 管路　D. 喷淋装置

233. 储煤罐储煤时间不能过长，否则会造成(C)降低。

A. 发热量　B. 数量　C. 流动性　D. 水分

234. 储煤罐在使用中应注意检查(B)是否有下沉现象。

A. 存煤　B. 地基　C. 外墙　D. 内室

235. 翻车机迁车台的减速机及各转动部位，要按规定的要求加注(C)。

A. 机油　B. 黄油　C. 润滑油　D. 汽油

236. 轨道衡无荷重时台面重量指示应为(C)。

A. 钢轨重量　B. 1　C. 0　D. 横轨重量

237. 轨道衡传感器及其恒温装置应(A)。

A. 长期供电　B. 长期断电　C. 用前送电　D. 用后断电

238. 桥式抓斗起重机的润滑材料，不同牌号的润滑脂(B)。

A. 允许混用　B. 不能混用　C. 分批使用　D. 调合使用

239. 为了防止油罐锈蚀，要经常对油罐(C)。

A. 清洗　B. 加热　C. 油漆　D. 通风

240. 在油罐顶部使用密封的油罐是(A)油罐。

A. 浮顶　B. 拱顶　C. 水泥　D. 地下

241. 在进行冲洗操作前，蒸汽压力必须在(C)MPa 以上。

A. 0.1　B. 0.2　C. 0.5　D. 0.8

242. 对油罐进行冲洗时，油罐温度必须控制在(C)℃。

A. 60　B. 70　C. 90　D. 100

243. 油罐冲洗后应(D)。

A. 继续向罐内通气　B. 稍关冲洗门

C. 全开冲洗门　D. 关闭冲洗门

244. 将要冲洗的供油泵必须(C)。

A. 打开所有阀门　B. 关闭所有阀门

C. 与系统解列　D. 投入运行

245. 冲洗供油泵前，必须要(A)是否关严。

A. 检查运行泵冲洗门　B. 检查运行泵入口门

C. 检查运行泵出口门　D. 检查冲洗泵放油门

246. 冲洗加热器时，应该(C)。

A. 关闭加热器出口门　B. 关闭加热器入口门

C. 将加热器解列　D. 关闭加热器放油门

247. 加热器冲洗后应该(B)。

A. 继续通蒸汽　B. 关闭冲洗门和放油门

C. 关小冲洗门和放油门　D. 开启加热器出入口门

248. 滤油器冲洗后，应该(A)。

A. 关闭冲洗门　B. 打开出口门　C. 打开入口门　D. 开大冲洗门

249. 含油污水处理后，其悬浮物应小于(A)

A. 2mg/L　　B. 2mg/m^3　　C. 0. 2mg/L　　D. 0. 2mg/m^3

250. 含油污水处理后，当含油量大于(B)时，应重新处理。

A. 1. 5mg/L　　B. 1. 5mg/m^2　　C. 10mg/L　　D. 15mg/m^2

251. 污水使用何种药剂，要根据(D)进行筛选。

A. 污水的含菌量　　B. 污水的含油量

C. 污水的含氧量　　D. 污水的水质

252. 污水加药时，药剂量一般控制在(B)。

A. 3～6mg/L　　B. 30～60mg/L

C. 3～6mg/m^3　　D. 30～60mg/m^3

253. 燃油加热主要是利用燃油在加热器内与蒸汽进行(B)来完成。

A. 传导　　B. 对流　　C. 辐射　　D. 吸热

254. 电厂油区对燃油加热一般利用(A)进行。

A. 加热器　　B. 供油　　C. 伴热管　　D. 滤油器

255. 当燃油温度低于(D)℃时，应该投入局部加热器对燃油进行加热。

A. 60　　B. 70　　C. 75　　D. 80

256. 供油泵暖泵是为了让油泵处于(B)状态。

A. 冷备用　　B. 热备用　　C. 检修　　D. 运行

多选题

1. 直流并联电路中导体对电流不能起阻碍作用的是(A，B，C)。

A. 电感　　B. 电抗　　C. 电容　　D. 电阻

2. 在混联电路中，既有星形连接又有三角联结，为了求等效电阻应(B，C)。

A. 将星联结转换成三角形　　B. 将三角形转换成星形连接

C. 星形不变　　D. 三角形不变

3. 在并联电路中，已知电路中的总电流 $I=3\text{A}$，电阻 $R_1=100\Omega$，R_1分支电路中的电流 $I_1=2\text{A}$，则电路中 R_2的阻值和流过的电流 I_2分别是(A，D)。

A. 1A　　B. 2A　　C. 100Ω　　D. 200Ω

4. 各电阻在电路中电流不相同的是，电阻(B，C，D)电路。

A. 串联　　B. 并联　　C. 混联　　D. 复杂

5. 电阻并联电路，不同的电阻在电路中承受的(A，C，D)不相同。

A. 电流　　B. 电压　　C. 功率　　D. 电能

6. 为了使某些特定形式的复杂电路通过等效变换的方法，而简化其分析计算过程，所以需要(A，C)的互换

A. 星形　　B. 直角形　　C. 三角形　　D. 平行四边形

7. 电路的作用是(A，D)。

A. 信息的传递　　B. 电流的分配

C. 电压的分配　　D. 电能的传输

8. 在纯电容交流电路中，电容中不能储存(B，C，D)。

A. 电场能量　　B. 磁场能量　　C. 动能　　D. 热能

9. 下面适合应用叠加定理来计算的是(A，B，D)。
A. 电流　B. 电压　C. 功率　D. 电势
10. 在电力系统不对称短路电流的计算中不被采用的计算方法是(A，B，C)。
A. 基尔霍夫定律　B. 欧姆定律
C. 戴维南定理　D. 对称分量法
11. 常用的浸渍漆有较好的(B，C)。
A. 导电性　B. 耐油性　C. 绝缘性　D. 耐热性
12. 电工纯铁作为磁性材料适用于(B，C，D)场合。
A. 交流　B. 直流　C. 高频　D. 低频
13. 机件上与视图呈垂直的(A，C)，会在该视图面上的视图积聚成一条直线。
A. 平面　B. 圆柱　C. 直线　D. 圆锥
14. 在垂直于圆柱齿轮轴线的投影面上的视图中，用粗实线绘制的是(A，D)。
A. 齿根线　B. 分度圆　C. 轴线　D. 啮合区内的齿顶圆
15. 在装配图中，各视图上，同一零件的剖面线(B，C，D)应保持一致。
A. 长度　B. 倾斜方向　C. 间隙　D. 粗细
16. 在完整的装配图中必须具有必要数量的视图、必要的尺寸和(A，B，C，D)。
A. 标题栏　B. 技术要求　C. 零件的编号　D. 细目表
17. 轴测图有能把(A，C)的图样反映在一个图面上的特点。
A. 平面图　B. 侧面图　C. 立面图　D. 竖面图
18. 工程施工图中常用(A，D)两种。
A. 正等测图　B. 侧面测图　C. 立面测图　D. 斜等测图
19. 将立体表面，按其实际(A，B)，依次摊平在一个平面上，称为立体表面展开。
A. 形状　B. 大小　C. 比例　D. 颜色
20. 柱面展开其底面的边数至少应不少于(B，D)，然后展开。
A. 4　B. 8　C. 10　D. 12
21. 流体黏度可分为(A，D)。
A. 运动黏度　B. 绝对黏度　C. 相对黏度　D. 动力黏度
22. 观测流体运动的两个重要参数是(B，C)。
A. 温度　B. 压力　C. 流速　D. 密度
23. 作用在流体上的力有(A，C)。
A. 表面力　B. 重力　C. 质量力　D. 重度
24. 既不是液体弹性系数的单位，也不是容积流量单位的是(B，C)。
A. N/m^2　B. kg/s　C. m/s^2　D. m^3/s
25. 缓变流流线的(A，D)都是很小的流动状态。
A. 夹角　B. 流速　C. 紊流　D. 曲率
26. 流速的单位不应该是(B，C，D)。
A. m/s　B. N/s　C. m/s^2　D. N/s^2

27. 在流液体力学中，不用ρ表示流体的(A，B，D)。

A. 重度　B. 质量　C. 密度　D. 比热容

28. 下列不是流体的重度符号的是(B，C，D)。

A. γ　B. α　C. e　D. h

29. 轮齿的接触斑点不该应用(B，C，D)检查。

A. 涂色法　B. 平衡法　C. 百分表测量　D. 直尺测量

30. 检验蜗杆箱轴心线的垂直度不应该用(A，B，D)。

A. 千分尺　B. 游标卡尺　C. 百分表　D. 量角器

31. 蜗杆分度圆直径与模数之比称为(A，B)。

A. 蜗杆直径系数　B. 蜗杆特性系数

C. 蜗杆半径系数　D. 蜗杆系数

32. 轴承密封质量的好坏，直接影响轴承使用的(A，B，C，D)。

A. 状况　B. 效率　C. 寿命　D. 功耗

33. 郎肯循环的过程是(A，B，C，D)。

A. 定压加热过程　B. 绝热膨胀过程

C. 定压放热过程　D. 绝热压缩过程

34. 由(A，B，C)、给水泵等组成的基本循环是朗肯循环。

A. 汽轮机　B. 锅炉　C. 凝汽器　D. 除氧器

35. 物体做功需要(A，B，C)。

A. 受到力的作用　B. 在力的方向上

C. 发生一段位移　D. 增加动能

36. 在PDCA循环中，处置阶段的主要任务是(B，D)。

A. 明确目标并制定实现目标的行动方案

B. 总结成功经验

C. 对计划实施过程进行各种检查

D. 对质量问题进行原因分析，采取措施予以纠正

37. 在ISO 9000标准中，质量具有(B，C)等性质。

A. 适用性　B. 广义性　C. 相对性　D. 标准性

38. 下列(B，C)标准应用了以过程为基础的质量管理体系模式的结构。

A. ISO 9000：2000《质量管理体系基础和术语》

B. ISO 9001：2000《质量管理体系要求》

C. ISO 9004：2000《质量管理体系业绩改进指南》

D. ISO 10012：2000《测量控制系统》

39. 实施ISO 9000标准持续改进原则时要开展的活动包括(A，B，C)。

A. 产品改进　B. 过程改进　C. 体系改进　D. 空间改进

40. 企业质量体系认证(A，C，D)。

A. 是一种独立的认证制度

B. 依据的标准是产品标准

C. 依据的标准是质量管理标准

D. 是第三方对企业的质量保证和质量管理能力依据标准所做的综合评价

41. 产品的质量特性包括(A，B，C，D)。

A. 性能　B. 寿命　C. 可靠性　D. 安全性

42. 产品不良项的内容包括(A，C，D)。

A. 对产品功能的影响　B. 对质量合格率的影响

C. 对外观的影响　D. 对包装质量的影响

43. 可以采用(A，C)等办法防止不合格品的非预期的使用或应用。

A. 对不合格品标识　B. 调换

C. 隔离不合格品　D. 返工

44. 可再生能源包括(A，C，D)。

A. 风能　B. 核能　C. 太阳能　D. 水能

45. 目前在电力系统中非主导地位的电厂是(B，C，D)。

A. 火电厂　B. 水电厂　C. 核电厂　D. 风力发电厂

46. 锅炉的容量不是指锅炉每小时生产(B，C，D)的数量。

A. 蒸汽　B. 热能　C. 电能　D. 机械能

47. 火力发电厂的三大核心设备是(A，B，D)。

A. 锅炉　B. 汽轮机　C. 凝汽器　D. 发电机

48. 汽轮机系统的辅机设备包括(A，B，D)。

A. 水泵　B. 除氧器　C. 风机　D. 凝汽器

49. 由电能用户、(A，B，C，D)所组成的统一整体称为电力系统。

A. 发电机　B. 配电装置　C. 变电所　D. 电力线路

50. 在(A，C，D)情况下不宜选用黏度低的润滑油。

A. 载荷大　B. 滑动速度高

C. 工作温度高　D. 表面加工粗糙

51. 滑动轴承在一般环境温度下工作时可选用(A，D)润滑。

A. 合成脂　B. 铝基脂　C. 镁基脂　D. 钙钠基脂

52. 选用齿轮油时，要有适当的黏度指数；(A，C，D)；残炭、酸性、灰分、水分等指标也应符合标准。

A. 有良好的油性　B. 有良好的流动性

C. 有良好的抗乳化性　D. 有良好的抗泡沫性

53. 当轴承圆周速度(C，D)450m/s时，可选用润滑脂润滑。

A. 大于　B. 大于等于　C. 等于　D. 小于

54. 轴承箱内应有充足良好的润滑油，以保证在运行中无(B，C，D)。

A. 渗油现象　B. 剧烈振动　C. 串轴现象　D. 异音

55. 缓冲锁气器可以重新(B，D)物料，使料管落煤居中均匀。

A. 破碎　B. 分布　C. 筛分　D. 均匀

56. 当皮带倒转时，逆止器的滚柱在(A，C)的作用下，卡在星轮和外套之间，起到逆止作用。

A. 弹簧压力　　B. 重力　　C. 摩擦力　　D. 向心力

57. 电子轨道衡的计量方式有(A，B，C)。

A. 轴计量式　　B. 转向架计量式　　C. 整车计量式　　D. 单节计量式

58. 落煤管的(A，C，D)应有利于煤的顺利通过。

A. 外形　　B. 尺寸　　C. 材料　　D. 角度

59. 煤在储煤罐中的流动主要有(C，D)两种形式。

A. 单个流动　　B. 分块流动　　C. 整体流动　　D. 中心流动

60. 桥式抓斗起重机启动前应将(A，B)扳至零位。

A. 升降手柄　　B. 行走手柄　　C. 启动　　D. 停止

61. 桥式抓斗起重机操作步骤有(A，B，C，D)。

A. 降斗　　B. 闭合抓料　　C. 升斗　　D. 开斗

62. 桥式抓斗起重机操纵室内装有(A，B，C，D)操纵系统的装置和仪表等。

A. 大车运行机构　　B. 小车运行机构

C. 升降机构　　D. 闭合机构

63. 桥式抓斗起重机小车运行机构主要包括(A，B，C，D)、车轮等。

A. 电动机　　B. 减速器　　C. 制动器　　D. 联轴器

64. 翻车机停止后，启动油泵，输出的高压油通过(A，B，C)进入储能器油缸和液压缸上腔。

A. 油管路　　B. 单向阀　　C. 开闭阀　　D. 双向阀

65. 翻车机卸车线是由(A，B，C，D)组成的作业线。

A. 翻车机　　B. 重车铁牛　　C. 摘钩平台　　D. 空车铁牛

66. 链斗卸车机由倾斜皮带机将物料抛至轨道的(A，D)。

A. 一侧　　B. 中间　　C. 下面　　D. 两侧

67. 消防水泵启动后，应(A，B，C)

A. 摸温度　　B. 听声音　　C. 看仪表　　D. 修机壳

68. 排污泵排污时，应将(A，B)打开。

A. 进水阀　　B. 出水阀　　C. 泵体　　D. 轴承箱

69. 为减少泥浆泵的磨损，采取的措施有(A，C，D)。

A. 装防磨护板　　B. 尽量少用

C. 将易损件加厚　　D. 用耐磨材料做叶轮

70. 泥浆泵运行中发生(A，B，C，D)均有可能是由于大颗粒堵塞滤网、吸入口或叶轮流道而造成的。

A. 流量下降　　B. 功率降低

C. 出口压力减少　　D. 不出水

71. 当呼吸阀的真空阀被顶开，使空气进入油罐的条件是(A，C)。

A. 罐内出现半真空　　B. 罐内为真空

C. 达到 10mm 水柱时　　D. 达到 50mm 水柱时

72. 阻火器可以(A，D)。

A. 使火焰熄灭　　B. 使火焰变小

C. 使油罐着火　D. 防止油罐着火

73. 油罐的保温材料不可用(A，B，C，D)制成。

A. 可燃材料　B. 泡沫　C. 木材　D. 油料

74. 卸油系统中要装设的部件有(A，B，C，D)。

A. 蒸汽系统　B. 滤油器　C. 接地装置　D. 放水槽

75. 供油系统指，油罐来油经(A，B，C)送往锅炉房的燃油系统。

A. 滤油器　B. 供油泵　C. 加热器　D. 蒸汽管路

76. 供油系统主设备有加热器、滤油器(A，B，C，D)。

A. 供油管道　B. 管道　C. 阀门　D. 相关的仪表

77. 供油系统各设备(A，B，C，D)的选择应符合设计及安全、经济运行的要求。

A. 容量　B. 数量　C. 参数　D. 标准

78. 供油系统投入前应开启供油泵的(A，B，C)。

A. 冷却水门　B. 轴承冷却水　C. 轴封冷却水　D. 出口门

79. 供油泵(A，B，C，D)都会使供油泵电动机电流摆动。

A. 油温过高　B. 操作不当　C. 电压不稳　D. 泵体故障

80. 燃油速断阀的进出口方向一般为(A，B)。

A. 上进　B. 下出　C. 上出　D. 下进

81. 输送(B，C，D)不是燃油系统的任务。

A. 燃油　B. 冷却水　C. 蒸汽　D. 凝结水

82. 燃油系统中不属于提压设备的是(A，B，D)。

A. 油罐　B. 加热器　C. 供油泵　D. 过滤器

83. 加热器的形式有(A，B)。

A. 套管式　B. 直管式　C. 曲管式　D. 通管式

84. 燃油系统中的(A，B，C)不是担负燃油贮存任务的。

A. 油泵　B. 污油坑　C. 集油池　D. 油罐

85. 卸油过程中，对原油加热不合理的温度为(C，D)℃。

A. 30　B. 45　C. 75　D. 100

86. 锅炉回油管上为调节油压一般不用(A，C，D)阀。

A. 闸板　B. 球　C. 截止　D. 电磁速断

87. 排污系统根据密度的不同，分离的是油罐内的(A，C)。

A. 油　B. 气　C. 水　D. 杂质

88. 阀门的的主要操作部件是(B，C)。

A. 阀体　B. 手轮　C. 阀杆　D. 衬垫

89. 阀门按温度分有(B，D)两种。

A. 截止阀　B. 常温阀门　C. 低温阀门　D. 高温阀门

90. 阀门按驱动方式分为(A，B，C)。

A. 电动阀门　B. 气动阀门　C. 手动阀门　D. 真空阀门

91. 输煤系统各设备间设备联锁，正常情况下(A，B)，否则不能保证输煤系统的正常运行。

A. 按逆煤流启动　　B. 按顺煤流停止
C. 碎煤机可以先启　　D. 碎煤机可以后停

92. 输煤系统程序控制是(C，D)工作的主要控制方式。
A. 卸煤　B. 储煤　C. 上煤　D. 配煤

93. 集中控制由值班员发出控制指令，系统按预先编制好的(C，D)程序自动启动、运行或停止设备。
A. 储煤　B. 卸煤　C. 上煤　D. 配煤

94. 输煤系统尽可能(A，B，D)，是对自动控制非常有利的。
A. 明了　B. 清晰　C. 交叉点多些　D. 简单

95. 设备启动前，要对启动的(A，B，D)煤设备进行选择来决定全系统的启动程序。
A. 给　B. 输　C. 卸　D. 配

96. 集控值班员应检查轨道衡系统(A，B，C)等情况。
A. 数据的传输　B. 来车数量　C. 牵车数量　D. 信息状况

97. 输煤系统启动前，程控台、单控台上所有的(A，B)按钮均应复位。
A. 强电　B. 弱电　C. 指示　D. 操作

98. 集中单独控制启动前应进一步确认(A，B，C，D)一切正常方可启动。
A. 运行方式　　B. 倒顺挡板
C. 原煤仓无检修　　D. 无报警

99. 映射网络驱动器的方法有(A，B，C，D)。
A. 打开“网上邻居”，找到共享文件夹，然后点击右键，选择“映射网络驱动器”
B. 在命令行模式下，使用“NETUSE \\ 计算机名 \ 共享名 \ 路径”
C. 在“我的电脑”中的“工具”菜单中找到映射网络驱动器
D. 在“网上邻居”点击右键，选择映射网络驱动器

100. 要添加一个网络打印机，可以用(A，D)的做法来完成。
A. 在网上邻居上找到一台共享的打印机然后双击
B. 打开“控制面板”，选择“打印机和传真”
C. 打开“开始”菜单，选择设置—打印机和传真
D. 运行打印机安装向导

101. 关于 Internet Explorer 的功能叙述正确的是(A，B，C，D)。
A. 可以保留已经访问过的网页的线索
B. 启动后自动打开的网页即初始网页是可以改变的
C. Internet Explorer 中显示的网页可以打印出来
D. Internet Explorer 是 WindowsXp 系统安装时自动安装的

102. Outlook Express 中能用来将已收到的电子邮件再发给第三者的按钮是(A，C，D)。
A. 回复作者　B. 转变　C. 发送/接收　D. 全部答复

103. 使用 Outlook Express 可以发送的文件类型有(A，B，C，D)。
A. 文本文件　B. 程序文件　C. 图片文件　D. 声音文件

104. 碎煤机发生振动后，处理时必须严格按要求进行(B)。
A. 清洗洗锤环　B. 锤环组配　C. 重组转子　D. 拆除

105. 处理碎煤机环锤故障时，组配的锤环要分别称重，按(A，B)的要求将重量相等或相近的锤环布置好。

A. 对称　B. 平衡　C. 相像　D. 锤环

106. 碎煤机启动后转动缓慢的处理方法是(A，B)。

A. 清理杂物　B. 清除堵煤　C. 调整环锤　D. 调整给料

107. 带式除铁器自动控制开关跳闸，处理方法是(A，B)。

A. 更换硅整流器　B. 接通直流电

C. 减少负载　D. 冷却励磁绕组

108. 叶轮给煤机转速摆动，处理方法是(A，C)。

A. 调换接线　B. 检修可控硅

C. 更换线路板　D. 修复线路

109. 推煤机主轴颈磨损过大或发生严重(A，B，C)时，应更换曲轴。

A. 烧瓦　B. 拉道　C. 刻痕　D. 疤痕

110. 日常的(A，C)是解决斗轮机撒料的重点。

A. 维护　B. 检修　C. 保养　D. 润滑

111. 斗轮机运行时，其(A，B，C，D)不正常时，会发生异常噪声。

A. 驱动装置　B. 驱动滚筒　C. 改向滚筒　D. 托辊组

112. 为减少斗轮机断轴现象，大多数不采用(A，C，D)。

A. 联轴器　B. 液力耦合器　C. 齿轮轴　D. 低速轴

113. 燃油系统投运前应进行水压试验，允许的试验压力是(B，C，D)MPa。

A. 0. 2　B. 0. 4　C. 0. 5　D. 0. 6

114. 含油污水直接排出会影响(A，B)。

A. 周围环境　B. 污染水源　C. 燃油含量　D. 燃油成本

115. 如果离心泵出口逆止阀再循环流量过小，会使(A，D)。

A. 泵汽化　B. 泵压力降低　C. 泵雾化　D. 平衡管压力升高

116. 油泵阀门开度大时，燃油的(A，B)。

A. 流速较低　B. 节流损失减少　C. 节流损失加大　D. 流速较高

117. 计算机病毒具有(A，B，C)的特点。

A. 可触发性和传染性　B. 潜伏性和隐蔽性

C. 传染性和破坏性　D. 自行消失性和易防范性

118. 关于计算机病毒的知识正确的是(B，D)。

A. 只要安装防病毒的卡就可防止计算机病毒侵入

B. 一张尚未感染病毒的软盘，只要设置写保护，就不会被病毒感染

C. 计算机在运行过程中出现“死机”，则一定是感染了病毒

D. 一旦病毒发作时，系统已经受到了不同程度的破坏

119. 按寄生方式分类，计算机病毒的类型有(A，B，D)。

A. 文件型　B. 引导型　C. 操作型　D. 混合型

120. 电子皮带秤各测量构件应(A，B，C，D)。

A. 完整　B. 无变形　C. 无缺损　D. 无杂物堆积

121. 电子皮带秤的校准方式有(A，B，C，D)。

A. 挂码校验　　B. 实物校验　　C. 链码校验　　D. 电子校验

122. 煤中水分低于4%时，粉尘较大需要从煤源点开始进行(C，D)。

A. 水浸　　B. 烘干　　C. 喷水　　D. 加湿

123. 储煤罐的维护包括装卸设备的(A，B，C，D)。

A. 启停车规则　　B. 运行顺序

C. 运行时间　　D. 润滑周期

124. 当翻车机缓冲器作用时，迁车台上钢轨与基础上空车线(A，B，C)。

A. 钢轨对准　　B. 延时断电

C. 制动轮制动　　D. 行走机构启动

125. 轨道衡轨道接近开关和光电开关，应保持(B，C)的工作状态。

A. 断电　　B. 正常位置　　C. 清洁良好　　D. 长期通电

126. 桥式抓斗起重机每月应对(A，B，C，D)的紧固情况进行检查。

A. 控制屏　　B. 控制器　　C. 电阻器　　D. 接线螺钉

127. 由于安装及维修方便，所以对于成品油罐一般不使用(A，C，D)密封较好。

A. 机械　　B. 弹性　　C. 管式　　D. 二次

128. 准备冲洗的油罐，(A，B)均不能过高。

A. 油温　　B. 油位　　C. 水温　　D. 水位

129. 准备冲洗的滤油器，不必要(A，B，C)。

A. 关闭油泵入口门　　B. 关系油泵出口门

C. 与系统解列　　D. 关闭滤油目的入口门

130. 处理污水使用的药剂包括(A，B，D)。

A. 混凝剂　　B. 消泡剂　　C. 防垢剂　　D. 杀菌剂

131. 进行暖泵操作时，有油流声音即可，保持泵体温度在(B，C)℃。

A. 30　　B. 50　　C. 60　　D. 80

简答题

1. 叠加原理的内容是什么？如何应用叠加原理分析计算复杂电路？

答：①在由多个电源组成的线性电路中，任何一个支路的电流，等于各个电源单独作用在此支路中所产生的电流的代数和；②当分析计算复杂电路时，以一个电源为作用电源，其余为不作用电源，对不作用的电压源，将其电动势除去并用导线短接，对不作用的电流源将其电流源除去并开路，保留它们的内电阻，求出这个电源作用下的各支路电流。然后再逐一求出其他电源作用时的支路电流，最后用叠加原理求出各支路电流。

2. 使用叠加原理应注意哪些问题？

答：使用叠加原理应注意的问题是：①只适用于线性电路；②各独立电源单独作用时，其余电源均置零；③各分量与待求量正方向之间的关系；④电路中的功率相互不能叠加。

3. 怎样绘制零件图？

答：①任何一台机器都是由许多零件按一定的技术要求和装配关系组成的；②每个零件

在机器中都起着一定的作用，所以零件的形状、尺寸和技术要求等也有所不同；③绘制零件图时，一般都需要解决零件的结构形状、大小、技术要求等在图样上如何表示的问题；④通常在表达零件的结构形状时，采用图示法；在表达形状大小时，采用尺寸标注法；而用公差配合和表面粗糙度等技术内容，来表示零件的精确程度和质量。

4. 一般零件图的绘制步骤要求有哪些？

答：绘制步骤：①应从主视图入手，先画主要部分后画次要部分；②先画可见部分，后画不可见部分；③先画圆和圆弧，再画直线；④先用细线打底轻描，检查确认无误后，清洁图面，再按标准线型加粗描深。

5. 简述桥式抓斗起重机润滑的方法和要求。

答：①桥式抓斗起重机的润滑方法分集中和分别两种，一般多为分别润滑，即各润滑点分别通过油杯用油枪加油；②桥式抓斗起重机必须使用合适的润滑油脂、定期润滑和及时更换，润滑装置和各润滑点必须保持清洁。

6. 桥式抓斗起重机启动前的检查项目是什么？

答：①了解电源供电情况；②检查重要部位的连接和使用情况，对个别机构进行必要的调整；③在桥抓上不得遗留工具或其他物品；③按规定对设备的各润滑点加润滑油脂。

7. 泵启动前应首先检查电气方面哪些内容？

答：①泵启动前应首先检查电源；②请电气人员首先检查有关配电设备和系统的信号灯、音响、连锁装置、事故按钮及电气设施的完好性；③对电动机的绝缘电阻进行测定；④要求配电盘送上操作电源。

8. 泵启动前盘车时应注意什么？润滑油如何处理？

答：①盘车时应注意泵内部是否有摩擦和撞击声，若发现有摩擦和撞击声应查明原因，必要时应打开泵进行检查。②检查各轴承润滑油是否充分，轴承中的油是否在油位计的1/2或1/3上，不足时应加新油。根据油的颜色和透明度，判别油质是否变质、不清洁和有水时应把水放出并补充新油。变质和不清洁时，应放出坏油，用汽油冲洗后，加入新油。

9. 燃油系统指的是什么油管路系统，它的任务是什么？

答：①燃油系统指的是燃油从卸油站经过滤、加热、开压并输送到锅炉前的油管系统。②燃油系统的任务：

a. 保证一定的燃油流量，以满足锅炉负荷的需要；

b. 保证炉前的油压油温；

c. 防止油中有杂质；

d. 防止油中带水。

10. 燃油系统的任务是什么？它由几部分组成？

答：①燃油系统的任务是：

a. 保证一定的燃油流量，以满足锅炉负荷的需要；

b. 保证炉前的油压油温；

c. 防止油中有杂质；

d. 防止油中带水。

②燃油系统由卸油系统，供油系统和锅炉房油系统三个部分组成。

11. 燃油系统的任务是什么？按工艺流程，燃油系统分为几部分？

答：①燃油系统的任务就是把燃油连续不断的输送到锅炉，并做到保持一定的流量、合格的质量、稳定的油温及油压；②按工艺分，燃油系统分为卸油、供油、炉前三部分。

12. 燃油是由哪些元素组成的，其中发热量最高的元素是什么？

答：①燃油是由碳、氢、氧、氮、硫等五种主要元素组成的；②燃油中发热量最高的元素是氢元素。

13. 油的主要组成是什么？其中硫有什么作用？

答：①燃油主要由碳、氢、氧、氮、硫以及灰分和水分组成的；②燃油中的硫大多以有机硫存在，可以燃烧；③燃油中硫的燃烧产生除对设备腐蚀外，还对环境和人的身体有害。

14. 表征燃油性质的指标主要有哪些，对着火点影响最大的是什么？

答：①表征燃油的性质主要有水分、黏度、闪点、密度和机械杂质等；②对着火点影响最大的是燃油的闪点，燃油的闪点越高，越不易点燃。

15. 什么是燃烧，燃油燃烧分几个阶段？

答：①燃烧就是发光发热的化学反应。②燃油的燃烧分四个阶段：

a. 燃油的雾化；

b. 油滴的蒸发和热分解；

c. 油蒸汽与空气混合物的形成；

d. 可燃混合物的着火和燃烧。

16. 燃油系统具备什么条件方可受油？

答：①燃油系统范围内的土建和安装工程应全部结束并经验收合格；②应有可靠的加热气源；③防雷和防静电设施按设计安装和试验完毕并经验收合格；④油区的照明和通信设施已具备使用条件；⑤消防通道畅通，消防系统经试验合格并处于备用状态；⑥已建立油区防火管理制度，并有专人维护管理；⑦油区围栏完整，并设有警告标志。

17. 程序控制的功能有哪些？

答：程序控制的功能大体包括以下几个方面：

①程序启动和停止；②程序配煤；③自动跨仓和停煤源；④事故声响和信号。

18. 什么是集中微机程序控制？

答：①集中微机程序控制，是将所有设备，按生产工艺流程的要求自动启停和调节；②采用集中微机程序控制时，运行人员只需选择好运行方式，然后发启动或停止指令，各有关设备即按事先选好的顺序自动启动或停止。

19. 简述筛煤机出力不足的原因和处理方法。

答：①产生的原因：煤中水分过大，燃煤粒度过大，筛孔有严重堵煤现象；②处理的方法：通知集控值班员控制给煤量，停机后检查筛面情况。

20. 简述环式碎煤机的碎煤过程。

答：①通过高速旋转的转子上的环锤利用其高速旋转产生的离心力和动能作用，与碎煤板、筛板之间物料集中的作用，强制地为煤块施加冲击、碾压、剪切和研磨的作用，从而使煤块破碎；②由于采用了圆形和齿形的环锤，其破碎方法中既有击碎、劈碎、切碎和研磨作用，又有煤块与煤块，煤块与筛板之间的挤压作用，因此能够充分的利用动能以达到高速破碎，破碎后的煤块经筛板的栅子漏下，当遇到三大块时不能破碎，经拨碎板拨进除铁室内。

21. 燃油系统试验时应做哪些具体工作？

答：①油泵事故按钮试验；②油泵的联锁，低压油自启动试验。

22. 燃油系统进行全系统油循环试验有哪些要求？试验前做哪些工作？

答：①试验时应有经过批准的技术措施，循环时间一般不小于 8h；②燃油系统所有管路必须经 1.25 倍工作压力的水压试验合格，最低试验压力不得小于 0.4MPa，并应办理验收签证。

23. 燃油在保管中的注意事项有哪些？

答：燃油保管的注意事项有：

①油罐进油不要装的太满，要留有适当空间；②油罐应设在指定的油区内，油区周围设备设有高度不低于 2m 的围墙，并挂有明显的“严禁烟火”标志；③在油区内禁止使用铁工具，同时也严禁携带火种和钉有铁掌的鞋子；④不同油品应分开储存，不得掺混。

24. 燃油系统指的是什么油管路系统，它的任务是什么？

答：①燃油系统指的是燃油从卸油站经过滤、加热、开压并输送到锅炉前的油管系统。②燃油系统的任务：

a. 保证一定的燃油流量，以满足锅炉负荷的需要；

b. 保证炉前的油压油温；

c. 防止油中有杂质；

d. 防止油中带水。

计算题

1. 在一混联电阻中，三个电阻阻值 $R_1=R_2=R_3=10\Omega$，求总电阻为多少？

解：

$$R=(R_1+R_2+R_3)/2=(10+10+10)/2=15(\Omega)$$

答：总电阻为 15Ω。

2. 有一弧光灯在正常发光时，需要 40V 电压和 5A 电流，现供给电压为 110V，问应联入一个多大的变阻器？

解：应串联一个变阻器

$$U_{阻}=U-U_{灯}=110-40=70(V)$$

$$R_{阻}=U_{阻}/I=70/5=14(\Omega)$$

答：应串联一个 14Ω 的变阻器。

3. 一串联电路中，有 R_1 和 R_2 两电阻，$R_1=30\Omega$，$R_2=20\Omega$，通过的电流为 0.45A，求电路中的电功率？

解：$N=N_1+N_2=I^2R_1+I^2R_2=0.45^2\times30+0.45^2\times20=10.1(W)$

答：电路中的电功率是 10.1W。

4. 把电阻分别为 2.2Ω、2.5Ω 和 2.5Ω 的三个电阻并联起来，已知干路上的电流强度为 119A，求电路中的电压？

解：$1/R_{总}=1/R_1+1/R_2+1/R_3$

$R_{总}=(R_3R_2+R_1R_3+R_1R_2)/R_1R_2R_3$

$=(2.5\times4.4+2.2\times4.4+2.2\times2.5)/2.2\times2.5\times4.4\approx1.1(\Omega)$

根据欧姆定律得：$U=IR=119\times1.1=130.9(V)$

答：电路中的电压为 130.9V。

5. 10 个相同的电灯并联在 220V 的电路上，每个灯泡的电阻是 120Ω，求干路上的电流强度？

解：根据并联电路的特点

$$1/R_{总}=1/R_1+1/R_2+\cdots+1/R_{10}$$

10 个电灯是相同的 $R_1=R_2\cdots=R_{10}$

$$1/R_{总}=10/R_1$$

$$R_{总}=R_1/10=120/10=12(\Omega)$$

根据欧姆定律：$I=U/R=220/12=18.3(A)$

答：干路上的电流强度是 18.3A。

6. 有一条铜导线，长 100m，截面积为 10mm²，该导线的电阻是多少？（$\rho=0.017\Omega mm/m$）

解：已知：$L=100m$，$S=10mm^2$，$\rho=0.017\Omega mm^2/m$

$$R=\rho L/S=0.017\times100/10=0.17(\Omega)$$

答：该导线的电阻是 0.17Ω。

7. 两根输电线，每根的电阻为 1Ω，通过的电流年平均为 50A，1 年工作 4200h，求此输电线 1 年的电能损耗为多少？

解：$R_1=R_2=1\Omega$

$\therefore\quad R=2\times1=2(\Omega)$

$W=I^2Rt=50^2\times2\times4200$

$=21000000(W\cdot h)=21000(kW\cdot h)$

答：此输电线一年内的电能损耗为 21000kW·h。

8. 某电厂的贮煤场有天然煤 10000t，其发热量为 22271kJ/kg，试求折算成标准煤为多少吨？

解：标准煤发热量为 29307kJ/kg

标准煤量=(天然煤量×发热量)/29307

=(10000×1000×22271)/29307

=7599208(kg)

=7599(t)

答：折算成标准煤为 7599t。

9. 某电厂贮煤形状为正方角锥台，已知煤堆高度为 12m，煤的密度为 1t/m³，煤堆上边与下边尺寸 $a=40m$，$b=60m$，求此煤场的贮煤量为多少吨？

解： $Q=(a^2+b^2+ab)/(3hr)$

$=(40^2+60^2+40\times60)/(3\times12\times1)$

$=30400(t)$

答： 煤场的贮煤量为30400t。

10. 已知某泵输油的泵压为0.8MPa，原油密度为870kg/m^3，问泵的扬程为多少米？

解： 根据公式 $\rho=PH$

$\because\quad P=0.8MPa=0.8\times10^6Pa=8\times10^4(kg/m^2)$

$\therefore\quad H=\rho/P=8\times10^4/870=91.95(m)$

答： 泵的扬程为91.95m。

11. 某普通车床的主轴电动机(Y132M-4型)的额定功率为7.5kW，额定转速为1440r/min，求其额定转矩？

解： 根据公式 $T_N=9550\times P_{2N}/n_N$

$=9550\times7.5/1440$

$=49.7(N\cdot m)$

答： 额定转矩为49.7N·m。

12. 某油泵的电动机(65Y-50×9)的额定功率为110kW，额定转速2982r/min，求其额定转矩？

解： 根据公式 $T_N=9550\times P_{2N}/n_N$

$=9550\times110/2982$

$=352.3(N\cdot m)$

答： 额定转矩为352.3N·m。

13. 某燃油的(FC)*ad*：86.96%、*Aad*：0.01%、*Vad*：0.01%，求燃油的含水百分量 *Mad*？

解： 根据公式

$Mad+Aad+Vad+(FC)ad=100\%$

$Mad=100\%-86.96\%-0.01\%-12.33\%$

$=0.7\%$

答： 燃油的含水百分量 *Mad* 为0.7%。

14. 在已知某燃油1000t中，全碳含量占87%，固定碳为610t，求灰发分碳含量。

解： 根据公式 $Ct=(FC)ad+Cv$

$1000\times87\%=610+Cv$

$Cv=260(t)$

答： 灰发分碳含量为260t。

15. 某污油坑，一天的脱出水量为20t，脱出净化油量为18t，问来液量为多少？

解： 根据公式 $G_{总}=G_{脱}+G_{水}$

$=18+20$

$=38(t)$

答：来液量为38t。

16. 某污油坑，一天的来液量为42t，脱出水量为23t，问脱出净化油量为多少吨？

解：根据公式 $G_{总}=G_{脱}+G_{水}$

$$\therefore \quad G_{水}=G_{总}-G_{脱}=42-23=19(\text{t})$$

答：脱出净化油量为19t。

17. 某推土机，发动机的功率为117600W，而推土机在2.7km/h的速度下，匀速行驶。求推土机在行驶过程中，受到的阻力？

解：已知：$P=117600\text{W}$，$v=2.7\text{km/h}=0.75\text{m/s}$

由于推土机匀速行驶，所以其阻力 F_2 等于牵引力 F_1，即：$F_2=F_1$

$$P=F_1v,\ F_2=P/v=117600/0.75=156800(\text{N})=156.8(\text{kN})$$

答：推土机行驶过程中，受到的阻力是156.8kN。

18. 一自重15t，功率为88kW的推土机在平直路上匀速行驶，速度为10.1km/h，问此时推土机的牵引力为多少？

解：已知：$P=88\text{kW}=88000\text{W}$，$v=10.1\text{km/h}=2.8\text{m/s}$

由于推土机匀速行驶，所以其阻力 F_2 等于牵引力 F_1，即：$F_2=F_1$

$$P=Fv$$

$$F=P/v=88000/2.8=31428.6(\text{N})$$

答：此时推土机的牵引力为31428.6N。

19. 已知斗轮机的基本参数为：斗数 $z=8$，斗轮切割速度2.35m/s，斗容 $j=0.102\text{m}^3$，斗距 $a=1.72\text{m}$，确定其容积生产率？

解：根据 $V=nD\pi$，得 $n=V/(D\cdot\pi)$

又 $D=(8-1)a$，得 $n=V/(7\cdot a\cdot\pi)$

$$\therefore \quad Q=nzj=zj\cdot V/(7a\pi)=8\times0.102\times[(3600\times2.35)/(7\times1.72\times3.14)]=182.6(\text{m}^3/\text{h})$$

答：容积生产率为182.6m³/h。

20. 已知斗轮悬臂皮带机，电动机转速为 $n_1=1450\text{r/min}$，减速机速比 $i=25$，传动滚筒直径 $D=1000\text{mm}$，求悬臂皮带机的带速 v？

解：$i=n_1/n_2$，$n_2=n_1/i=1450/25=58(\text{r/min})$

$$v=n_2D\pi/(60\times1000)=(3.14\times1000\times58)/(60\times1000)=3.04(\text{m/s})$$

答：悬臂皮带机的带速是3.04m/s。

四、技能操作鉴定要素细目表

鉴定范围						鉴定点	
一级		二级		三级		代码	名称
代码	名称	代码	名称	代码	名称		
A	技能要求	A	操作设备	A	操作输煤及卸储煤设备	001	底开门自卸车的启动
						002	桥式抓斗起重机的启动
						003	卸车机启动前的检查
						004	卸车机的启动
						005	叶轮给煤机的启动
						006	叶轮给煤机的停止
				B	操作燃油设备	001	污水处理系统的启动
						002	蒸汽系统运行中的检查
						003	油泵的切换
						004	油泵运行中的调整
						005	对污油进行回收
						006	供油压力的调整
						007	供油温度调整
						008	储油罐调整
		B	故障分析与处理	A	分析处理输煤及卸储煤设备故障	001	电机振动给煤机检修措施
						002	电机振动给煤机噪声大的处理方法
						003	电磁振动给煤机检修措施
						004	电磁振动给煤机的处理方法
						005	推煤机柴油机故障的处理方法
						006	消防泵检修措施
						007	缓冲锁气器检修措施
				B	分析处理燃油设备故障	001	供油泵启动后不上油原因的分析
						002	滤油器堵塞的处理方法
						003	加热器漏油的处理方法
						004	油泵机组振动和异音的处理方法
						005	油泵温度高的处理方法
						006	油泵抽空的处理方法
		C	设备维护与保养	A	维护输煤及卸储煤设备	001	振动给料机的维护保养
						002	桥式抓斗起重机大车行走机构的维护
						003	桥式抓斗起重机小车行走机构的维护

续表

鉴定范围						鉴定点	
一级		二级		三级		代码	名称
代码	名称	代码	名称	代码	名称		
						004	垂直拉紧滚筒下积煤的清理
						005	垂直拉紧滚筒上积煤的清理
						006	消防水泵运行中的维护
				B	维护燃油设备	001	高压母管的冲洗
						002	低压母管的冲洗
						003	加热器的冲洗
						004	供油泵的冲洗
						005	滤油器的冲洗
						006	储油罐的维护保养
						007	油泵运行中的维护

五、技能操作试题

试题 1：桥式抓斗起重吊的启动(现场模拟操作)

（考核时间：25min）

序号	考核内容	考核要点	配分	评分标准	检测结果	扣分	得分	备注
1	准备工作	工具、用具准备	2	工具、用具不齐全扣 2 分				
		穿戴劳保用品规范	3	穿戴不规范扣 3 分				
2	启动前检查	检查电源情况	10	未检查扣 10 分				
		检查大车行走机构	10	未检查扣 10 分				
		检查小车行走机构	5	未检查扣 5 分				
		检查升降机构	5	未检查扣 5 分				
		检查各控制杆灵活性	10	未检查扣 10 分				
		检查工作环境	10	未检查扣 10 分				
3	开始操作	关闭驾驶室门	10	未关闭扣 10 分				
		开启电源	10	未开启电源操作终止				
		打警铃	5	未打警铃扣 5 分				
		操作大车行走	10	未操作扣 10 分				
		操作升降机构	10	未操作扣 10 分				
4	安全及其他	按国家或企业有关安全规定执行操作		违规一次从总分中扣 5 分；严重违规停止操作			—	
		在规定时间内完成		超时停止操作			—	
合计			100					

试题2：卸车机启动前检查（现场模拟操作）

（考核时间：25min）

序号	考核内容	考核要点	配分	评分标准	检测结果	扣分	得分	备注
1	准备工作	工具、用具准备	7	工具、用具不齐全扣7分				
		穿戴劳保用品规范	3	穿戴不规范扣3分				
2	检查项目	检查卸车机电气设备	10	未检查扣10分				
		检查操作手柄	10	未检查扣10分				
		检查套筒滚子链	10	未检查扣10分				
		检查行车车轮上下档轮轨道	10	未检查扣10分				
		检查减速箱油位	10	未检查扣10分				
		检查减速箱密封	10	未检查扣10分				
		检查联轴器	10	未检查扣10分				
		检查液压推杆制动器	10	未检查扣10分				
		检查整车构架完整性	10	未检查扣10分				
3	安全及其他	按国家或企业有关安全规定执行操作		违规一次从总分中扣5分；严重违规停止操作			—	
		在规定时间内完成		超时停止操作			—	
合计			100					

试题3：叶轮给煤机的启动（现场模拟操作）

（考核时间：25min）

序号	考核内容	考核要点	配分	评分标准	检测结果	扣分	得分	备注
1	准备工作	工具、用具准备	7	工具、用具不齐全扣7分				
		穿戴劳保用品规范	3	穿戴不规范扣3分				
2	启动前准备	检查给煤机，应无杂物	10	未检查扣10分				
		通知程控送电	10	未通知扣10分				
		输煤皮带启动后方可启动叶轮给煤机	10	未按顺序启动扣10分				
3	开车操作	按下主电动机启动按钮	10	未按主按钮扣10分				
		顺时针方向缓慢旋转控制器	10	方向错误扣10分				
		根据卸煤沟煤位情况确定行走方向	10	未根据实际情况扣10分				
		到位后，停止行走进行原地给煤	10	未停止扣10分				
		行走至终端时停止运行	10	未停止扣10分				
		按逆时针方向继续给煤	10	方向错误扣10分				

续表

序号	考核内容	考核要点	配分	评分标准	检测结果	扣分	得分	备注
4	安全及其他	按国家或企业有关安全规定执行操作		违规一次从总分中扣5分；严重违规停止操作			—	
		在规定时间内完成		超时停止操作			—	
	合　计		100					

试题4：叶轮给煤机的停止(现场模拟操作)

(考核时间：25min)

序号	考核内容	考核要点	配分	评分标准	检测结果	扣分	得分	备注
1	准备工作	工具、用具准备	7	工具、用具不齐全扣7分				
		穿戴劳保用品规范	3	穿戴不规范扣3分				
2	停车操作	将控制器旋钮缓慢归零	10	未归零扣10分				
		等待煤落完	10	未等待扣10分				
		将给煤机移回首端	10	未移回首端扣10分				
		停止给煤机运行	10	未停止扣10分				
		关闭电源	10	未关电源扣5分				
3	停车检查	清理叶轮上杂物	10	未清理扣10分				
		检查电动机温度	10	未检查扣10分				
		检查煤沟煤位	10	未检查扣10分				
		清理现场	10	未清理扣10分				
4	安全及其他	按国家或企业有关安全规定执行操作		违规一次从总分中扣5分；严重违规停止操作			—	
		在规定时间内完成		超时停止操作			—	
	合　计		100					

试题5：污水处理系统的启动(现场模拟操作)

(考核时间：25min)

序号	考核内容	考核要点	配分	评分标准	检测结果	扣分	得分	备注
1	准备工作	工具、用具准备	2	工具、用具不齐全扣2分				
		穿戴劳保用品规范	3	穿戴不规范扣3分				
		检查污油池内油位	10	未检查扣10分				
		检查各部件连接情况	5	未检查扣5分				
		检查各部件密封状况	5	未检查扣5分				

续表

序号	考核内容	考核要点	配分	评分标准	检测结果	扣分	得分	备注
2	启动油水分离器	将污油注入隔油池	10	未将污油注入隔油池扣 10 分				
		向油水分离器内注入工业水	10	未注入工业水扣 10 分				
		投入油水分离器	10	未投油水分离器扣 10 分				
3	排污	运行正常后，关闭分离器工业水入口阀门	10	未关工业水阀门扣 10 分				
		分离后的油进入集油池	10	未进入集油池扣 10 分				
		等待集油池内下部水满	10	未等待扣 10 分				
		启动排油泵	10	未启动扣 10 分				
		将油输送至储油罐	5	未进储油罐扣 5 分				
4	安全及其他	按国家或企业有关安全规定执行操作		违规一次从总分中扣 5 分；严重违规停止操作			—	
		在规定时间内完成		超时停止操作			—	
合　计			100					

试题 6：蒸汽系统运行中的检查(现场模拟操作)

(考核时间：25min)

序号	考核内容	考核要点	配分	评分标准	检测结果	扣分	得分	备注
1	准备工作	工具、用具准备	2	工具、用具不齐全扣 2 分				
		穿戴劳保用品规范	3	穿戴不规范扣 3 分				
2	检查各部压力	检查母管压力	10	未检查扣 10 分				
		检查蒸汽联轴箱内压力	10	未检查扣 10 分				
		检查拌热管线压力	5	未检查扣 5 分				
		检查蒸汽系统受冲击情况	5	未检查扣 5 分				
3	检查各部密封	检查联轴箱密封	10	未检查扣 10 分				
		检查各冲洗门密封	10	未检查扣 10 分				
		检查管线密封	10	未检查扣 10 分				
		检查法兰密封	10	未检查扣 10 分				
		检查加热器密封	10	未检查扣 10 分				
4	其他	检查疏水质量	10	未检查扣 10 分				
		检查加热器温度	5	未检查扣 5 分				
5	安全及其他	按国家或企业有关安全规定执行操作		违规一次从总分中扣 5 分；严重违规停止操作			—	
		在规定时间内完成		超时停止操作			—	
合　计			100					

试题 7：油泵的切换(现场模拟操作)

（考核时间：25min）

序号	考核内容	考核要点	配分	评分标准	检测结果	扣分	得分	备注
1	准备工作	工具、用具准备	2	工具、用具不齐全扣 2 分				
		穿戴劳保用品规范	3	穿戴不规范扣 3 分				
2	检查备用泵	检查备用泵暖泵情况	5	未检查扣 5 分				
		检查轴承润滑情况	5	未检查扣 5 分				
		检查冷却水畅通情况	5	未检查扣 5 分				
		检查泵体密封情况	5	未检查扣 5 分				
		打开入口门	5	未打开扣 5 分				
		关闭出口门	5	未关闭扣 5 分				
		盘车无卡涩	5	未盘车扣 5 分				
3	切换油泵	解除联动开关	5	未解除联动扣 5 分				
		关闭循环门	5	未关闭扣 5 分				
		投入备用泵	10	未投入备用泵扣 10 分				
		缓慢开启备用泵出口门	5	快速开启扣 5 分				
		缓慢关闭运行泵出口门	5	快速关闭扣 5 分				
		监视两台泵出口压力	5	未监视扣 5 分				
		运行泵出口门关闭后，停止运行	10	未停运扣 10 分				
4	完成操作	暖泵后备用	5	未暖泵扣 5 分				
		投入联动开关	5	未投入扣 5 分				
		检查运行泵	5	未检查扣 5 分				
5	安全及其他	按国家或企业有关安全规定执行操作		违规一次从总分中扣 5 分；严重违规停止操作			—	
		在规定时间内完成		超时停止操作			—	
		合　　计	100					

试题 8：油泵运行中的调整(现场模拟操作)

（考核时间：25min）

序号	考核内容	考核要点	配分	评分标准	检测结果	扣分	得分	备注
1	准备工作	工具、用具准备	7	工具、用具不齐全扣 7 分				
		穿戴劳保用品规范	3	穿戴不规范扣 3 分				
2	供油压力高的调整	开大至油罐的循环门	10	未开大扣 10 分				
		联系锅炉询问负荷变化	10	未询问扣 10 分				

续表

序号	考核内容	考核要点	配分	评分标准	检测结果	扣分	得分	备注
		调整油泵出口门开度	10	未调整扣10分				
		多台泵运行可停止一台	10	未停止扣10分				
3	供油压力低的调整	检查电动机电流	10	未检查扣10分				
		联系锅炉询问负荷变化	10	未询问扣10分				
		关小到油罐循环门	10	未关小扣10分				
		检查管路密封	10	未检查扣10分				
		负荷大，可启动备用泵	10	未启动备用泵扣10分				
4	安全及其他	按国家或企业有关安全规定执行操作		违规一次从总分中扣5分；严重违规停止操作			—	
		在规定时间内完成		超时停止操作			—	
合计			100					

试题9：储油罐的调整(现场模拟操作)

(考核时间：25min)

序号	考核内容	考核要点	配分	评分标准	检测结果	扣分	得分	备注
1	准备工作	工具、用具准备	2	工具、用具不齐全扣2分				
		穿戴劳保用品规范	3	穿戴不规范扣3分				
		检查油罐油温	10	未检查扣10分				
		检查油罐油位	10	未检查扣10分				
		检查管道阀门情况	10	未检查扣10分				
2	调整油罐油位	调低油位：打开供油门，打开备用油罐回油门，关闭油罐回油门	10	未打开供油门扣4分				
				未打开备用油罐回油门扣3分				
				未关闭回油门扣3分				
		调高油位：打开备用罐供油门，打开油罐回油门，关闭备用罐回油门	10	未打开备用罐供油门扣4分				
				未打开回油门扣3分				
				未关闭备用罐回油门扣3分				
3	调整油罐油温	调高油温：打开局部加热器，开大油泵出口加热器加热门	10	未打开局部加热器扣5分				
				未开大油泵出口加热器加热门扣5分				
		调低油温：关小局部加热器，关小油泵出口加热器	10	未关小局部加热器扣5分				
				未关小油泵出口加热器扣5分				

续表

序号	考核内容	考核要点	配分	评分标准	检测结果	扣分	得分	备注
4	调整油罐内燃油含水	打开脱水门观察门，稍开脱水门，检查含水量	10	未打开扣4分				
				开大脱水门扣3分				
				未检查扣3分				
		冲洗油罐脱水管	10	未冲洗扣10分				
		开启脱水门对油罐脱水	5	未开启扣2分				
				未对油罐脱水扣3分				
5	安全及其他	按国家或企业有关安全规定执行操作		违规一次从总分中扣5分；严重违规停止操作			—	
		在规定时间内完成		超时停止操作			—	
合计			100					

试题10：电机振动给煤机检修措施(现场模拟操作)

（考核时间：25min）

序号	考核内容	考核要点	配分	评分标准	检测结果	扣分	得分	备注
1	准备工作	工具、用具准备	2	工具、用具不齐全扣2分				
		穿戴劳保用品规范	3	穿戴不规范扣3分				
		调整运行方式	5	未调整扣5分				
2	清理积煤	将料口3m内的煤拉空	10	未拉空扣10分				
		将给料机内煤拉空	10	未拉空扣10分				
		将要检修侧皮带上的煤拉空	10	未拉空扣10分				
3	切换开关	将检修的给料机打到检修状态	10	未打到检修状态扣10分				
		将检修侧的皮带机打到检修状态	10	未打到检修状态扣10分				
		将检修的给料机转换开关打到就地，挂禁止操作牌	10	未转换开关扣5分				
				未挂牌扣5分				
		将检修侧的皮带机转换开关打到就地，挂禁止操作牌	10	未转换开关扣5分				
				未挂牌扣5分				
4	设备断电	通知电气人员给检修的给料机断电，挂禁止操作牌	10	未通知断电扣5分				
				未挂牌扣5分				
		给检修侧皮带机断电，挂禁止操作牌	10	未通知断电扣5分				
				未挂牌扣5分				
5	安全及其他	按国家或企业有关安全规定执行操作		违规一次从总分中扣5分；严重违规停止操作			—	
		在规定时间内完成		超时停止操作			—	
合计			100					

试题 11：电机振动给料机故障的处理（现场模拟操作）

（考核时间：25min）

序号	考核内容	考核要点	配分	评分标准	检测结果	扣分	得分	备注
1	准备工作	工具、用具准备	2	工具、用具不齐全扣2分				
		穿戴劳保用品规范	3	穿戴不规范扣3分				
		调整运行方式	5	未调整扣5分				
2	处理机器不振动故障	更换熔丝	5	未更换扣5分				
		维修电源线	10	未维修扣10分				
3	处理温度升高故障	检修轴承	10	未检修扣10分				
		检修电机	5	未检修扣10分				
		检修转子	5	未检修扣5分				
4	处理噪声大故障	紧固振动器内部零件	10	未紧固扣10分				
		维修槽体	10	未维修扣10分				
		紧固螺栓	5	未紧固扣5分				
5	处理电流故障	使两台振动器同步工作	10	未处理扣10分				
		减小负载	10	未减负载扣10分				
		通知电气维修电路	10	未通知维修电路扣10分				
6	安全及其他	按国家或企业有关安全规定执行操作		违规一次从总分中扣5分；严重违规停止操作			—	
		在规定时间内完成		超时停止操作			—	
合计			100					

试题 12：电磁振动给料机检修措施（现场模拟操作）

（考核时间：25min）

序号	考核内容	考核要点	配分	评分标准	检测结果	扣分	得分	备注
1	准备工作	工具、用具准备	2	工具、用具不齐全扣2分				
		穿戴劳保用品规范	3	穿戴不规范扣3分				
		调整运行方式	5	未调整扣5分				
2	清理积煤	将料口3m内的煤拉空	10	未拉空扣10分				
		将给料机内煤拉空	10	未拉空扣10分				
		将要检修侧皮带上的煤拉空	10	未拉空扣10分				
3	切换开关	将检修的给料机打到检修状态	10	未打到检修状态扣10分				
		将检修侧的皮带机打到检修状态	10	未打到检修状态扣10分				

续表

序号	考核内容	考核要点	配分	评分标准	检测结果	扣分	得分	备注
		将检修的给料机转换开关打到就地，挂禁止操作牌	10	未转换开关扣5分				
				未挂牌扣5分				
		将检修侧的皮带机转换开关打到就地，挂禁止操作牌	10	未转换开关扣5分				
				未挂牌扣5分				
4	设备断电	通知电气人员给检修的给料机断电，挂禁止操作牌	10	未通知断电扣5分				
				未挂牌扣5分				
		通知电气人员给检修侧皮带机断电，挂禁止操作牌	10	未通知断电扣5分				
				未挂牌扣5分				
5	安全及其他	按国家或企业有关安全规定执行操作		违规一次从总分中扣5分；严重违规停止操作			—	
		在规定时间内完成		超时停止操作			—	
合计			100					

试题13：电磁振动给料机故障的处理(现场模拟操作)

（考核时间：25min）

序号	考核内容	考核要点	配分	评分标准	检测结果	扣分	得分	备注
1	准备工作	工具、用具准备	2	工具、用具不齐全扣2分				
		穿戴劳保用品规范	3	穿戴不规范扣3分				
		调整运行方式	5	未调整扣5分				
2	处理机器不振动故障	更换熔丝	5	未更换扣5分				
		维修绕组导线	10	未维修扣10分				
3	处理振动微弱故障	更换可控硅	10	未更换扣10分				
		清理板弹簧间隙内堵塞物	10	未清理扣10分				
4	处理噪声大故障	更换弹簧板	10	未更换扣10分				
		调整铁芯和衔铁间隙	10	未调整扣10分				
		紧固螺栓	5	未紧固扣5分				
5	处理电流故障	更换绕组	10	未更换扣10分				
		调整气隙到标准值	10	未调整扣10分				
		清理料槽内黏煤	10	未清理扣10分				
6	安全及其他	按国家或企业有关安全规定执行操作		违规一次从总分中扣5分；严重违规停止操作			—	
		在规定时间内完成		超时停止操作			—	
合计			100					

试题 14：消防泵检修措施（现场模拟操作）

（考核时间：25min）

序号	考核内容	考核要点	配分	评分标准	检测结果	扣分	得分	备注
1	准备工作	工具、用具准备	2	工具、用具不齐全扣 2 分				
		穿戴劳保用品规范	3	穿戴不规范扣 3 分				
		合理调整运行方式，保证母管压力	5	未调整扣 3 分				
				母管压力不正常扣 2 分				
2	保护措施	关闭检修泵的出口门	5	未关闭扣 5 分				
		在检修泵的出口门上挂禁止操作牌	5	未挂禁止操作牌扣 5 分				
		断开检修泵的操作开关	10	未断开扣 10 分				
		在操作开关上挂禁止操作牌	5	未挂禁止操作牌扣 5 分				
		关闭检修泵的入口门	10	未关闭扣 10 分				
		在检修泵入口门挂禁止操作牌	5	未挂禁止操作牌扣 5 分				
3	检修措施	检查泵运转情况	5	未查找扣 5 分				
		泵倒转，校严出口门	10	未校严扣 10 分				
		开启泵本体放水门	10	未开启扣 10 分				
		将水放净	10	未放净水扣 10 分				
		通知电气人员切断检修泵电源	10	未通知扣 10 分				
		在电源上挂禁止操作牌	5	未挂禁止操作牌扣 5 分				
4	安全及其他	按国家或企业有关安全规定执行操作		违规一次从总分中扣 5 分；严重违规停止操作			—	
		在规定时间内完成		超时停止操作			—	
合计			100					

试题 15：缓冲锁气器检修措施（现场模拟操作）

（考核时间：25min）

序号	考核内容	考核要点	配分	评分标准	检测结果	扣分	得分	备注
1	准备工作	工具、用具准备	2	工具、用具不齐全扣 2 分				
		穿戴劳保用品规范	3	穿戴不规范扣 3 分				
		合理调整运行方式	10	未调整扣 5 分				

续表

序号	考核内容	考核要点	配分	评分标准	检测结果	扣分	得分	备注
2	电气措施	通知电气人员将要检修侧上级设备断电，并挂禁止操作牌	10	未通知断电扣5分				
				未挂禁止操作牌扣5分				
		通知电气人员将要检修侧下级设备断电，并挂禁止操作牌	10	未通知断电扣5分				
				未挂禁止操作牌扣5分				
3	运行措施	将要检修侧上级设备打到检修位置	10	未操作扣10分				
		将要检修侧下级设备打到检修位置	10	未操作扣5分				
		将上级设备转换开关打到手动位置，并挂禁止操作牌	10	未操作扣5分				
				未挂禁止操作牌扣5分				
		将下级设备转换开关打到手动位置，并挂禁止操作牌	10	未操作扣5分				
				未挂禁止操作牌扣5分				
4	检修前检查	检查检修侧上级皮带，有积煤必须清除干净	10	未检查扣10分				
				有积煤未清理扣5分				
		检查上方落煤管，有积煤清除干净	10	未检查扣10分				
				有积煤未清理扣5分				
		检查脚手架安全可靠	5	未检查扣5分				
5	安全及其他	按国家或企业有关安全规定执行操作		违规一次从总分中扣5分；严重违规停止操作			—	
		在规定时间内完成		超时停止操作			—	
		合　计	100					

试题16：滤油器堵塞的处理(现场模拟操作)

(考核时间：25min)

序号	考核内容	考核要点	配分	评分标准	检测结果	扣分	得分	备注
1	准备工作	工具、用具准备	2	工具、用具不齐全扣2分				
		穿戴劳保用品规范	3	穿戴不规范扣3分				
2	切换滤油器	投入备用滤油器	5	未投入扣5分				
		停止故障滤油器	5	未停止扣5分				
3	判断故障点	检查燃油温度	10	未检查扣10分				
		检查滤油器压力差	10	未检查扣10分				
		取油样检查油质	10	未检查油质扣10分				
4	消除故障点	提高燃油温度	10	未提高温度扣10分				
		冲洗滤油器	10	未冲洗扣10分				

续表

序号	考核内容	考核要点	配分	评分标准	检测结果	扣分	得分	备注
5	重新充油	开启滤油器放空门	10	未开启扣10分				
		缓慢开启入口门充油	5	未充油扣5分				
		放空门出油立即关闭放空门	5	未关闭扣5分				
		开启压力表门	10	未开启扣10分				
		试运行	5	未试运扣10分				
6	安全及其他	按国家或企业有关安全规定执行操作		违规一次从总分中扣5分；严重违规停止操作			—	
		在规定时间内完成		超时停止操作			—	
合　计			100					

试题17：加热器漏油的处理(现场模拟操作)

(考核时间：25min)

序号	考核内容	考核要点	配分	评分标准	检测结果	扣分	得分	备注
1	准备工作	工具、用具准备	2	工具、用具不齐全扣2分				
		穿戴劳保用品规范	3	穿戴不规范扣3分				
2	调整供油压力	开大加热器入口门	5	未开大扣5分				
		开大加热器出口门	5	未开大扣5分				
		调高油泵压力	5	未调高扣5分				
3	调整供油温度	开大加热器加热总门	5	未开大扣5分				
		开大加热器疏水门	5	未开大扣5分				
		开大加热器加热门	5	未开大扣5分				
4	解列泄漏加热器	关闭加热器入口门	10	未关闭扣10分				
		关闭加热器出口门	10	未关闭扣10分				
		关闭加热门	10	未关闭扣10分				
		关闭疏水门	10	未关闭扣10分				
5	工作结束	冲洗加热器	10	未冲洗扣10分				
		试运行	10	未试运行扣10分				
		清理现场	5	未清理扣5分				
6	安全及其他	按国家或企业有关安全规定执行操作		违规一次从总分中扣5分；严重违规停止操作			—	
		在规定时间内完成		超时停止操作			—	
合　计			100					

试题 18：油泵机组振动和异音的处理(现场模拟操作)

(考核时间：25min)

序号	考核内容	考核要点	配分	评分标准	检测结果	扣分	得分	备注
1	准备工作	工具、用具准备	2	工具、用具不齐全扣 2 分				
		穿戴劳保用品规范	3	穿戴不规范扣 3 分				
		停止设备运行	5	未停止扣 5 分				
2	处理项目	重新找正	5	未重新找正扣 5 分				
		紧固地脚螺丝	10	未紧固扣 10 分				
		更换叶轮	10	未更换扣 10 分				
		重新装配转动部分	10	未重新装配扣 10 分				
		更换轴承	10	未更换扣 10 分				
		更换轮轴	10	未更换扣 10 分				
		清洗叶轮	10	未清洗扣 10 分				
		增加来油量	10	未增加扣 10 分				
		排除泵内空气	10	未排空扣 10 分				
		重新装配轴承	5	未重新装配扣 5 分				
3	安全及其他	按国家或企业有关安全规定执行操作		违规一次从总分中扣 5 分；严重违规停止操作			—	
		在规定时间内完成		超时停止操作			—	
	合　计		100					

试题 19：电磁振动给料机的维护保养(现场模拟操作)

(考核时间：25min)

序号	考核内容	考核要点	配分	评分标准	检测结果	扣分	得分	备注
1	准备工作	工具、用具准备	2	工具、用具不齐全扣 2 分				
		穿戴劳保用品规范	3	穿戴不规范扣 3 分				
2	维护保养	电位器旋转应缓慢	10	旋转快扣 10 分				
		电流不稳定应立即维修	10	未维修扣 10 分				
		检查板弹簧组压紧螺栓	10	不紧固扣 10 分				
		检查电磁铁螺栓	10	不检查扣 10 分				
		检查电磁铁与衔铁之间的间隙	10	间隙过小或过大扣 10 分				
		控制铁心和衔铁零部件间隙	10	控制不好碰撞扣 10 分				
		维持恒定出力	10	未维持恒力扣 10 分				
		控制振幅变化	10	未控制振幅扣 10 分				

续表

序号	考核内容	考核要点	配分	评分标准	检测结果	扣分	得分	备注
3	清洁	清理料槽内黏煤	10	未清理扣 10 分				
		清理料槽内杂物	5	未清理扣 5 分				
4	安全及其他	按国家或企业有关安全规定执行操作		违规一次从总分中扣 5 分；严重违规停止操作			—	
		在规定时间内完成		超时停止操作			—	
合　计			100					

试题 20：桥式抓斗起重机大车行走机构的维护(现场模拟操作)

(考核时间：25min)

序号	考核内容	考核要点	配分	评分标准	检测结果	扣分	得分	备注
1	准备工作	工具、用具准备	2	工具、用具不齐全扣 2 分				
		穿戴劳保用品规范	3	穿戴不规范扣 3 分				
2	保养	清理轨道上杂物	10	未清理扣 10 分				
		紧固轨道螺栓	10	未紧固扣 10 分				
		保养车轮轮缘	10	未保养扣 10 分				
		保养抱闸轮使表面清洁	10	未保养扣 10 分				
		保证抱闸与轴装配牢固	10	不牢固扣 10 分				
3	维护	维护夹轨器	10	未维护扣 10 分				
		维护闸瓦	10	未维护扣 10 分				
		维护联轴器	10	未维护扣 10 分				
		维护轴承	10	未维护扣 10 分				
		维护钢架连接件	5	未维护扣 5 分				
4	安全及其他	按国家或企业有关安全规定执行操作		违规一次从总分中扣 5 分；严重违规停止操作			—	
		在规定时间内完成		超时停止操作			—	
合　计			100					

试题 21：垂直拉紧滚筒下积煤的清理(现场模拟操作)

(考核时间：25min)

序号	考核内容	考核要点	配分	评分标准	检测结果	扣分	得分	备注
1	准备工作	工具、用具准备	2	工具、用具不齐全扣 2 分				
		穿戴劳保用品规范	3	穿戴不规范扣 3 分				

续表

序号	考核内容	考核要点	配分	评分标准	检测结果	扣分	得分	备注
2	措施	通知电气值班员切断皮带电源，并挂禁止操作牌	10	未通知扣5分				
				未挂禁止操作牌扣5分				
		将皮带打到检修位置	10	未操作扣10分				
		将皮带的转换开关打到就地位置，并挂禁止操作牌	10	未操作扣5分				
				未挂禁止操作牌扣5分				
		设专人监护	10	未设监护人扣10分				
3	清理操作	使用扁铲顺滚筒与轴承基座固定框架自然形成的沟槽清理积煤	10	工具使用错误扣5分				
				清理位置不正确扣5分				
		顺向清理，不可损伤滚筒包胶	10	方向错误扣5分				
				损伤滚筒包胶扣5分				
		清理配重上的积煤	10	工具使用错误扣5分				
				位置错误扣5分				
		清理构架上的积煤	10	工具使用错误扣5分				
				位置错误扣5分				
		清理完毕后通知程控	10	未通知扣10分				
		将所有措施恢复	5	未恢复措施扣5分				
4	安全及其他	按国家或企业有关安全规定执行操作		违规一次从总分中扣5分；严重违规停止操作			—	
		在规定时间内完成		超时停止操作			—	
合计			100					

试题22：垂直拉紧滚筒上积煤的清理(现场模拟操作)

(考核时间：25min)

序号	考核内容	考核要点	配分	评分标准	检测结果	扣分	得分	备注
1	准备工作	工具、用具准备	2	工具、用具不齐全扣2分				
		穿戴劳保用品规范	3	穿戴不规范扣3分				
2	措施	通知电气值班员切断皮带电源，并挂禁止操作牌	10	未通知扣5分				
				未挂禁止操作牌扣5分				
		将皮带打到检修位置	10	未操作扣10分				
		将皮带的转换开关打到就地位置，并挂禁止操作牌	10	未操作扣5分				
				未挂禁止操作牌扣5分				
		设专人监护	10	未设监护人扣10分				

续表

序号	考核内容	考核要点	配分	评分标准	检测结果	扣分	得分	备注
3	清理积煤步骤	要站在拉紧装置改向滚筒两侧用长钎子，顺滚筒轴向清理滚筒上的积煤	10	站位错误扣5分				
				方向不正确扣5分				
		取消皮带检修状态	10	未取消扣10分				
		由值班员就地转动皮带，将滚筒转到合适位置	10	未操作扣5分				
				位置不合适扣5分				
		通知电气值班员切断皮带电源，并挂禁止操作牌	10	未通知扣5分				
				未挂牌扣5分				
		清理完毕后通知程控	10	未通知扣10分				
		将所有措施恢复	5	未恢复措施扣5分				
4	安全及其他	按国家或企业有关安全规定执行操作		违规一次从总分中扣5分；严重违规停止操作			—	
		在规定时间内完成		超时停止操作			—	
合计			100					

试题23：消防水泵运行中的维护(现场模拟操作)

(考核时间：25min)

序号	考核内容	考核要点	配分	评分标准	检测结果	扣分	得分	备注
1	准备工作	工具、用具准备	2	工具、用具不齐全扣2分				
		穿戴劳保用品规范	3	穿戴不规范扣3分				
2	维护仪表	检查电流表、电压表指示	10	未检查电流表扣5分				
				未检查电压表扣5分				
		检查指示灯显示	5	未检查指示灯扣5分				
		维护操作开关	5	未维护操作开关扣5分				
		检查出口压力	5	未检查出口压力扣5分				
		根据需要调整供水压力、流量	10	未调整供水压力扣5分				
				未调整流量扣5分				
3	维护管路阀门	维护入口门门体、法兰	5	未维护门体扣2分				
				未维护法兰扣3分				
		维护出口门门体、法兰	5	未维护门体扣2分				
				未维护法兰扣3分				
		维护泵前后管路	10	未维护泵前管路扣5分				
				未维护泵后管路扣5分				

续表

序号	考核内容	考核要点	配分	评分标准	检测结果	扣分	得分	备注
4	维护泵体	检查油质、油位，必要时更换、加油	10	未检查油质扣3分				
				未检查油位扣3分				
				未更换扣2分				
				未加油扣2分				
		检查电动机静子温度	5	未检查静子温度扣5分				
		检查电动机轴承温度、振动、声音	10	未检查轴承温度扣3分				
				未检查轴承振动扣4分				
				未检查轴承声音扣3分				
		检查泵体声音、密封、清洁情况	10	未检查泵体声音扣3分				
				未检查泵体密封扣4分				
				未清理扣3分				
		清理泵周围杂物	5	未清理杂物扣5分				
5	安全及其他	按国家或企业有关安全规定执行操作		违规一次从总分中扣5分；严重违规停止操作			—	
		在规定时间内完成		超时停止操作			—	
合计			100					

试题24：高压母管的冲洗(现场模拟操作)

（考核时间：25min）

序号	考核内容	考核要点	配分	评分标准	检测结果	扣分	得分	备注
1	准备工作	工具、用具准备	2	工具、用具不齐全扣2分				
		穿戴劳保用品规范	3	穿戴不规范扣3分				
		通知锅炉开启炉前回油门	5	未通知扣5分				
2	冲洗前准备	关闭各供油泵入口门	5	未关闭扣5分				
		关闭供油泵旁路门	5	未关闭扣5分				
		关闭供油泵放油门	5	未关闭扣5分				
		关闭加热器的放油门	5	未关闭扣5分				
		关闭高压管回油门	5	未关闭扣5分				
		关闭回油到滤油器母管前的回油门	10	未关闭扣5分				
3	冲洗操作	开启冲洗油罐回油门	10	未开启扣10分				
		开启蒸汽冲洗总门	10	未开启扣10分				
		开启各供油泵冲洗门	10	未开启扣10分				
		冲洗完毕关闭蒸汽门、冲洗总门	10	未关闭蒸汽门扣5分				
				未关闭冲洗总门扣5分				
		关闭油罐回油门、供油泵冲洗门	10	未关闭油罐回油门扣5分				
				未关闭供泵冲洗门扣5分				

续表

序号	考核内容	考核要点	配分	评分标准	检测结果	扣分	得分	备注
4	安全及其他	按国家或企业有关安全规定执行操作		违规一次从总分中扣5分；严重违规停止操作			—	
		在规定时间内完成		超时停止操作			—	
合计			100					

试题25：加热器的冲洗(现场模拟操作)

(考核时间：25min)

序号	考核内容	考核要点	配分	评分标准	检测结果	扣分	得分	备注
1	准备工作	工具、用具准备	2	工具、用具不齐全扣2分				
		穿戴劳保用品规范	3	穿戴不规范扣3分				
		关闭加热器入口门	5	未关闭扣5分				
		关闭加热器出口门	5	未关闭扣5分				
		关闭加热器加热门	5	未关闭扣5分				
		关闭加热器疏水门	10	未关闭扣10分				
2	冲洗操作	开启加热器放油门	10	未开启扣10分				
		开启加热器蒸汽总门	10	未开启扣10分				
		关闭加热器放空门	10	未关闭扣10分				
		缓慢开启加热器冲洗门	10	未开启扣5分				
				开启速度快扣5分				
		将油冲到污油坑	10	未冲到污油坑扣10分				
3	结束冲洗	关闭冲洗门	5	未关闭扣5分				
		关闭放油门	5	未关闭扣5分				
		稍开加热门、疏水门，保持热备用	10	未稍开扣2分				
				加热门打开过大扣3分				
				未稍开扣2分				
				疏水门打开过大扣3分				
4	安全及其他	按国家或企业有关安全规定执行操作		违规一次从总分中扣5分；严重违规停止操作			—	
		在规定时间内完成		超时停止操作			—	
合计			100					

试题 26：供油泵的冲洗(现场模拟操作)

(考核时间：25min)

序号	考核内容	考核要点	配分	评分标准	检测结果	扣分	得分	备注
1	准备工作	工具、用具准备	2	工具、用具不齐全扣 2 分				
		穿戴劳保用品规范	3	穿戴不规范扣 3 分				
		关闭供油泵循环门	5	未关闭扣 5 分				
		关闭供油泵入口门	5	未关闭扣 5 分				
		关闭供油泵出口门	5	未关闭扣 5 分				
		关闭与供油泵放油管相连的阀门	5	未关闭扣 5 分				
2	冲洗操作	关闭供油泵压力表门	10	未关闭扣 10 分				
		开大供油泵冷却水门	10	未开大扣 10 分				
		打开供油泵放油门	10	未打开扣 10 分				
		开启冲洗总门	10	未开启扣 10 分				
		缓慢开启供油泵冲洗门	10	未开启扣 5 分				
				开启速度快扣 5 分				
		盘车	5	未盘车扣 5 分				
3	冲洗结束操作	关闭冲洗总门	5	未关闭扣 5 分				
		关闭供油泵冲洗门	5	未关闭扣 5 分				
		关闭放油门、关闭冷却水门	10	未关闭放油门扣 5 分				
				未关闭冷却水门扣 5 分				
4	安全及其他	按国家或企业有关安全规定执行操作		违规一次从总分中扣 5 分；严重违规停止操作			—	
		在规定时间内完成		超时停止操作			—	
合计			100					

试题 27：滤油器的冲洗(现场模拟操作)

(考核时间：25min)

序号	考核内容	考核要点	配分	评分标准	检测结果	扣分	得分	备注
1	准备工作	工具、用具准备	2	工具、用具不齐全扣 2 分				
		穿戴劳保用品规范	3	穿戴不规范扣 3 分				
		关闭入口门	5	未关闭扣 5 分				
		关闭出口门	5	未关闭扣 5 分				
		关闭压力表门	5	未关闭扣 5 分				
		关闭放空门	5	未关闭扣 5 分				

续表

序号	考核内容	考核要点	配分	评分标准	检测结果	扣分	得分	备注
2	冲洗操作	开启放油门	10	未开启扣 10 分				
		开启排渣门	10	未开启扣 10 分				
		开启冲洗总门	10	未开启扣 10 分				
		开启滤油器冲洗门	10	未开启扣 10 分				
		冲至污油坑	10	未冲至污油坑扣 10 分				
3	冲洗结束操作	关闭滤油器冲洗门	5	未关闭扣 5 分				
		关闭冲洗总门	5	未关闭扣 5 分				
		关闭放油门	5	未关闭扣 5 分				
		关闭排渣门	10	未关闭扣 10 分				
4	安全及其他	按国家或企业有关安全规定执行操作		违规一次从总分中扣 5 分；严重违规停止操作			—	
		在规定时间内完成		超时停止操作			—	
合计			100					

第四部分

技　师

一、石油石化职业资格等级标准(技师工作要求)

职业功能	工作内容	技能要求	相关知识
一、故障判断与处理	(一)判断处理输煤及卸储煤设备故障	1. 能判断链斗卸车机故障原因 2. 能判断门式滚轮堆取料机故障原因 3. 能判断和处理变频调速振动给料机故障 4. 能判断和处理叶轮给煤机故障 5. 能判断和处理配煤车故障 6. 能检修储煤罐 7. 能处理装卸桥故障 8. 能处理侧倾式翻车机故障 9. 能处理底开门自卸车故障	1. 链斗卸车机的结构及组成 2. 门式滚轮堆取料机故障原因分析 3. 变频调速振动给料机的性能参数 4. 叶轮给煤机的结构及性能参数 5. 配煤车的结构及性能参数 6. 储煤罐的结构及性能参数 7. 装卸桥的结构及故障处理方法 8. 侧倾式翻车机的结构及组成 9. 底开门自卸车的结构及组成
	(二)判断处理燃油设备故障	1. 能判断蒸汽系统故障原因 2. 能判断吹扫油污系统故障原因 3. 能处理储油设备故障 4. 能处理供油设备故障 5. 能处理污水处理系统故障 6. 能处理蒸汽系统故障 7. 能处理吹扫油污系统故障	1. 蒸汽系统故障原因分析 2. 吹扫油污系统运行参数 3. 储油设备的结构及组成 4. 供油设备的结构及组成 5. 污水处理系统故障处理方法 6. 蒸汽系统故障处理方法 7. 吹扫油污系统故障处理方法
	(三)判断处理燃料集控设备故障	1. 能处理计算机故障 2. 能处理控制云台故障	1. 计算机故障的诊断方法 2. 控制云台程序的性能参数
二、设备维护与保养	(一)维护保养输煤及卸储煤设备	1. 能维护保养叶轮给煤机 2. 能维护保养输煤辅助设备 3. 能维护保养底开门自卸车 4. 能维护保养链斗卸车机 5. 能维护保养门式滚轮堆取料机	1. 叶轮给煤机保养方法 2. 输煤辅助设备保养方法 3. 底开门自卸车日常维护规定 4. 链斗卸车机管理规定 5. 门式滚轮堆取料机管理规定
	(二)维护保养燃油设备	1. 能维护保养污水处理设备 2. 能维护保养蒸汽系统 3. 能维护保养吹扫油污系统	1. 污水处理设备管理规定 2. 蒸汽系统日常管理规定 3. 吹扫油污系统管理规定
	(三)维护保养燃料集控设备	1. 能维护保养计算机 2. 能维护保养控制云台 3. 能维护保养工业电视	1. 计算机硬件清理方法 2. 计算机系统维护知识 3. 控制云台系统管理规定 4. 工业电视清理方法
三、设备调试与验收	(一)调试和验收输煤及卸储煤设备	1. 能调试输煤设备 2. 能调试卸储煤设备 3. 能验收输煤设备 4. 能验收卸储煤设备	1. 输煤设备调试内容 2. 卸储煤设备调试内容 3. 输煤设备验收标准 4. 卸储煤设备验收标准
	(二)调试和验收燃油设备	1. 能调试卸油设备 2. 能调试供油系统 3. 能验收油泵 4. 能验收储油设备	1. 卸油设备调试内容 2. 卸油设备安装工艺 3. 供油系统调试内容 4. 油泵验收标准 5. 储油设备验收标准
四、综合管理	(一)生产管理	1. 能编制事故预案 2. 能组织反事故演习 3. 能提出设备技改方案	1. 设备事故预案的编写方法 2. 反事故演习方法及注意事项 3. 设备技改方案的制定方法
	(二)培训指导	1. 能对初、中、高级燃料值班员进行培训 2. 能制作多媒体	1. 培训教案的编写方法 2. 计算机多媒体制作知识

二、理论知识鉴定要素细目表

鉴定范围						鉴定点		
一级		二级		三级		代码	名称	重要程度
代码	名称	代码	名称	代码	名称			
A	基本要求	A	基础知识	A	电工基础知识	001	复杂电路的计算方法	X
						002	交流电路的计算方法	X
						003	整流电路的特性	Y
						004	数字电路的特性	X
						005	微机监控系统的特点	X
						006	集成放大器特性	Y
						007	变压器的特点	X
						008	变压器的作用	X
				B	机械基础知识	001	流体静力学基本方程式的内容	X
						002	流体静力学基本方程式的意义	X
						003	流体能量方程式的适用条件	Y
						004	流体能量方程式的意义	X
						005	装配的工艺要求	X
						006	装配精度的内容	Y
						007	装配的合理性	X
						008	齿轮传动的失效形式	X
						009	轴的分类	X
						010	轴的结构设计	X
						011	回热循环系统	Y
						012	回热循环热效应	X
				C	安全质量环保知识	001	防尘防毒的措施	Y
						002	废水的治理方法	X
						003	废气的治理方法	X
						004	废渣的治理方法	Y
						005	ISO 9001 体系标准的总体思路	X
						006	ISO 9002 质量管理系列标准	X
						007	国家劳动安全卫生管理体制的内容	Y
						008	质量统计的排列图	X
				D	电力生产知识	001	火力发电厂的特点	X
						002	火力发电厂的额定参数	X
						003	火力发电厂的生产过程	X
						004	火力发电厂供水系统的特点	X
						005	火力发电厂保护装置的要求	X

续表

鉴定范围						鉴定点		
一级		二级		三级		代码	名称	重要程度
代码	名称	代码	名称	代码	名称			
B	相关知识	A	故障分析与处理	A	分析处理卸储煤设备故障	001	装卸桥常见故障的原因	X
						002	处理装卸桥常见故障	X
						003	检修储煤罐	Y
						004	处理叶轮给煤机故障	X
				B	分析处理燃油设备故障	001	处理油罐冒顶的方法	X
						002	处理油罐着火的方法	X
						003	离心泵的相似理论	X
						004	离心泵压水室的运用方法	Y
						005	离心泵联合运行方式	X
						006	离心泵的汽蚀余量	X
						007	离心泵型号表示方法	Y
						008	离心泵并联运行的特点	X
						009	离心泵串联运行的特点	X
						010	离心泵轴封的要求	X
						011	油泵的主要吹损部位	X
						012	离心泵机械的损失	X
				C	处理集控设备故障	001	监视系统主要部件的作用	X
						002	监视系统的软件组成	Y
						003	PLC 防止干扰的措施	X
						004	输煤系统的控制	X
						005	输煤系统程控的保护	X
						006	程控系统各站的功能	X
						007	计算机维修方法	X
		B	维护设备	A	维护保养输煤及卸储煤设备	001	装卸桥的结构	X
						002	维护装卸桥的方法	X
						003	维护底开车的方法	X
						004	底开车的结构	Y
						005	维护螺旋卸煤机的方法	X
						006	螺旋卸煤机的结构	X
						007	门式斗轮机的结构	X

续表

鉴定范围						鉴定点		
一级		二级		三级		代码	名称	重要程度
代码	名称	代码	名称	代码	名称			
				B	维护保养燃油设备	001	改进管路系统对油泵的影响	X
						002	燃油管道温降方式	X
						003	燃油管道的一般要求	X
						004	阀门检修时对运行人员的要求	X
						005	油罐的安全设施	X
						006	降低出油压力对系统的影响	X
				C	维护保养燃料集控设备	001	检测器的应用	X
						002	保护开关的应用	Z
						003	传感器的应用	X
						004	邮件账户的管理	X
						005	系统备份	X
						006	计算机供电的要求	X
						007	计算机维护要求	X
		C	设备调试与验收	A	调试和验收输煤及卸储煤设备	001	皮带给煤机的工艺要求	X
						002	皮带机找正的质量要求	X
						003	皮带系统检修后的质量标准	Z
						004	验收检修后的环式碎煤机	X
						005	反击式碎煤机验收的质量标准	X
						006	电磁振动给煤机的验收质量标准	X
						007	硫化粘接皮带的主要工序	X
						008	硫化接头的制作工艺过程	X
						009	皮带胶接的验收标准	X
						010	胶带连接的方法	X
						011	冷胶粘接皮带的主要工序	X
						012	拉紧装置验收的质量标准	X
						013	托辊支架的验收质量标准	X
						014	锤击式碎煤机检修质量标准	X
						015	配煤机的工艺及质量标准	X
						016	抱闸轮的工艺要求	X
						017	齿轮减速器的质量标准	X
						018	带式除铁器的质量标准	Y
						019	桥式抓斗起重吊抓斗的质量标准	X
						020	桥式抓斗起重吊行走的质量标准	X
						021	推煤机的验收质量标准	X

续表

鉴定范围						鉴定点		
一级		二级		三级		代码	名称	重要程度
代码	名称	代码	名称	代码	名称			
				B	调试和验收燃油设备	001	油罐的检验规定	X
						002	安装油罐部件的方法	X
						003	燃油管道法兰的安装要求	X
						004	燃油管道支架的安装要求	X
						005	离心泵泵轴的检修要求	X
						006	厂区管道的检验规定	X
						007	使用温差法测泵效的方法	X
						008	离心泵调节的重要性	X
						009	油系统质量检验的一般规定	X
						010	卸油装置的检验规定	X
						011	供油设备的检验规定	Y
						012	离心泵的变转速调节	X
						013	离心泵检修后同心度的要求	X
		D	综合管理	A	生产管理	001	班组管理的内容	X
						002	班组的岗位职责	X
						003	班组的经济管理	X
				B	培训教育	001	编写培训计划	X
						002	培训教学的基本要求	X
						003	编写培训教案	X

三、理论知识试题

判断题

1. 工程中常遇到较复杂的线性电路的计算问题，在保证一定精度的条件下，可以对电路简化估算，也可满足电路的需要。 (√)

2. 基尔霍夫定律只适用于复杂的直流电路计算。 (×)

正确答案：基尔霍夫定律适用于任何电路。

3. 两个同频率交流电的相位差就是其初相差。 (√)

4. 电阻器在频率很低时，其等效电路可简化为一个纯电阻。 (√)

5. 在单向桥式整流电路中，如果有一个整流管虚焊，则输出电压将降低。 (√)

6. 三相桥式半控电路中晶闸管的最大导通角是 $\pi/3$。 (×)

正确答案：三相桥式半控电路中晶闸管的最大导通角是 $2\pi/3$。

7. 数字信号是不连续的，在时间和幅度上都是离散的电信号。 (√)

8. 在逻辑运算中，能把所有可能条件组合及其结果一一对应列出的表格称为数值表。（×）

正确答案：在逻辑运算中，能把所有可能条件组合及其结果一一对应列出的表格称为真值表。

9. 微机监控系统终端响应并处理完毕后，会自动返回中断点继续运行。（√）

10. 微机监控系统的软件由系统软件和运行主程序组成。（×）

正确答案：微机监控系统的软件由系统软件和应用软件组成。

11. 运算放大器是一种高放大倍数的直接耦合放大器。（√）

12. 理想集成放大器的开环放大倍数为零。（×）

正确答案：理想集成放大器的开环放大倍数为无穷大。

13. 变压器中的铁芯主要作用是增加磁通量。（√）

14. 一般变压器的变比能随时变化，二次电压能随意调节。（×）

正确答案：一般变压器都有一个固定的变比，其二次电压不能随意调节。

15. 变压器在空载时，一次绕组中仅流过励磁电流。（√）

16. 变压器油枕起把油与空气隔离及调节内部油压的作用。（×）

正确答案：变压器油枕中的胶囊起把油与空气隔离及调节内部油压的作用。

17. 流体静力学方程只适用于可压缩流体。（×）

正确答案：流体静力学方程只适用于不可压缩流体。

18. 在重力作用下，重度不变的同一种连通的静止液体中，无论静力能头线或测压管能头线都是和基准面平行的水平线。（√）

19. 当所选取的两个液流过流断面之间有水泵或水轮机时，这两个断面仍能直接引用液体的能量方程式。（×）

正确答案：当所选取的两个液流过流断面之间有水泵或水轮机时，这两个断面就不能直接引用液体能量方程式。

20. 在实际液体中，任意两断面上总比能之差等于两断面之间液流的能量损失。（√）

21. 实际液流的总能头线是水平的。（×）

正确答案：实际液流的总能头线是倾斜的，并且顺着流动方向下降。

22. 液流某一过流断面的总能头等于下游另一过流断面的总能头加上这两个断面之间的阻力损失。（√）

23. 编制装配工艺规程时需要产品的总装图和部件装配图，而不需零件的工作图。（×）

正确答案：编制装配工艺规程时需要产品的总装图和部件装配图，以及主要零件的工作图。

24. 集中装配形式，工人技术水平要求较高，装配周期长，适用于装配精度高的单件小批生产。（×）

正确答案：集中装配形式，工人技术水平要求不高，装配周期长，适用于装配精度不高的单件小批生产。

25. 装配精度包括工作精度和位置精度。（×）

正确答案：装配精度包括工作精度和几何精度。

26. 构成装配尺寸链封闭外形的每个尺寸的偏差都影响装配精度。 (√)

27. 当两个零件接触时，在同一方向上的接触面，最好留有两个，这样既可满足装配要求，制造也较方便。 (×)

正确答案：当两个零件接触时，在同一方向上的接触面，最好只有一个，这样既可满足装配要求，制造也较方便。

28. 折断通常发生在齿根线靠近节线的齿面上。 (×)

正确答案：点蚀通常发生在齿根线靠近节线的齿面上。

29. 选用黏度较大或有添加剂的抗胶合润滑油可降低齿轮的抗胶合能力。 (×)

正确答案：选用黏度较大或有添加剂的抗胶合润滑油可提高齿轮的抗胶合能力。

30. 转轴是机器中最常见的轴。 (√)

31. 轴按其轴线形状可分为：直轴、曲轴。 (×)

正确答案：轴按其轴线形状可分为：直轴、曲轴和挠性钢丝轴。

32. 轴的受力情况、轴上零件的布置和固定形式都不是影响轴结构的因素。 (×)

正确答案：轴的受力情况、轴上零件的布置和固定形式都是影响轴结构的因素。

33. 轴上的零件应便于装拆和调整。 (√)

34. 回热循环的应用，减少了冷源损失，提高了给水温度。 (√)

35. 回热循环与朗肯循环基本原理是不同的。 (×)

正确答案：回热循环与朗肯循环基本原理是一样的。

36. 回热循环的实质是改进了的朗肯循环。 (√)

37. 当汽轮机的回热抽汽压力为新蒸汽压力时，回热收益比较大。 (×)

正确答案：当汽轮机的回热抽汽压力为新蒸汽压力时，无回热收益。

38. 当尘毒物质浓度超过国家卫生标准时，可采用通风净化方法使尘毒物质尽快排出。 (√)

39. 采取隔离操作，实现微机控制不属于防尘防毒的技术措施。 (×)

正确答案：采取隔离操作，实现微机控制属于防尘防毒的技术措施。

40. 含汞、铬、铅等的工业废水不能用化学沉淀法治理。 (×)

正确答案：含汞、铬、铅等的工业废水能用化学沉淀法治理。

41. 氧化还原属于工业废水化学处理法。 (√)

42. 一级除尘又叫机械除尘。 (√)

43. 甲醇能作为吸收剂用于吸收有机气体。 (√)

44. 废渣处理首先考虑综合利用的途径。 (√)

45. 含烷烃的废渣通常采用陆地填筑法。 (√)

46. 2000 版标准减少了过多强制性文件化要求，使组织更能结合自己的实际，控制体系过程，发挥组织的自我能力。 (√)

47. 2000 版标准质量修订后的核心标准包括 ISO 9004：2000 质量管理体系——业绩改进指南等。 (√)

48. ISO 9002 系列标准中的“ISO”是指国际质量认证体系。 (√)

49. ISO 9002 质量体系是设计生产和试验的质量保证模式。 (×)

正确答案：ISO 9002 质量体系是生产和安装的质量保证模式。

50. 我国在劳动安全卫生管理上实行群众参与的体制。（×）

正确答案：我国在劳动安全卫生管理上不实行群众参与的体制。

51. 劳动安全卫生管理体制中的“行业管理”就是行业主管部门根据本行业的实际和特点切实提出本行业的劳动安全卫生管理的各项规章制度，并监督检查各企业的贯彻执行情况。（√）

52. 质量统计排列图分析是质量成本分析的方法之一。（√）

53. 排列图是用来寻找影响产品质量的主要问题，确定质量改进关键项目的图。（√）

54. 火电的发展趋势是超高参数、大容量、高效率。（√）

55. 火力发电厂的生产过程概括起来就是：通过高温燃烧把燃料的化学能转变为热能，从而将水加热成高温高压的蒸汽；然后利用蒸汽推动汽轮机，把热能转变成转子转动的机械能，进而通过发电机把机械能转变为电能。（√）

56. 火力发电厂的锅炉是将蒸汽的热能转变为机械能的设备。（×）

正确答案：火力发电厂的汽轮机是将蒸汽的热能转变为机械能的设备。

57. 在给水系统中加入氨进行化学除氧来抑制系统铜部件的腐蚀。（×）

正确答案：在给水系统中加入联氨进行化学除氧来抑制系统铜部件的腐蚀。

58. 采用锅炉冷却水处理装置后，可以在工业水进入汽水系统之前除掉天然水中的杂质。（×）

正确答案：采用锅炉补给水处理装置后，可以在工业水进入汽水系统之前除掉天然水中的杂质。

59. 对保护装置选择性的要求，指的是保护装置在不该动作时不能误动作。（×）

正确答案：对保护装置可靠性的要求，指的是保护装置在不该动作时不能误动作。

60. 保护装置应具有灵敏性，即为防止故障扩大，减轻其危害程度，系统发生故障时，保护装置应尽快动作，切除故障。（×）

正确答案：保护装置应具有速动性，即为防止故障扩大，减轻其危害程度，系统发生故障时，保护装置应尽快动作，切除故障。

61. 减缓装卸桥钢丝绳磨损会造成滑轮转不动。（×）

正确答案：加快装卸桥钢丝绳磨损会造成滑轮转不动。

62. 装卸桥夹轨器太紧或未松开，可能导致大车给电后行走困难。（√）

63. 装卸桥大车给电后行走困难，处理方法是给轨道上油。（×）

正确答案：装卸桥大车给电后行走困难，处理方法是清除轨道上的杂物。

64. 装卸桥大车行走偏斜的处理方法是使两个行走电动机同步。（√）

65. 煤在罐中的储存天数一般不要超过半个月。（×）

正确答案：煤在罐中的储存天数一般不要超过三天。

66. 煤中水分的大小直接限制着储煤罐的使用。（√）

67. 叶轮给煤机控制器交流熔丝熔断处理方法是维修熔丝。（×）

正确答案：叶轮给煤机控制器交流熔丝熔断处理方法是更换烧坏的绕组，换新熔丝。

68. 发生油罐冒顶时应对冒顶油罐加热，尽快蒸发掉水分。（×）

正确答案：发生油罐冒顶时立即停止对冒顶油罐加热。

69. 发生火灾的油罐严禁向罐内浇水，可以向罐体浇水降温。（✓）

70. 发生火灾的油罐应立即解列，未着火的可以正常运行。（×）

正确答案：发生火灾的油罐应立即解列，火势控制不住时应停止其他油罐运行。

71. 因为保证两台泵雷诺数相等，所以动力相似在离心泵中十分重要。（×）

正确答案：因为保证两台泵雷诺数相等，所以流量相似在离心泵中十分重要。

72. 离心泵的相似理论反应了性能参数之间的相似关系。（✓）

73. 环形压水室的效率高于螺旋形压水室。（×）

正确答案：环形压水室的效率低于螺旋形压水室。

74. 离心泵的压水室不仅收集液体，还将液体动能转为压能。（✓）

75. 当采用一台泵不能满足流量或扬程要求时，只能停泵。（×）

正确答案：当采用一台泵不能满足流量或扬程要求时，可以通过油泵的联合运行来解决。

76. 有效汽蚀余量与泵本身无关。（✓）

77. 必需汽蚀余量与泵本身做汽蚀性能无关。（×）

正确答案：必需汽蚀余量与泵本身做汽蚀性能有关。

78. 串联是指前一台泵的出口向另一台泵的入口输送流体的工作方式。（✓）

79. 泵串联后扬程的增加小于管路阻力的增加。（×）

正确答案：泵串联后扬程的增加大于管路阻力的增加。

80. 串联是指前一台泵的出口向另一台泵的入口输送流体的工作方式。（✓）

81. 泵串联后扬程的增加小于管路阻力的增加。（×）

正确答案：泵串联后扬程的增加大于管路阻力的增加。

82. 泵的填料不要压的太紧。（✓）

83. 轴封结构是否合理，对泵的长期安全运行关系不大。（×）

正确答案：轴封结构是否合理，对泵的长期安全运行关系很大。

84. 油泵的各个部件除了经常受到油品的化学腐蚀外，还要受高温高压油流高速冲刷。（✓）

85. 对于再循环旁路的流量不够大的缺陷，可以采取增大再循环旁路通道的尺寸和适当缩小再循环出口处节流孔板尺寸的办法来消除。（×）

正确答案：对于再循环旁路的流量不够大的缺陷，可以采取增大再循环旁路通道的尺寸和适当加大再循环出口处节流孔板尺寸的办法来消除。

86. 采用机械式密封的离心泵的机械损失会小一些。（✓）

87. 离心泵的比转数减小，机械损失也会减小。（×）

正确答案：离心泵的比转数减小，机械损失也不会减小。

88. 通过解码器可控制镜头光圈、聚焦、焦距。（✓）

89. 电视监控系统的前端设备不一定同时使用，但摄像机和监听器是必不可少的。（×）

正确答案：电视监控系统的前端设备不一定同时使用，但摄像机和镜头是必不可少的。

90. 在地图窗口中，操作人员可以成组控制或单个控制所有的设备。（✓）

91. 系统运行参数设置程序主要完成主程序的设置。 (×)

正确答案： 系统运行参数设置程序主要完成系统运行参数的设置。

92. PLC 应远离高压设备和输电线，至少要有 100mm 的距离。 (×)

正确答案： PLC 应远离高压设备和输电线，至少要有 200mm 的距离。

93. PLC 的地线不要和其他设备共用，也不要将 PLC 的地线接到一个建筑物的大型金属结构上。 (√)

94. 输煤系统集中控制可以提高设备运行的安全可靠性。 (√)

95. 输煤系统实现集中控制可以改善运行人员的工作环境，但增加了劳动强度。 (×)

正确答案： 输煤系统实现集中控制可以改善运行人员的工作环境，减轻劳动强度。

96. 输煤系统程控的继电保护装置对各种故障有灵敏的反应能力。 (√)

97. 输煤系统程控接地保护装置应能及时可靠地动作，不应由于本身的缺陷而误动和拒动。 (×)

正确答案： 输煤系统程控继电保护装置应能及时可靠地动作，不应由于本身的缺陷而误动和拒动。

98. 数据库管理用于对系统中的数据进行存储以及各种操作。 (√)

99. 通信站可以双向通信，接收或发送内系统的实时数据。 (×)

正确答案： 通信站可以双向通信，接收或发送外系统的实时数据。

100. 微机出现故障征兆时，不恰当的操作只会给微机带来更严重的后果。 (√)

101. 微机出现故障时可随便插拔、更换各板卡和芯片。 (×)

正确答案： 微机出现故障时不可随便插拔、更换各板卡和芯片。

102. 装卸桥门架主梁一般做成内缩悬臂的形式，以扩大大小车行车范围。 (×)

正确答案： 装卸桥门架主梁一般做成外伸悬臂的形式，以扩大大小车行车范围。

103. 装卸桥的工作分为卸煤、堆煤、向系统上煤三种方式。 (√)

104. 装卸桥操作要平稳，加减速要缓慢。 (√)

105. 要定期为装卸桥的主要零部件进行安全技术检查、保养和润滑。 (√)

106. 卸车机卸车开关底门的动力为压力空气，只能由地面风源供给。 (×)

正确答案： 卸车机卸车开关底门的动力为压力空气，可由地面风源供给，也可由机车供给。

107. 为了防止卸车机车门被外人误开，应将手动开关的关门手轮卸下。 (√)

108. 底开车风动、空气制动在车辆的一端，手动传动装置和手制动装置装在车辆的另一端。 (×)

正确答案： 底开车风动、手动传动装置在车辆的一端，空气制动和手制动装置装在车辆的另一端。

109. 顶锁式底开车开闭机构因自锁的优点，能可靠地保证运行中的安全。 (√)

110. 螺旋卸煤机应定期用柴油清洗，达到摩擦表面光滑。 (×)

正确答案： 螺旋卸煤机应定期用煤油清洗，达到摩擦表面光滑。

111. 螺旋卸煤机两套螺旋可以垂直升降，也可以一高一低，以增加吃煤厚度，提高出力。 (√)

112. 螺旋卸煤机的出力一般为300~400t/h。 (√)

113. 螺旋卸煤机靠机械力的强制压下卸煤，吃煤的力是强加的，吃煤深度不可以人为控制。 (×)

正确答案：螺旋卸煤机靠机械力的强制压下卸煤，吃煤的力是强加的，吃煤深度可以人为控制。

114. 门式斗轮机小车运行机构的作用是载着滚轮沿活动梁左右行驶，完成斗轮堆料。 (×)

正确答案：斗轮机小车运行机构的作用是载着滚轮沿活动梁左右行驶，完成斗轮取料。

115. 门式斗轮机大车行车机构是支撑来料皮带的箱形架子结构。 (√)

116. 延长管路长度，可以降低油泵的动力消耗。 (×)

正确答案：延长管路长度，会增加油泵的动力消耗。

117. 减少管路中闸阀、弯头、孔板等部件，可以减少局部油压损失。 (√)

118. 热油传送时温降方式有两种。 (√)

119. 热油发生径向温降时，油流与管壁没有温差。 (×)

正确答案：热油发生径向温降时，油流与管壁有温差。

120. 燃油管道的保温如果有油渗入，应该及时更换。 (√)

121. 燃油管道应尽量多的使用法兰连接。 (×)

正确答案：燃油管道应尽量少使用法兰连接。

122. 阀门检修前必须保证阀门所连接的管道已从系统中断开。 (√)

123. 阀门检修前必须保证管道内压力充足。 (×)

正确答案：阀门检修前必须保证管道内没有压力。

124. 油罐应用不易燃材料建造。 (×)

正确答案：油罐应用不能燃烧的材料建造。

125. 油罐区应设有固定式和半固定式消防设施。 (√)

126. 减少油泵叶轮可以降低出油压力。 (√)

127. 关小阀门来节流，不会造成动力损耗。 (×)

正确答案：关小阀门来节流，会造成动力损耗。

128. 落煤筒堵煤监测器探棒不能伸入落煤管内以免被煤流冲击打坏。 (√)

129. 重锤式煤位检测仪是根据重锤落放的长度来测量料位高低。 (√)

130. 拉线开关是当皮带发生事故，需要紧急制动时的急停设备。 (√)

131. 防跑偏开关基本电气工作原理与按钮不同。 (×)

正确答案：防跑偏开关基本电气工作原理与按钮相同。

132. 超声波物位传感器是利用超声波在气体、液体和固体介质中传播的反射回声测距原理检测物位的。 (√)

133. 皮带秤的称重传感器信号不可以用作煤流的监测信号。 (×)

正确答案：皮带秤的称重传感器信号可以用作煤流的监测信号。

134. 用户的电子邮件账户名是用户在自己的计算机上设定的。 (×)

正确答案：用户的电子邮件账户名是由系统管理员在服务器上设定的。

135. 最安全的用户口令至少 8 个字符，包括字母和数字，并且不包含字典中的单词。 (√)

136. 备份计算机上的所有项目，仅包括整个操作系统。 (×)

正确答案：备份这台计算机的所有项目，包括操作系统和其他所有项目。

137. 系统还原，还原的是已经备份的所有项目。 (√)

138. 当人体接近或接触计算机时，就会向计算机放电，使计算机损坏或信息出错。 (×)

正确答案：当人体接近或接触计算机时，不一定会向计算机放电，使计算机损坏或信息出错。

139. 计算机电源必须通过国家规定的 3C 认证。 (√)

140. 在灰尘大的地方，微机应该放在通风的箱内，并定期清扫。 (√)

141. 随着大规模集成电路技术的发展和计算机本身质量的提高，计算机对环境要求逐渐降低，但必要的工作环境不必保证。 (×)

正确答案：随着大规模集成电路技术的发展和计算机本身质量的提高，计算机对环境要求逐渐降低，但必要的工作环境需要保证。

142. 皮带给煤机滚筒外圆跳动量不得大于 0.1mm。 (×)

正确答案：皮带给煤机滚筒外圆跳动量不得大于 1mm。

143. 皮带机中间架接头处，左右、高低的偏移均不应超过 5mm。 (×)

正确答案：皮带机中间架接头处，左右、高低的偏移均不应超过 1mm。

144. 皮带机中间架相对标高差不应超过间距的 0.8%。 (×)

正确答案：皮带机中间架相对标高差不应超过间距的 0.2%。

145. 皮带系统检修后，相邻两托辊对应点的高低应不大于 1mm。 (×)

正确答案：皮带系统检修后，相邻两托辊对应点的高低应不大于 2mm。

146. 皮带系统检修后，皮带运行平稳，皮带跑偏不能超过托辊和滚筒的边缘。 (√)

147. 环式碎煤机大修后无需防腐。 (×)

正确答案：环式碎煤机大修后应刷漆防腐。

148. 环式碎煤机检修后，应运转平稳，机体内无金属击声。 (√)

149. 反击式碎煤机调整时，是通过旋转反击板支座拉杆的螺母来进行调整的。 (√)

150. 反击式碎煤机当板锤磨损到影响破碎和出力时，不可将锤头调头使用。 (×)

正确答案：反击式碎煤机当板锤磨损到影响破碎和出力时，可将锤头调头使用。

151. 电磁振动给煤机检修后出力达到额定要求，振动声音正常，可以少量自流。 (×)

正确答案：电磁振动给煤机检修后出力达到额定要求，振动声音正常，不允许自流。

152. 电热控制箱工作时，应将电铃报警开关打开。 (√)

153. 多台硫化机并列工作时，应在下电热板接缝处垫厚金属板。 (×)

正确答案：多台硫化机并列工作时，应在下电热板接缝处垫薄金属板。

154. 记时达到硫化时间时，将一、二次，电热阻的导线拔下来。 (√)

155. 硫化是胶接过程中决定胶接质量的最后一道重要工序。 (√)

156. 准确掌握硫化技术条件主要是指硫化的湿度、压力和时间。 (×)

正确答案：准确掌握硫化技术条件主要是指硫化的温度、压力和时间。

157. 皮带胶接后，皮带表面平整，没有夹层现象，硫化良好，没有过硫和欠硫现象。（√）

158. 工作面的接口应与胶带运行方向相向，以免在运行中被剥起而造成胶带的过早损坏。（×）

正确答案：工作面的接口应与胶带运行方向相反，以免在运行中被剥起而造成胶带的过早损坏。

159. 冷粘法，将胶浆和固化剂混合均匀后涂刷三遍，待第三遍胶液干透后，就可将两接头合拢。（√）

160. 热硫化法，卡接强度只有本身强度的35%~40%。（×）

正确答案：机械连接法，卡接强度只有本身强度的35%~40%。

161. 冷胶粘接皮带，涂胶三遍，必要时需要烘干。（√）

162. 冷胶粘接皮带，待接头合口固化后立即拆除皮带夹板等起重拉紧器具。（×）

正确答案：冷胶粘接皮带，待接头合口固化4h后，拆除皮带夹板等起重拉紧器具。

163. 可以在皮带运行时调整拉紧装置。（×）

正确答案：禁止在皮带运行时调整拉紧装置。

164. 拉紧装置的丝杠应平行受力，禁止用调斜滚筒的方法来调整皮带跑偏。（√）

165. 各托辊应不在同一平面上，其高低的允许误差为3mm。（×）

正确答案：各托辊应处在同一平面上，其高低的允许误差为±3mm。

166. 托辊支架应保证托辊水平，其不水平度每米不超过2mm。（√）

167. 锤击式碎煤机运行时，以锤头打到护板和隔板为宜。（×）

正确答案：锤击式碎煤机运行时，以锤头不打护板和隔板为宜。

168. 配煤车链节磨损严重、链条伸长发生脱链现象时，应予以检修。（×）

正确答案：配煤车链节磨损严重、链条伸长发生脱链现象时，应予以更换。

169. 抱闸皮磨损达厚度的1/3时，应更换。（×）

正确答案：抱闸皮磨损达厚度的一半时，应更换。

170. 制动器闸瓦中心与抱闸轮中心偏差不得超过1mm。（√）

171. 圆柱齿轮减速器，定位孔和定位销接触面积应在80%以上。（√）

172. 圆柱齿轮减速器齿轮箱找正时，地脚螺栓处的垫片每处不得超过五片。（×）

正确答案：圆柱齿轮减速器齿轮箱找正时，地脚螺栓处的垫片每处不得超过三片。

173. 带式除铁器单级蜗轮减速器空载及25%负荷跑合试车不得少于1h。（×）

正确答案：带式除铁器单级蜗轮减速器空载及25%负荷跑合试车不得少于2h。

174. 带式除铁器励磁切换要准确无误，动作灵活。（√）

175. 桥吊滑轮修复后径向偏差不得超过30mm。（×）

正确答案：桥吊滑轮修复后径向偏差不得超过3mm。

176. 桥吊大车行走抱闸轮磨损至少小于原直径1mm时应更换或修复。（×）

正确答案：桥吊大车行走抱闸轮磨损至少小于原直径6mm时应更换或修复。

177. 推煤机长期使用后的气缸外表面出现蜂窝状孔洞后，不可以将气缸套旋转90°继续使用。（×）

正确答案：推煤机长期使用后的气缸外表面出现蜂窝状孔洞后，必要时可将气缸套旋转90°继续使用。

178. 推煤机在平坦干燥的地面上和不使用转向离合器情况下，其自动偏斜应不超过5。 （√）

179. 与罐体相连的管道，不用试验基础沉陷即可安装。 （×）

正确答案：与罐体相连的管道，必须要试验基础沉陷方可安装。

180. 油罐为了防火必须要安装阻火器。 （√）

181. 油罐的人孔门要安装在油罐的上部。 （×）

正确答案：油罐的人孔门要安装在油罐的下部。

182. 法兰在安装时，封面要光滑，不能有径向沟槽。 （√）

183. 使用金属垫片时，其硬度要大于法兰硬度。 （×）

正确答案：使用金属垫片时，其硬度要小于法兰硬度。

184. 所有管道支架、导向支架和活动支架，构件内不能有任何杂物。 （√）

185. 管道支架的根部对构件的钢性要求不高。 （×）

正确答案：管道支架的根部对构件的钢性要求很高。

186. 当泵轴有裂纹或磨损时，可采用换轴方法修复，经热处理、车削、研磨后即可使用。 （×）

正确答案：当泵轴有裂纹或磨损时，可采用换轴方法修复，经热处理、车削后即可使用。

187. 燃油伴热管线要按照计算距离布置"Ω"形补偿器。 （√）

188. 燃油系统的排油管的出口为布置方便，应与全厂排水系统直接连接。 （×）

正确答案：燃油系统的排油管的出口不能与全厂排水系统直接连接。

189. 拆卸电机时，应使用专用工具，不能用铁锤敲击。 （√）

190. 测量电动机温度应使用水银温度计。 （×）

正确答案：测量电动机温度不能使用水银温度计。

191. 随着机组增大，点火时对油泵参数调节的依赖性越来越小。 （×）

正确答案：随着机组增大，点火时对油泵参数调节的依赖性越来越大。

192. 燃油系统的管道上不宜采用铸铁阀门。 （√）

193. 检验燃油系统应进行燃油打压实验。 （×）

正确答案：检验燃油系统应进行水压实验。

194. 卸油管道安装后，应进行1.25倍工作压力水压试验并合格。 （√）

195. 卸油系统压力较低，对密封材质没有要求。 （×）

正确答案：卸油系统压力较低，对密封材质也有一定的要求。

196. 供油系统的防静电设施可以先投运后施工、验收。 （×）

正确答案：供油系统的防静电设施必须要在投运前安装。

197. 供油系统的直埋管道，防腐工作必须经水压力试验合格后进行。 （√）

198. 转速的改变能引起泵性能曲线的改变。 （√）

199. 变速调节的主要优点是大大增加了节流损失。 （×）

正确答案：变速调节的主要优点是大大减少了节流损失。

200. 离心泵安装后，测量机泵不同心度，轴向不超过0.06mm，径向不超过0.08mm。（√）

201. 离心泵安装好后，泵机组在运行时振动不得超过10mm。（×）

正确答案：离心泵安装好后，泵机组在运行时振动不得超过0.01mm。

202. 质量记录的填写应及时、真实、准确、完整、整洁、规范。（√）

203. 班组实行班组长负责制。（√）

204. 班组长是全班组的直接组织者、领导者、指挥者、管理者和教育者。（√）

205. 班组考勤员的职责之一是严格执行考勤制度、掌握出勤情况，及时准确填写考勤表。（√）

206. 劳动定额的直接作用可以概括为两方面：一是组织生产；二是组织协调。（×）

正确答案：劳动定额的直接作用可以概括为两方面：一是组织生产；二是组织分配。

207. 目前，班组经济核算一般采用统计核算和利润核算两种方法。（×）

正确答案：目前，班组经济核算一般采用统计核算和节约核算两种方法。

208. 培训需求分析是培训方案设计和制定的基础和指南。（√）

209. 在培训需求分析中，组织分析指员工达到理想工作绩效所必须掌握的技能和知识。（×）

正确答案：在培训需求分析中，工作分析指员工达到理想工作绩效所必须掌握的技能和知识。

210. 案例教学因受到案例数量的限制，并不能满足每个问题都有相应案例的需求。（√）

211. 案例教学法有利于获得感性知识，加深对所学内容的印象。（×）

正确答案：演示教学法有利于获得感性知识，加深对所学内容的印象。

212. 主题是培训教案的灵魂，提纲是教案的血脉，素材是培训教案的血肉。（√）

单选题

1. 复杂直流电路计算的基本依据是(D)。

A. 电磁感应定律　　B. 叠加原理

C. 欧姆定律　　D. 欧姆定律和基尔霍夫定律

2. 星形、三角形的互换，是为了使某些特定形式的复杂电路通过(B)的方法，而简化其分析计算过程。

A. 网络变换　　B. 等效变换　　C. 等值变换　　D. 等量变换

3. 相位差ϕ取值范围为(A)。

A. $-180° \leqslant \phi \leqslant 180°$　　B. $-0° \leqslant \phi \leqslant 180°$

C. $-0° \leqslant \phi \leqslant 360°$　　D. $-180° \leqslant \phi \leqslant 0°$

4. 高频时，电阻器的等效电路是(D)。

A. 电阻　　B. 电阻和电感串联

C. 电阻和电容并联　　D. 电阻和电感串联后在与电容并联

5. 单向桥式整流电路的直流输出电压是(C)倍输入电压。

A. 0.4　　B. 1.4　　C. 0.9　　D. 1.2

6. 桥式整流电路输出的直流电压平均值是单相半波整流电路的(B)倍。

A. 1.41　　B. 2　　C. 3　　D. 3.5

7. 数字电路是用来处理(B)信号的电路。

A. 模拟　　B. 连续　　C. 数字　　D. 交流

8. 非门电路是由门电路演变而来，只是由于各管正常工作状态不同，因而组成了不同的门电路，具有不同的(B)关系。

A. 线性　　B. 非线性　　C. 逻辑　　D. 比例

9. 微机监控系统软件不包括(D)。

A. 操作系统　　B. 编译和解释程序

C. 机器本身的故障诊断程序　　D. 正常运行时数据采集处理的程序

10. 在微机监控系统中，当输入发生变化时，(A)会发生变化。

A. 输出　　B. 比例　　C. 积分　　D. 微分

11. 运算放大器很少开环使用，其开环放大倍数主要用来说明(C)。

A. 电压放大能力　　B. 电流放大能力

C. 运算精度　　D. 共模抑制能力

12. 在反相加法运算电路中，输出电压等于各输入电压(B)，相位相反。

A. 之差　　B. 之和　　C. 之积　　D. 之比

13. 一般变压器是由一个用硅钢片叠成的铁芯和绕在铁芯上的(B)个线圈组成的。

A. 1　　B. 2　　C. 3　　D. 4

14. 在变压器中，铁芯的主要作用是(B)。

A. 散热　　B. 磁路主通道　　C. 变换电压　　D. 绝缘绕组

15. 变压器在电力系统中的作用是(B)电能。

A. 产生　　B. 传输　　C. 消耗　　D. 转化

16. 变压器的调压方法有(B)两种。

A. 中性点调压和中部调压　　B. 无励磁调压和有载调压

C. 复合式和组合式　　D. 正反调压和粗细调压

17. 在液体内任意一点上，各个方向的液体静压强(B)。

A. 不等　　B. 相等　　C. 上面大　　D. 下面大

18. 在重力作用下，在重度不变的同一种连通的静止液体中，任何两点的(B)相等。

A. 比动能　　B. 比势能　　C. 比压力　　D. 比位能

19. 流体静力学方程的(C)意义是：在重力作用下，在重度不变的同一连通的静止液体中，无论静力能头线或测压管能头线都是和基准面平行的水平线。

A. 物理　　B. 化学　　C. 几何　　D. 代数

20. 液体能量方程式的适用条件之一是(B)沿程不变。

A. 压力　　B. 流量　　C. 温度　　D. 体积

21. 理想液体中任意两个过流断面上的总比能相等，是液体能量方程式的(C)意义。

A. 几何　　B. 代数　　C. 物理　　D. 化学

22. 理想液体中任何过流断面上总能头皆为一正常数，是液体能量方程式的(B)意义。

A. 物理　　B. 流体力学　　C. 几何　　D. 化学

23. 产品的装配分不同形式，把产品装配分为部装和总装，分配给个人或各小组来完成的装配叫(D)装配形式。

A. 集中　　B. 活动　　C. 移动　　D. 分散

24. 装配工作的指导性文件是(A)，它是工人进行装配工作的依据。

A. 装配的工艺规程　　B. 总装配图

C. 部件装配图　　D. 装配单元系统图

25. 装配精度完全依赖于零件制造精度的装配方法是(A)。

A. 完全互换法　　B. 选配法　　C. 修配法　　D. 调整法

26. 过盈属于装配精度中的(D)精度。

A. 距离　　B. 位置　　C. 运动　　D. 配合

27. 当轴和孔配合，且轴肩与孔的端面相互接触时，应在孔的接触端面制成倒角或在轴肩根部(A)，以保证两零件接触良好。

A. 切槽　　B. 做出标记　　C. 制成倒角　　D. 预留台面

28. 轮齿好象悬臂梁，受到(C)作用时，齿根的弯曲应力最大，而且有应力集中。

A. 压力　　B. 重力　　C. 载荷　　D. 推动

29. 齿轮在传动过程中，两齿面的接触理论为(B)接触。

A. 点　　B. 线　　C. 面　　D. 立体

30. 轴是组成机器的重要(C)之一。

A. 部件　　B. 信息　　C. 零件　　D. 轴承

31. 轴的主要功用是(B)回转类零件，并传递转矩和运行。

A. 连接　　B. 支承　　C. 串联　　D. 帮助

32. 轴上零件的轴向和周向定位的目的是保证零件有准确的工作位置并能传递(C)。

A. 压力　　B. 动力　　C. 载荷　　D. 向心力

33. 当轴上零件的(C)确定后，才能将轴的各段直径和长度最后确定。

A. 周向定位方法　　B. 轴向定位方法　　C. 联轴器　　D. 轴段

34. 回热系统是利用(D)的抽汽加热凝结水。

A. 疏水扩容器　　B. 锅炉　　C. 除氧器　　D. 汽轮机

35. 回热循环的目的是提高(A)。

A. 循环热效率　　B. 汽压　　C. 温度　　D. 工质体积

36. 回热循环的热效率低于(C)。

A. 40%　　B. 45%　　C. 50%　　D. 55%

37. 防尘防毒治理设施要与主体工程(A)、同时施工、同时投产。

A. 同时设计　　B. 同时引进　　C. 同时检修　　D. 同时退役

38. 废水治理的方法有物理法、(A)法和生物化学法等。

A. 化学　　B. 过滤　　C. 沉淀　　D. 结晶

39. 工业废水处理中最常用的是(C)和树脂吸附剂。

A. 白土　　B. 硅藻土　　C. 活性炭　　D. 硅胶

40. 可直接用碱液吸收处理的废气是(A)。
A. 二氧化碳　　B. 甲烷　　C. 氨气　　D. 一氧化氮

41. 废渣的处理大至采用(D)、固化、陆地填筑等方法。
A. 溶解　　B. 吸收　　C. 粉碎　　D. 焚烧

42. 2000 版 ISO 9001 族标准的理论基础是(C)。
A. 持续改进原理　　B. 系统理论
C. 八项质量管理原则　　D. 十二项质量管理体系基础

43. ISO 9001 标准具有广泛的适用性，适用于(D)。
A. 大中型企业
B. 小型企业
C. 制造业
D. 各种类型规模及所有产品的生产组织粉碎

44. 全面质量管理是一种科学的管理方法，质量管理的循环方法是(C)。
A. 计划—实施—检查—总结　　B. 计划—检查—实施—总结
C. 计划—实施—检查—处理　　D. 计划—实施—总结—评比

45. 阐明一个组织的质量方针并描述其质量体系的文件，称为(D)。
A. 质量计划　　B. 质量评审　　C. 质量评价　　D. 质量手册

46. 我国在劳动安全卫生管理上实行"企业负责，行业管理，国家监察，(D)"的体制。
A. 群众参与　　B. 领导监督　　C. 人人参与　　D. 群众监督

47. 在质量管理过程中，以下哪个常用工具可用于明确"关键的少数"(A)。
A. 排列图　　B. 因果图　　C. 直方图　　D. 调查表

48. 在质量统计排列图分析中，关于"A 类因素"说法不正确的是(D)。
A. 影响产品质量的主要问题　　B. 关键的少数
C. 影响产品质量的一般问题　　D. 累积百分数在 0%~80%

49. 与其他能源相比，火力发电的最主要缺点是(D)。
A. 效率低　　B. 初设资高　　C. 功率小　　D. 环境污染

50. 提高火电机组热效率的最有效措施是(B)和采用大机组。
A. 热电联供　　B. 提高蒸气参数
C. 改进余热　　D. 采用先进工艺

51. 发电厂发电机的额定转速应该为(D)r/min。
A. 1000　　B. 2000　　C. 500　　D. 3000

52. 我国规定电力系统额定频率为(D)Hz。
A. 30　　B. 40　　C. 80　　D. 50

53. 火力发电厂的(B)是把机械能转变为电能的设备。
A. 锅炉　　B. 发电机　　C. 汽轮机　　D. 凝汽器

54. 火力发电厂将蒸汽的热能转变为机械能的设备是(B)。
A. 锅炉　　B. 汽轮机　　C. 发电机　　D. 变压器

55. 火力发电厂在给水中加入(A)调节 pH 值。
A. 氨　　B. 盐酸　　C. 火碱　　D. 联氨

56. 通常火电厂的供水系统是指(D)系统。

A. 冷油器冷却水　B. 锅炉中灰水　C. 化学除盐水　D. 凝汽器冷却水

57. 10kV 及以下供电的电力用户，其主进线开关及各分路开关多采用(A)。

A. 过流速断保护　B. 定时限过流保护　C. 熔断器保护　D. 热过载保护

58. 浮筒式气体继电器，当上浮筒上的接点闭合时，其作用是(D)。

A. 使断路器跳闸　B. 接通控制回路

C. 接通中间断电器　D. 报警

59. 装卸桥滑轮心轴磨损的原因是(B)。

A. 滑轮损坏　B. 心轴损坏　C. 有杂物　D. 缺油

60. 装卸桥轮辐、踏面有裂纹的原因是(D)。

A. 轮辐磨损　B. 踏面断裂　C. 行走断裂　D. 车轮损坏

61. 装卸桥小车抓斗下降动作失常的处理方法是(B)。

A. 增加电压　B. 降低负荷　C. 更换熔断器　D. 清理杂物

62. 装卸桥电磁铁可动部分与静止部分在吸合时有间隙，交流制动电磁铁线圈产生高热，应调整制动器的(A)部分。

A. 机械　B. 电气　C. 熔断器　D. 行走

63. 煤在储煤罐中的存储时间过长，会导致上层煤压实，(D)降低。

A. 燃烧性　B. 挥发性　C. 含碳量　D. 流动性

64. 当煤中的水分大于(D)时，煤容易自流，从卸料口涌出压坏卸料设备。

A. 5%　B. 8%　C. 30%　D. 12%

65. 叶轮给煤机叶轮被卡住时，应停止(B)运行，切断电源后，将障碍物清除。

A. 辅电动机　B. 主电动机　C. 减速机　D. 齿轮

66. 叶轮给煤机晶闸管元件烧坏，处理方法是更换晶闸管，改善(D)，禁止长时间低速运行。

A. 元件　B. 环境　C. 湿度　D. 通风

67. 在油罐发生冒顶时，应立即(A)。

A. 停止上油　B. 打开加热器　C. 关小加热器　D. 提高来油量

68. 在油罐发生冒顶时，应立即停止上油，打开上油油罐的(B)与运行油罐并列。

A. 进油门　B. 供油门　C. 回油门　D. 脱水门

69. 当一个油罐着火无法控制时，其他油罐应(B)。

A. 继续运行　B. 停止运行　C. 降低油量　D. 降低油位

70. 模型离心泵和原型各对应点的几何尺寸成比例，这称为离心泵的(C)。

A. 动力相似　B. 尺寸相似　C. 几何相似　D. 运动相似

71. 离心泵模型与原型转动时，流体在各对应点的速度三角形相似，称为离心泵的(D)。

A. 动力相似　B. 尺寸相似　C. 几何相似　D. 运动相似

72. 离心泵的叶轮出口到泵出口法兰的过流部分称离心泵的(A)。

A. 压水室　B. 吸入室　C. 平衡管　D. 轴承室

73. 在多级泵的出水段上多采用(B)形压水室。

A. 螺旋　B. 环　C. 蜗舌　D. 平板

74. 泵的扬程不够时，可以把两台或两台以上的油泵(A)起来运行。

A. 串联　B. 并联　C. 串并联同用　D. 不可以同时

75. 油泵并联运行时流量小于单台泵运行流量，原因是(C)。

A. 压力过高　B. 泵有故障　C. 管逆阻力损失　D. 功率大

76. 有效汽蚀余量由(A)的装置条件确定。

A. 吸入系统　B. 排出系统　C. 泵出口逆止阀　D. 蒸汽系统

77. 泵不发生汽蚀的条件为(A)。

A. 有效汽蚀余量>必须汽蚀余量

B. 有效汽蚀余量<必须汽蚀余量

C. 有效汽蚀余量=必须汽蚀余量

D. 与有效汽蚀质量与必须汽蚀余量无关

78. 单级双吸式离心泵用(D)表示。

A. DA　B. GC　C. IS　D. SH

79. 单级单吸悬臂式离心泵用(A)表示。

A. DA　B. BA　C. IS　D. IHF

80. 油泵并联的目的是在(C)变化很小情况下，增加流量。

A. 功率　B. 效率　C. 压力　D. 转速

81. 并联工作时，管路特性曲线越平坦，并联后的流量接近单独运行时的(B)倍，工作就越有利。

A. 1　B. 2　C. 3　D. 4

82. 两台泵串联时，(C)彼此相等。

A. 压力　B. 扬程　C. 流量　D. 转速

83. 两台泵串联后，流量的增加使阻力(C)，抑制了总扬程的升高。

A. 不变　B. 减少　C. 增加　D. 消失

84. 填料装入时要使每圈填料的接头彼此错开，大于(D)。

A. 30°　B. 40°　C. 60°　D. 90°

85. 在离心泵在运行过程中，(B)部位受到吹损的伤害最大。

A. 轴　B. 叶片　C. 平衡管　D. 吸入管

86. 在供油泵首级叶轮与次级叶轮之间的(C)，吹损较严重。

A. 叶轮　B. 轴承　C. 主轴　D. 平衡管

87. 油泵转动时，流体和旋转的叶轮发生的摩擦应归属于(D)损失。

A. 冲击　B. 流量　C. 扩散　D. 机械

88. 摄像机以面矩阵 CCD(B)为核心部件。

A. 数字传感器　B. 图像传感器

C. 电流传感器　D. 速度传感器

89. 可以在水平及垂直两个方向上旋转的摄像机底座是(D)。

A. 数字传感器　B. 摄像机　C. 镜头　D. 云台

90. 可以监视所有视频图像、控制外围设备的是(A)。

A. 监控主程序　　B. 系统数据

C. 地图编辑程序　　D. 系统运行程序

91. 设备数据输入记录在数据库中，供(A)使用。

A. 监控主程序　　B. 系统数据

C. 地图编辑程序　　D. 系统运行程序

92. PLC 上的地线要用直径(A)mm 以上的导线，接地线长度不要超过 20m。

A. 2　　B. 4　　C. 1. 5　　D. 1

93. I/O 线与电源线的间距不能小于(C)mm。

A. 100　　B. 200　　C. 300　　D. 400

94. 输煤系统集控必须具有健康的机械和电气设备及动作可靠的外围(B)信号条件。

A. 数字　　B. 测量　　C. 电信　　D. 电压

95. 输煤系统的控制方式以(C)为主。

A. 集中单控　　B. 输煤联锁　　C. 微机程控　　D. 检修启停按钮

96. 输煤系统程控中使用(C)保护可以快速切除故障，提高系统的稳定性。

A. 接地　　B. 过负荷　　C. 继电　　D. 低电压

97. 输煤系统程控将电气设备的金属外壳与装置连接的接地方式，称为(A)。

A. 保护接地　　B. 相间保护　　C. 过负荷保护　　D. 低电压保护

98. 主要由工程浏览器对系统进行离线和在线系统组态等功能的统一管理的是(B)。

A. 操作员站　　B. 工程师站　　C. 数据采集站　　D. 通信站

99. 主要用于对现场信号进行检测以及对相应的回路进行控制的是(D)。

A. 操作员站　　B. 工程师站　　C. 数据采集站　　D. 现场远程控制站

100. 通常当计算机系统出现异常情况造成死机时，不必关闭电源，可采用(B)启动系统。

A. 冷启动方式　　B. 热启动方式　　C. 断电　　D. 关机

101. 计算机冷启动和热启动(C)系统自检。

A. 都要进行　　B. 只冷启动进行　　C. 只热启动进行　　D. 都不进行

102. 装卸桥的架构是一种(A)桥架结构。

A. 桥式　　B. 门式　　C. 链式　　D. 斗式

103. 当装卸桥跨度大于(C)m 时应装设运行偏斜限制及调整装置。

A. 20　　B. 30　　C. 40　　D. 50

104. 装卸桥在运行中，发现设备有异常现象必须立即(C)。

A. 汇报班长　　B. 汇报程控　　C. 停车检查　　D. 汇报值长

105. 当底开车边走边卸时，其操作方法是直接操纵(C)实现开关底门。

A. 手轮　　B. 离合器　　C. 变位阀　　D. 截气阀门

106. 底开车一列车关闭截断塞门的车辆数不能超过总车辆数的(D)。

A. 1%　　B. 5%　　C. 10%　　D. 6%

107. 底开车手动卸车机构，一般采用(C)传动。

A. 机械　　B. 齿轮　　C. 链　　D. 涡轮涡杆

108. 螺旋卸煤机在下降过程中，一般需要留(D)mm 左右的煤层。

A. 10　B. 30　C. 70　D. 100

109. 螺旋卸煤机液压推杆制动器边缘部分减少到原来的(B)时，应及时更换。

A. 1/2　B. 1/3　C. 1/4　D. 1/5

110. 螺旋卸煤机是利用正反两套螺旋的旋转对煤产生(A)。

A. 推力　B. 摩擦力　C. 引力　D. 向心力

111. 螺旋卸煤机(D)传动的目的是为了增加螺旋的有效工作长度，以尽量减少车底余煤。

A. 电动机　B. 联轴器　C. 链轮　D. 中间

112. 斗轮及滚轮旋转机构装在门架活动梁小车上，是堆取料机的(C)部件。

A. 重要　B. 辅助　C. 核心　D. 一般

113. 门架是门式斗轮机的(B)结构。

A. 核心　B. 主体　C. 辅助　D. 一般

114. 采取双路进油，降低流速，可以(B)油泵的动力消耗。

A. 增加　B. 减少　C. 稳定　D. 调高

115. 缩短管线长度，可以(C)管系对泵所要求的供油压力。

A. 增加　B. 稳定　C. 减少　D. 调高

116. 热油管道的(B)温降是因为油流与管壁间存在温差。

A. 轴向　B. 径向　C. 环形　D. 管向

117. 提高热油管道流速时，油流向外散热(B)，终点温度增加。

A. 增加　B. 降低　C. 不变　D. 先减后增

118. 燃油管道上应有保温，当环境温度在 25℃ 其表面温度不应超过(B)℃。

A. 30　B. 35　C. 50　D. 45

119. 油管道的垫片应按设计选用，公称压力大于 3.95MPa 时，宜采用(C)垫片。

A. 塑料　B. 胶皮　C. 铝　D. 铜

120. 阀门检修后，运行人员要(C)。

A. 立即安装　B. 留作备用　C. 进行打压　D. 重新油漆

121. 阀门检修前运行人员必须要(A)

A. 同系统断开　B. 关闭窗口　C. 打开阀门　D. 进行打压

122. 油罐保温材料可用(A)制成。

A. 不燃材料　B. 易灭火的材料　C. 任何材料　D. 可燃材料

123. 用钢卷尺量油的油罐量油器应设置(C)的衬环或槽，以防钢卷尺转动时，摩擦发生火花，引起火灾。

A. 钢制　B. 铁制　C. 有色金属　D. 橡胶

124. 当油泵压力富裕量过大时，适当减少叶轮可以(B)油泵的效率。

A. 减少　B. 升高　C. 稳定　D. 降低

125. 皮带速度检测器检测输送机的实际速度，可用于(C)联锁顺序启动或停机。

A. 单机　B. 两台输送机　C. 多机　D. 多设备

126. 探棒型监测器由探测棒是否接触物料来判断落煤筒是否(B)。
A. 流煤　B. 堵煤　C. 无煤　D. 黏煤
127. 电子式限位开关一般用来控制运动设备的(A)位置或运动方向、速度。
A. 极限　B. 零　C. 初始　D. 联锁
128. 电感式限位开关是利用(A)原理，来完成移动设备位置信号的传输。
A. 磁电感应　B. 继电器　C. 联锁　D. 控制
129. 煤流信号传感器是利用(C)原理进行工作的。
A. 电子　B. 电磁　C. 杠杆　D. 联锁
130. 当皮带纵向撕裂后有漏物触碰纵向撕裂信号传感器的电解条使其连通时，带动(C)动作，立即停机。
A. 控制器　B. 保护器　C. 继电器　D. 联锁
131. 计算机电源电压必须稳定在额定值的(D)范围内。
A. 1%　B. 5%　C. 8%　D. 10%
132. 维修计算机应采取静电屏蔽措施，工作台最好是(B)台面，并接地良好。
A. 木质　B. 金属　C. 玻璃　D. 塑料
133. 计算机环境的相对湿度为(D)。
A. 1%~100%　B. 20%~50%
C. 1%~50%　D. 2%~80%
134. 大型机的空调温度应保证在(B)℃。
A. 15~2　B. 21~3　C. 21~5　D. 21~10
135. 皮带给煤机的滚筒要求对称，外圆与轴的同轴度不超过(D)mm。
A. 0.1　B. 0.2　C. 0.3　D. 0.5
136. 皮带给煤机更换(A)可采用打卡子或冷粘胶接。
A. 胶带　B. 键槽　C. 滚筒　D. 轴承
137. 头尾机架中心线对输送机纵向中心线不重合度不应超过(C)mm。
A. 6　B. 4　C. 3　D. 5
138. 皮带机中间架支腿的不垂直度或对建筑物地面的不垂直度不应超过(A)。
A. 0.3%　B. 0.5%　C. 1%　D. 5%
139. 皮带系统检修后清扫器上的胶皮应露出金属夹板(B)mm，并紧密地接触皮带。
A. 10~15　B. 15~20　C. 20~25　D. 5~10
140. 皮带系统检修后皮带架中心线偏斜不大于其长度的(A)。
A. 0.5‰　B. 1‰　C. 10‰　D. 5‰
141. 环式碎煤机运转4h后，轴承温度小于等于(D)℃。
A. 60　B. 70　C. 75　D. 80
142. 环式碎煤机空载及带负荷运转后，其振动值应在规定范围内，即垂直、水平振幅不大于(C)mm。
A. 0.03　B. 0.05　C. 0.07　D. 0.1
143. 反击式碎煤机检修后的轴承要求带负荷下运行4h，其温度不超过(C)℃。
A. 60　B. 70　C. 75　D. 80

144. 反击式碎煤机前反击板最低部与转子径向的间隙调整至(D)mm左右。

A. 20　　B. 30　　C. 40　　D. 50

145. 电磁振动给煤机料槽体与煤斗四周应有(A)mm的间隙。

A. 5~10　　B. 10~20　　C. 20~30　　D. 30~50

146. 电磁振动给煤机检修后，铁芯(D)要求各处一致，并合乎规定要求。

A. 磁通量　　B. 频率　　C. 谐振　　D. 气隙

147. 硫化粘接前应拆卸皮带机上的托辊若干组，并用方木等平板搭一个(C)。

A. 脚手架　　B. 简易房　　C. 作业平台　　D. 扶梯

148. 被裁剥的胶带两头一定要(B)胶接。

A. 平行　　B. 顺茬　　C. 垂直　　D. 逆茬

149. 裁剥的各台阶的等分不均匀度不得大于(D)mm。

A. 5　　B. 3　　C. 6　　D. 1

150. 胶带的上下接口粘接面在(D)以上。

A. 80%　　B. 85%　　C. 90%　　D. 95%

151. 胶接后的胶带的总长度合理，胶带在运行过程中张紧程度要适当，张紧程度过大，会引起过大的(C)。

A. 作用力　　B. 重力　　C. 应力　　D. 引力

152. 一般采用钩卡连接的是(C)方法。

A. 热硫化　　B. 冷粘　　C. 机械连接　　D. 手动

153. 冷胶粘接皮带首先将胶带接口或更换部分转至较宜适合(D)工作的位置。

A. 硫化　　B. 刷胶　　C. 打毛　　D. 接口

154. 冷胶粘接皮带前应在皮带接头两侧装好(B)。

A. 硫化机　　B. 皮带夹板　　C. 起重拉紧器　　D. 帆布层

155. 拉紧装置的配重误差不超过(A)kg。

A. 10　　B. 8　　C. 5　　D. 2

156. 拉紧小车的钢丝绳每(C)年煮油一次，时间不少于1h。

A. 1　　B. 1~2　　C. 2~3　　D. 3

157. 托辊支架应无明显下沉、扭曲或其他变形，对有裂纹、(B)、磨损严重的支架应更换。

A. 掉漆　　B. 脱焊　　C. 老化　　D. 鼓包

158. 托辊支架横向中心线对输送机纵向中心线不重合度允许误差为(C)mm。

A. 1　　B. 2　　C. 5　　D. 7

159. 锤击式碎煤机锤头与销轴应留有(A)mm的间隙。

A. 1~2　　B. 2~3　　C. 3~4　　D. 5

160. 锤击式碎煤机的振动值，在其水平方向和径向的双振幅不超过(D)mm。

A. 1　　B. 2　　C. 0.5　　D. 0.1

161. 配煤机主动链轮和从动链轮应在同一平面上，其端面偏差不应大于(A)mm。

A. 1　　B. 2　　C. 5　　D. 10

162. 配煤机链轮主轴的不平行度允许误差为(D)mm/m。

A. 0. 1　B. 0. 2　C. 0. 4　D. 0. 5

163. 抱闸皮与抱闸轮的接触应在(A)以上。

A. 75%　B. 60%　C. 55%　D. 70%

164. 圆柱齿轮减速器，齿轮轮齿在齿厚方向上的磨损量应小于(D)。

A. 1%　B. 2mm　C. 1. 5%　D. 2. 5%

165. 减速器底座必须平整、稳固且具有较好的刚性和(C)。

A. 钢性　B. 柔性　C. 防震性　D. 防电性

166. 带式除铁器主动滚筒、改向滚筒的轴线应在(A)。

A. 同一平面内　B. 同一中心线上　C. 两侧　D. 不同的平面内

167. 桥吊抓斗闭合好，两水平刃口和垂直刃口的错位差及斗口接触处最大间隙长度不大于(C)mm。

A. 50　B. 100　C. 200　D. 300

168. 桥吊绳槽深度磨损大于(B)mm 时，应进行补焊，然后进行机加工。

A. 1　B. 2　C. 3　D. 4

169. 桥吊的轮径径磨损超过(A)mm 时应更换车轮。

A. 10　B. 20　C. 30　D. 40

170. 桥吊大车行走车轮内孔允许面积不超过总面积的(C)的轻度缩松等缺陷。

A. 1%　B. 5%　C. 10%　D. 20%

171. 推煤机在试运转中每挡至少要分合主离合器(D)次。

A. 1~2　B. 5~6　C. 4~5　D. 2~3

172. 推煤机气缸体平面上螺纹滑扣不超过(A)扣。

A. 2　B. 3　C. 4　D. 5

173. 与罐体相连的管道，应在(C)后方可安装。

A. 水压试验　B. 热膨胀试验　C. 基础沉降试验　D. 热应力试验

174. 低位布置回油管应引至罐体中心并(A)，防止供油短路。

A. 上扬　B. 下弯　C. 横向开口　D. 打孔

175. 油罐的进出油管装在距底板(D)cm 处的第一层圈板上。

A. 100　B. 50　C. 150　D. 30

176. 油罐量油孔一般用直径为(A)mm 的钢管做成，安装在油罐的顶部。

A. 150　B. 100　C. 50　D. 200

177. 在燃油管道法兰处有蒸汽管道时，燃油管道必须(B)。

A. 加保温　B. 保温外加铁皮　C. 移走　D. 降温

178. 燃油管道的热体附件的法兰，应使用(C)垫片。

A. 塑料　B. 胶皮　C. 铝　D. 铜

179. 在安装管道支架时，在保证安全的前提下，(D)可以较少进行考虑。

A. 热补偿　B. 管道位移　C. 管道减振　D. 管道美观

180. 对于固定管道支架，卡箍贴在管子支架上(A)。

A. 不能位移　B. 进行热补偿　C. 保证美观　D. 可以移动

181. 泵的泵轴检修时，用千分表检查轴的弯曲度，轴的弯曲量不得超过(D)mm。
A. 1　B. 2　C. 0. 1　D. 0. 06
182. 泵轴弯曲度大于要求值时，要进行校直，校直时可采用(A)进行直轴。
A. 压力机　B. 车床　C. 铁锤　D. 冲压机
183. 燃油管线的伴热管线必须要装设(C)，以保证管道安全。
A. 法兰　B. 阀门　C. 热补偿器　D. 套管
184. 露天燃油管道上的排油管和放空气管道的一次前段管应(C)，以防止凝管堵塞。
A. 加长　B. 尽量加长　C. 缩短　D. 封堵
185. 采用热平衡法测泵效又称为(B)法测泵效。
A. 压差　B. 温差　C. 平衡　D. 电流
186. 当大机组高参数点火稳燃用油不均衡时，对(D)的要求就越来越严格。
A. 油温　B. 油压　C. 油质　D. 油泵参数调整
187. 在机组点火稳燃时，(A)对安全、经济运行有很大影响。
A. 油泵参数调节　B. 蒸汽温度　C. 蒸汽压力　D. 电机转速
188. 油系统管道上阀门一般不宜采用(D)阀门。
A. 闸板　B. 球　C. 截止　D. 铸铁
189. 卸油系统中的穿墙管线不能直接通过，必须要装设(A)，否则不能验收。
A. 套管　B. 标识　C. 垫片　D. 法兰
190. 卸油系统中的加热器应检查是否有足够的(D)。
A. 压力　B. 温度　C. 热膨胀　D. 热膨胀补偿
191. 油泵密封的填料孔与轴的不同心度应不大于(A)mm。
A. 0. 2　B. 0. 5　C. 0. 02　D. 0. 05
192. 油泵泵轴径向晃动不应大于(B)mm。
A. 0. 02　B. 0. 04　C. 0. 1　D. 0. 2
193. 变转速调节是通过改变(A)来改变泵的性能曲线，使工况点移动。
A. 转速　B. 阀门开度　C. 汽蚀余量　D. 泵效率
194. 变转速调节是通过改变转速来改变(D)的性能曲线。
A. 管路　B. 阀门　C. 密封　D. 泵
195. 离心泵装配完成后，要测量的参数是(A)。
A. 联轴器转向，径向间隙　B. 泵的高低
C. 电动机的高低　D. 底座的水平度
196. 离心泵安装好后，整个机组要找(A)。
A. 同心度　B. 垂直度　C. 平衡度　D. 管线倾斜度
197. 利用各种因素的实际数与其对计划完成情况的影响程度进行分析的方法称为(A)。
A. 差额分析法　B. 因素分析法　C. 动态分析法　D. 调查分析法
198. 劳动定额有(A)种基本形式。
A. 2　B. 3　C. 4　D. 5
199. 目前班组经济核算中普遍采用的一种核算方法是(B)核算方法。
A. 质量指标　B. 统计指标　C. 产品指标　D. 劳动指标

200. 头脑风暴法是围绕某个中心议题，毫无顾忌、畅所欲言地发表独立见解的一种(C)的思想方法。

A. 系统性　　B. 逻辑性　　C. 创造性　　D. 启发性

201. 在培训教学中，案例法有利于参加者(D)。

A. 提高创新意识　　B. 系统接受新知识
C. 获得感性知识　　D. 培养分析解决实际问题能力

202. 培训教案的实质性内容是(A)。

A. 确立培训主题　　B. 材料整理
C. 材料搜集　　D. 构思培训提纲

多选题

1. 复杂直流电路的定义是凡是不能应用(A，B)简化为无分支电路的电路。

A. 串联　　B. 并联　　C. 等效电流法　　D. 叠加原理

2. 空心电感线圈在低频时的等效电路为(A，B)串联。

A. 电阻　　B. 电感　　C. 电容　　D. 电抗

3. 整流电路的直流输出电压方式有(C，D)。

A. 单相半波　　B. 单相全波　　C. 单相桥式　　D. 三相桥式

4. 微机监控系统的硬件由(A，B，D)构成。

A. 微机部分　　B. 现场采样　　C. 打印机　　D. 过程通道

5. 根据集成运算放大器的性能和用途可分为(A，C)型等。

A. 通用　　B. 阻抗　　C. 专用　　D. 功率

6. 整流变压器起(B，C，D)变换的作用。

A. 电流　　B. 电压　　C. 相数　　D. 位角

7. 流体静力学方程不适用于(A，C，D)的流体。

A. 可压缩性　　B. 不可压缩性　　C. 不可膨胀性　　D. 可膨胀性

8. 静止液体中各点的(A，B)可以相互转化，但其总和不变。

A. 比压能　　B. 比位能　　C. 比势能　　D. 比动能

9. 适用液体能量方程式的条件之一的是流体是(C，D)。

A. 不稳定　　B. 可压缩　　C. 稳定　　D. 不可压缩

10. 在理想液体中总能头线不是一条(A，B，C)。

A. 曲线　　B. 线段　　C. 射线　　D. 直线

11. 产品的装配工作中，不进入组件装配的部分称(A，B，C)。

A. 零件　　B. 组件　　C. 分组件　　D. 一级分组件

12. 产品的装配精度包括许多项，零部件的(A，C，D)精度属装配精度范畴。

A. 配合　　B. 加工　　C. 接触　　D. 相对运动

13. 为了保证两零件在装拆前后不致降低装配精度，不可以用(A，B，D)将两零件定位。

A. 螺栓　　B. 点焊　　C. 销　　D. 粘接胶

14. 齿轮传动常见的失效形式有(A，B，C，D)和齿面塑性变形。

A. 齿轮折断　　B. 齿面胶合　　C. 齿面点蚀　　D. 齿面磨损

15. 按照承受载荷的不同，轴分为(A，B，C)三种。

A. 心轴　　B. 转轴　　C. 传动轴　　D. 曲轴

16. 轴的结构设计主要任务是使轴具有合理的(A，C)。

A. 外形　　B. 方法　　C. 尺寸　　D. 用途

17. 采用回热循环后，若(A，C)。

A. 保证发电量不变，则热耗必然增加

B. 保证发电量不变，则热耗必然降低

C. 保证热耗不变，则发电量必然降低

D. 保证热耗不变，则发电量必然增加

18. 汽轮机采用给水回热加热的意义在于(B，D)。

A. 减少了抽汽级数　　B. 提高了给水温度

C. 增加了发电蒸汽量　　D. 减少了冷源损失

19. 下列叙述中，属于生产中防尘防毒技术措施的是(A，B，C，D)。

A. 改革生产工艺　　B. 采用新材料新设备

C. 车间内通风净化　　D. 湿法除尘

20. 工业废水的生物处理法包括(B，D)法。

A. 过滤　　B. 好氧　　C. 结晶　　D. 厌氧

21. 对气态污染物的治理主要采取(B，C)法。

A. 蒸馏　　B. 吸附　　C. 吸收　　D. 过滤

22. 采用“ISO 9001：2000 质量管理体系要求取代(A，B，C)质量保证模式，提高了使用标准的灵活性。

A. 94 版的 ISO 9001　　B. 94 版的 ISO 9002

C. 94 版的 ISO 9003　　D. 94 版 ISO 8402

23. 由组织的最高管理者正式发布的该组织总的(C，D)称为质量方针。

A. 质量保证　　B. 质量体系　　C. 质量宗旨　　D. 质量方向

24. 质量统计排列图的作用是(A，B)。

A. 找出关键的少数　　B. 识别进行质量改进的机会

C. 判断工序状态　　D. 度量过程的稳定性

25. 与火力发电相比，其他能源的优点有(B，C)。

A. 成本效益好　　B. 环境污染小

C. 可重复利用　　D. 技术成熟

26. 火力发电厂中将燃料化学能转变为热能的设备不应该是(A，C，D)。

A. 汽轮机　　B. 锅炉　　C. 发电机　　D. 凝汽器

27. 火力发电厂的水处理系统包括(A，B，C，D)。

A. 补给水处理　　B. 给水处理

C. 凝结水处理　　D. 冷却水处理

28. 对于用来反映供电系统正常工作状态的保护装置，一般要求保护动作的(B，C，D)。

A. 选择性　　B. 快速性　　C. 灵敏性　　D. 可靠性

29. 装卸桥滑轮槽磨损不均匀的原因是(A，B，D)。
A. 安装不合要求　B. 材质不均
C. 厚度不一　D. 绳轮接触不均匀
30. 装卸桥主接触器合不上闸，处理方法是(A，B，C)。
A. 合上紧闭开关　B. 手柄放到位
C. 更换熔断器　D. 维护开关
31. 用储煤罐储煤时，受(A，B，D)影响。
A. 煤的颗粒组成　B. 外部条件　C. 内部条件　D. 煤的水分
32. 叶轮给煤机运行中调速失控的处理方法有(A，B，C)。
A. 更换晶闸管　B. 检查处理触头　C. 更换电位器　D. 通风
33. 发生油罐着火时，应立即(A，D)。
A. 立即解列油罐　B. 降低油温
C. 向罐内浇水　D. 启动泡沫消防
34. 离心泵的理论相似形式有(A，C，D)。
A. 动力相似　B. 尺寸相似　C. 几何相似　D. 运动相似
35. 环形压水室多采用在(A，C)上。
A. 单级单吸泵　B. 双级双吸泵　C. 多级泵　D. 轴承室
36. 泵的联合工作分为(A，B)。
A. 并联　B. 串联　C. 混联　D. 连接
37. 油泵并联的目的不是在(A，B，D)变化很小情况下，增加流量。
A. 功率　B. 效率　C. 压力　D. 转速
38. 泵的填料函要有足够的深度，能装(A，C)道填料。
A. 6　B. 8　C. 7　D. 10
39. 离心泵的机械损失不可以用(A，B，D)来衡量。
A. 流动损失　B. 容积损失　C. 机械效率　D. 磨擦损失
40. 镜头从焦距上分类，可分为(A，B，C，D)。
A. 短焦距　B. 中焦距　C. 长焦距　D. 变焦距
41. 组成监控系统程序的模块有(A，B，C，D)。
A. 监控主程序　B. 系统数据设置组态
C. 电子地图编辑程序　D. 系统运行参数设置程序
42. PLC 使用(A，C)V 的工业电源。
A. DC24　B. DC32　C. AC200～240　D. AC70～120
43. 输煤系统的控制方式有(A，C，D)三种。
A. 就地手动控制　B. 输煤联锁控制
C. 就地方式　D. 集中控制方式
44. 输煤机械监测控制保护系统包括(A，B，C)等。
A. 过程控制　B. PLC 控制系统
C. 过负荷保护　D. 人机接口
45. 工程师站的功能有(A，B，C，D)。
A. 系统和网络管理　B. 数据库管理
C. 文件请求管理　D. 控制功能

46. 打开微机电源，如果电源指示灯不亮，应该检查(A，B，C，D)等。
A. 电源电缆　B. 保险丝　C. 电源开关　D. 电源跳线
47. 装卸桥抓斗根据特点分为(A，B，C)。
A. 单绳抓斗　B. 双绳抓斗　C. 电动抓斗　D. 机械抓斗
48. 装卸桥的优点是(A，B，C，D)。
A. 运行灵活　B. 安装简单　C. 外形美观　D. 制造方便
49. 底开车的开门方式有(A，B)。
A. 气动　B. 手动　C. 风动　D. 电动
50. 螺旋卸煤机各部件加注的油质有(B，C)。
A. 30 号柴油　B. 68 号机械油　C. 黄油　D. 汽油
51. 螺旋卸煤机的型式按金属架构和行走机构分有(A，B，C)。
A. 桥式　B. 门式　C. ┏型　D. 斗式
52. 斗轮机的斗轮结构主要由(A，B，C，D)等组成。
A. 料斗　B. 滚轮　C. 斗轮小车　D. 圆弧挡板
53. 热油管道油流的降温可分为(A，B，D)。
A. 提高流速降温　B. 向外散热降温
C. 增加输送量　D. 油流与管壁温差
54. 发电厂的燃油管的法兰阀门等易漏油的地方与蒸汽管道相邻时，蒸汽管道不应布置在油管道的(B，C，D)。
A. 上方　B. 下方　C. 内侧　D. 外侧
55. 阀门在检修完后运行人员不进行的试验是(A，B，D)。
A. 开关　B. 关紧　C. 打压　D. 耐湿
56. 静电引起爆炸火灾的四个条件是静电的(A，B，C，D)。
A. 产生　B. 积聚　C. 火花放电　D. 存在可燃气体
57. 监测感应方式有(A，C)两种。
A. 磁力式传感器　B. 电动式传感器
C. 磁感应式发生器　D. 电感应式发生器
58. 光电开关分为(A，B，D)。
A. 透射型　B. 反射型　C. 三角型　D. 槽型
59. 现场常用的传感器有(A，B，C，D)。
A. 拉线开关　B. 跑偏开关　C. 限位开关　D. 堵煤开关
60. 在 Outlook Express 中设置 E-mail 帐号时必须“告诉”Outlook Express 的有(B，D)。
A. 用户所用计算机的 IP 地址　B. 帐号和密码
C. 用户的联系电话　D. SMTP 和 POP3 服务器名
61. 备份文件的扩展名不是(A，C，D)。
A. .doc　B. .bkf　C. .xls　D. .css
62. 计算机电源频率在(A，B，C)Hz 范围内时，表示运行稳定。
A. 1　B. 0.5　C. 0.8　D. 10
63. 灭火器应采用不损坏(B，C)的灭火剂。
A. 墙体　B. 电气系统　C. 零件　D. 桌椅

64. 用敲击法检查皮带给煤机滚筒(A，B)。
A. 在轴上的固定情况　B. 顶丝紧固情况
C. 孔的键槽情况　D. 轴承情况

65. 所有轴线和滚筒都应找平，根据带式输送机的宽窄，轴的水平误差为(A，B，D)mm是合格的。
A. 0.5　B. 1　C. 2　D. 1.5

66. 皮带系统检修后拉紧装置钢丝绳应无(A，B，C)。
A. 断丝　B. 断股　C. 锈蚀　D. 灰尘

67. 环式碎煤机检修后，各接合面、密封垫应(A，B，C，D)。
A. 结合严密　B. 垫片完好　C. 无漏粉现象　D. 无漏煤现象

68. 反击式碎煤机检修后，各接合面、密封垫应(A，B，C，D)。
A. 结合严密　B. 垫片完好　C. 无漏粉现象　D. 无漏煤现象

69. 电磁振动给煤机料槽体与煤斗四周适合的距离有(A，B，C)mm。
A. 30　B. 40　C. 50　D. 60

70. 胶接时在皮带机上找一块较宽敞的有工作(A，B，C)的场所。
A. 范围　B. 电源　C. 工具　D. 场地

71. 记时达到硫化时间时，将(A，C，D)的导线拔下来。
A. 一次导线　B. 三次导线　C. 二次导线　D. 热电阻

72. 硫化时，硫化的温度可以的允许值为(A，B，C)℃。
A. 140　B. 145　C. 150　D. 180

73. 硫化时间(A，B，C，D)会使接头质量达不到要求。
A. 过长　B. 过短　C. 过硫　D. 欠硫

74. 胶带的接头方法有(A，B，C)。
A. 热硫化法　B. 冷粘法　C. 机械连接法　D. 手动连接法

75. 冷胶粘接皮带涂完胶后，应对皮带接头进行(A，C，D)。
A. 合口　B. 冷却　C. 加压　D. 修边

76. 接紧装置主要结构形式有(A，B，C，D)。
A. 小车重锤式　B. 卷扬绞车式
C. 垂直重锤式　D. 液压式

77. 回程托辊可分为(A，B，C)。
A. 平形回程托辊　B. V 形回程托辊
C. 清扫托辊　D. 槽型托辊

78. 锤击式碎煤机运转 4h 轴承温度允许的值是(A，B，C)℃。
A. 60　B. 70　C. 80　D. 100

79. 配煤机链轮与链条应(A，B，C，D)。
A. 运行平稳　B. 啮合良好　C. 无卡住现象　D. 无撞击现象

80. 抱闸皮与抱闸轮的接触允许值应在(A，B，C)。
A. 75%　B. 80%　C. 85%　D. 60%

81. 减速器组装后，用手盘动应(A，B，C，D)现象。
A. 灵活　B. 啮合平稳　C. 无冲击　D. 无继续卡阻

82. 带式除铁器检修后，跑合时应(A，B，C，D)。
A. 转动平稳　B. 无冲击　C. 无振动　D. 无异常噪声
83. 桥吊抓斗部分滑轮是易损件，每月应(A，B，D)。
A. 检查　B. 清洗　C. 更换　D. 润滑
84. 桥吊大车行走轴承修复时，可将轴孔车去(A，B，C，D)mm。
A. 4　B. 5　C. 6　D. 7
85. 推煤机活塞的工作表面应(A，B，C)。
A. 光洁　B. 无擦伤　C. 无刻痕　D. 有磨擦
86. 卸油系统中油罐转动式虹吸栓的位置误差允许在(A，B，C)mm。
A. 4. 8　B. 5　C. 4. 5　D. 5. 9
87. 油罐的(A，C，D)的作用，不是为了人员进行检查维护使用的。
A. 量油孔　B. 扶梯　C. 安全阀　D. 呼吸阀
88. 安装固定管道支架时，应该考虑到管道的(A，B，C，D)。
A. 热变型　B. 管道振动　C. 管道位移　D. 管道美观
89. 防止凝管堵塞，应缩短燃油管道上的(A，D)的一次前段管。
A. 排油管　B. 伴热管　C. 泵轴　D. 放空气管道
90. 不是离心泵有效测试方法的是(A，D)。
A. 压力法　B. 流量法　C. 温差法　D. 电流法
91. 离心泵的调节方式有(A，B，D)。
A. 节流调节　B. 变转速调节　C. 供应调节　D. 汽蚀调节
92. 燃油系统的管道焊缝要求较高，不宜采取(A，B，C)焊工艺。
A. 火　B. 电　C. 铜　D. 氩弧
93. 油泵泵轴径向晃动会引起(A，C)。
A. 轴承损坏　B. 高温　C. 油泵振动　D. 汽化
94. 不是测量机泵不同心度值的仪器是(A，C，D)。
A. 水平仪　B. 千分表　C. 游标卡尺　D. 直尺
95. 班组加强定额管理工作中的劳动定额是指(A，B)。
A. 工时定额　B. 产量定额　C. 质量定额　D. 成品定额
96. 协助班长(A，B，C，D)，属于班组安全员的职责。
A. 落实生产安全措施　B. 落实施工的安全措施
C. 严格执行安全作业规程　D. 制止违章作业
97. 节约定额核算法适用于(A，B，C)比较完备的班组。
A. 工序定额　B. 工序价格　C. 计量手段　D. 计量价格
98. 培训过程由(A，C，D)等阶段组成。
A. 识别培训需要　B. 编制培训程序文件
C. 提供培训　D. 评价培训有效性
99. 在职工培训中，案例教学具有(A，B，C)等优点。
A. 提供了一个系统的思考模式
B. 有利于使受培训者参与企业实际问题的解决
C. 可得到有关管理方面的知识与原则
D. 有利于获得感性知识，加深对所学内容的印象

100. 培训教案一般包括(A，B，C，D)等内容。
A. 培训目标　B. 教学设计　C. 培训目的　D. 重点、难点

简答题

1. 滑动轴承的工作特点是什么？

答：①工作可靠，平稳无噪声；②能承受较大的冲击载荷；③适用于高速运转。

2. 滑动轴承分为哪几类？

答：①根据其结构形式的不同可分为：整体式、剖分式和内柱外锥式；②根据其工作表面形状的不同可分为：圆柱形，椭圆形和多油楔。

3. 简述平键连接的特点。

答：①轴与轴上的零件的配合良好，可以应用于高速及精密的连接中，拆装方便；②仅能传递扭矩，不能承受轴向力。

4. 过盈连接的类型有哪两种？

答：①圆柱面过盈连接；②圆锥面过盈连接。

5. 防火防爆的原则是什么？怎样消除明火引起的燃烧和爆炸？

答：①防火防爆的原则是：控制可燃物、防止蒸汽、可燃气体、可燃粉尘与空气构成爆炸混合物，消除着火源、隔绝空气；②在有火灾爆炸危险的油区内禁止携带火种，不能使用明火照明，使用防爆灯具和设备，严格执行动火制度。

6. 油区防火防爆的主要方法是什么？怎样消除雷电引起的火灾和爆炸？

答：①防火防爆的原则是：控制可燃物、防止蒸汽、可燃气体、可燃粉尘与空气构成爆炸混合物，消除着火源、隔绝空气；②在油库区安装避雷设备。

7. 防止煤场存煤自燃的一般措施有哪些？

答：防止煤场存煤自燃的一般措施有：①根据煤种煤质对煤定点定期分批存放，按次序取用；②煤堆采用推土机等设备分层压实；③对长期堆存的煤要采取散热措施，定期倒堆，用黄土或其他材料封闭煤堆。

8. 简述离析现象对煤存储的影响。

答：①储煤罐存煤发生的离析现象，对储煤罐内物料流动起着很大的破坏作用；②因为落料点下部的煤粒度较小，而且受后面落下的煤的冲击，致使层层压实，而且粒度越来越小，粒度小的煤流动性差。

9. 离心泵联合运行的目的是什么，离心泵并联运行有什么特点？

答：①离心泵串联时压力大于单台泵压力，但稍小于两台泵单独运行压力之和，这是因为存在阻力损失；②每台泵的扬程相等，总流量稍小于各泵流量之和。

10. 消除油泵汽蚀的方法有哪些？

答：①降低油泵入口燃油温度；②检查油泵的入口，保证严密；③减少燃油中水分含量。

11. Y 型油泵有哪几种机械密封型式？

答：三种：①GX 型(非平衡型)；②GY 型(平衡型)；③EX 型机械密封结构。

12. 机械密封结构的三种型式共有零件有哪些？

答：①动环、静环、弹簧、推环；②动环密封圈；③静环密封圈。

13. 管道运输的优点是什么？输送压力最高能达到多少？

答：①管道运输的优点：A 运输能力大，B 运输成本低，C 损耗小；②管道送压力最高能达 0.6~0.7MPa。

14. 石油运输中最经济、最安全的运输方式是什么？管道运输的优点是什么？

答：①管道运输方式是石油运输中最经济、最安全的运输方式；②管道运输的优点：A 运输能力大，B 输成本低，C 损耗小。

15. 皮带有载时不跑偏，无载时跑偏，是何原因？怎样消除？

答：①原因是皮带过紧。②处理方法是适当减轻拉紧装置重锤的重量，或适当旋松螺旋拉紧装置的螺杆。

16. 皮带机驱动装置的组成形式有哪些？

答：皮带机驱动装置的组成形式有三种：①电动机和减速机组成的驱动装置；②电动滚筒驱动装置和电动机；③减速滚筒组合的驱动装置。

17. 制动失灵的原因有哪些？

答：制动器失灵的原因有：①调整螺钉松动；②闸瓦片磨损过大；③推动器故障；④各处联接销锈死。

18. 制动器闸瓦冒烟的原因有哪些？

答：制动器闸瓦冒烟的原因有：①液压推动器不升起；②液压推动器控制部分障碍；③制动闸间隙小或闸瓦偏斜；④液压推动器缺油；⑤各处联接销锈死。

19. 桥式抓斗起重机齿轮故障的原因有哪些？

答：①齿轮磨损；②轮辐、轮圈和轮壳有裂缝；③键损坏。

20. 桥式抓斗起重机车轮故障的原因有哪些？

答：①车轮轮缘过度磨损；②由于不均匀地磨损，车轮的直径具有很大的差别；③起重机钢轨不平直。

21. 简述推煤机气缸体的验收质量标准。

答：①修复后的气缸体应进行水压试验无渗漏现象；②水道和润滑油道内不允许有污垢；③气缸体平面上螺纹滑扣不超过两扣。

22. 简述推煤机气缸套的验收质量标准。

答：①气缸套内表面应光洁，无擦伤和刻痕；②汽缸套其椭圆度、圆锥度应符合该机说明书的有关规定；③高于机体平面尺寸应合适。

23. 叶轮由什么组成？其构造形式按是否有前后轮盘分为几种？

答：①叶轮是由前后轮盘及若干个弯曲叶片所组成；②其构造形式按是否有前后轮盘分三种：封闭式、半开式、开式。

24. 叶轮和导叶在轴向不对准时产生什么现象？造成什么损失？

答：①叶轮和导叶在轴向没有对准时，会产生液流冲击现象；②会造成能量损失，影响导叶式油泵的效率。

25. 离心泵有哪些特性，什么是离心泵流量？

答：①离心泵的特性：

a. 流量与压力稳定性好；

b. 除特殊法相无自吸能力；

c. 启泵前必须灌泵并关闭出口阀，一般用出口阀调节；

d. 转速范围大、可达很高的转速；

e. 流量与压力范围较大。

② 流量是指单位时间内所输送的流体量。

26. 离心泵的比转速的概念是什么？有什么实际意义？

答：①比转速是在相似定律基础上推导出的一个包括 qvH 及 n 在内的混合相似特性数，揭示了各种泵的内在联系。②在泵与风机的理论研究设计中有十分重要的意义。

计算题

1. 10μF 的电容器接在 220V 工频交流电源上，频率为 50Hz，求通过电容器的电流是多少？

解：
$$X_c = 1/(\omega C) = 1/(2\pi fC) = 1/(2\times 3.14\times 50\times 10\times 10^{-6}) \approx 318(\Omega)$$
$$I = U/X_c = 220/318 \approx 0.692(\text{A})$$

答：通过电容器的电流是 0.692A。

2. 一个 10Ω 的电阻与 40μF 的电容串联的交流电路，电源电压与频率为 120V、60Hz，求电路中的电流是多少？

解：
$$X_c = 1/(2\pi fC) = 1/(2\times 3.14\times 60\times 40\times 10^{-6}) \approx 66.34(\Omega)$$
$$Z = 67$$
$$I = U/Z = 120/67 \approx 1.8(\text{A})$$

答：电路中电流为 1.8A。

3. 已知某泵的临界汽蚀余量 ΔH_c 为 2m，安全量 $K=0.4$m，求允许汽蚀余量。

解：根据公式：
$$\Delta H = \Delta H_c + K = 2+0.4 = 2.4(\text{m})$$

答：允许汽蚀余量为 2.4m。

4. 两台离心泵并联，当它们单独工作时每台离心泵流量为 100m³/h，当它们并联工作时，每台泵单独流量为 80m³/h，请问，当并联工作时，它们的总排量为多少？

解：根据公式
$$Q_{总} = Q_1 + Q_2$$
$$Q_{总} = 80+80 = 160(\text{m}^3/\text{h})$$

答：总排量为 160m³/h。

5. 两台离心泵串联工作，当它们单独工作时每台泵扬程为 80m，当串联工作时每台泵扬程为 75m，请问串联工作时，它们的总扬程为多少？

解：根据公式
$$H_{总} = H_1 + H_2 = 75+75 = 150(\text{m})$$

答：总扬程为 150m。

6. 有一条长为 30km 的 $\phi 219\times 6$mm 输油管线，输油量为 50t/h，油的比热容为 2.1kJ/(kg·℃)，管线总传热系数为 3.57kJ/(m²·h·℃)，平均地温 20℃，若要求管线末端温度为 40℃，那么起点温度至少要多少摄氏度？

解：
$$D = (219-2\times 6)/1000 = 0.207(\text{m})$$

根据公式
$$T_H = T_0 + (T_k - T_0)\mathrm{e}^{[(k\pi DL)/(GC)]}$$

$=20+(40-20)e^{[(3.57\times3.14\times0.207\times30000)/(50000\times2.1)]}$

$=58.8(℃)$

答：起点温度至少要 58. 8℃。

7. 某 ϕ219 × 6mm 的输油管线，全长 20km，起点温度 55℃，油的比热容为 2. 1kJ/(kg・℃)，平均地温 15℃，总传热系数为 3. 36kJ/(m^2・h・℃)，若要求管线末端温度不低于 40℃，求最低输油量每小时为多少吨？

解：　$D=(219-2\times6)/1000$

$=0.207(m)$

根据公式

$G=(k\pi DL)/\{C\ln[T_H-T_0]/(T_k-T_0)\}$

$=(3.36\times3.14\times0.207\times20000)/\{(2.1\times\ln[(55-15)/(40-15)]\}$

$\approx44254(kg/h)$

$\approx44.25(t/h)$

答：最低输油量为 44. 25t/h。

8. 某油泵房年总循环量 36. 5 × 10^4t，燃油从 80℃加热到 110℃，燃油的比热容为 1. 88kJ/(kg・k)，求加热燃油所需的热量每小时是多少千焦？

解：　$G=36.5\times10^4t/年=41.67t/h=41670(kg/h)$

$t_{出}=110+273=383(K)$

$t_{进}=80+273=353(K)$

根据公式　$Q=GC_{油}(t_{出}-t_{进})$

$=41670\times1.88\times(383-353)$

$=2.35\times10^6(kJ/h)$

答：加热燃油所需的热量是 2. 35×10^6kJ/h。

9. 油区加热器进口温度为 80℃，出口温度为 105℃，加热器有效热负荷为4×10^6kJ/h，原油比热容为 1. 88kJ/(kg・K)，求燃油输量为每天多少吨？

解：　$t_{出}=105+273=378(K)$

$t_{进}=80+273=353(K)$

根据公式　$Q=GC_{油}(t_{出}-t_{进})$

$\therefore\quad G=Q/[C(t_{出}-t_{进})]$

$=4.0\times10^6/[1.88\times(378-353)]$

$=8.5\times10^4(kg/h)$

$=2042.4(t/d)$

答：燃油输量为 2042. 4t/d。

10. 有一条长为 10km 的输油管线，输油前温度为 25℃，输油后温度为 60℃，管线的线膨胀系数为 1. 21×10^{-5}/℃，假设该管线可自由伸长，求输油后管线变形量为多少米？

解：$\Delta L=aL_1(T_2-T_1)$

$=1.21\times10^{-5}\times10000\times(60-25)$

$=4.24(m)$

答：输油后管线变形量为 4. 24m。

11. 有一条长为15km的输油管线，输油前温度为70℃，输油后管线自由伸长量8.5m，管线的线膨胀系数为1.21×10^{-5}/℃，求该输油管线输油前的温度为多少摄氏度？

解： $\Delta L=aL_1(T_2-T_1)$

$T_1=T_2-\Delta L/(a\cdot L_1)$

$=70-[8.5/(1.21\times10^{-5}\times15000)]$

$=23.17$(℃)

答： 输油管线输油前的温度为23.17℃。

12. 皮带在上煤过程中发生了打滑现象，停机后对负荷进行了实测，取皮带长5.1m，称得煤重为900kg，皮带电机转980r/min，减速器的速比为20，传动滚筒的直径为1m，试问测得皮带负荷是否超过了其额定上煤负荷？（额定负荷1500t/h）

解： 已知：$L=5.1$m，$G=900$kg，$n=980$r/min，$i=20$，$D=1$m

上煤负荷　$G_0=[(n/i)\pi DG/L]\times60$

$=[(980/20)\times3.14\times1\times900/5.1]\times60$

$=1629$(t/h)>额定负荷1500t/h

答： 皮带实际负荷超过了其额定上煤负荷。

13. 某带式输送机带宽B为1400mm，采用硫化接头的强力胶带，安全系数m为10，层数Z为10层，求输送带的最大张力？（强力胶带的扯断强度每层为$\sigma=1400$N/cm）

解： ∵　$Z=S_{max}m/B\sigma$

∴　$S_{max}=ZB\sigma/m$

又∵　强力胶带的扯断强度每层为$\sigma=1400$N/cm

∴　$S_{max}=10\times140\times1400/10$

$=196000$(N)

答： 该输送带的最大张力为196000N。

14. 某带式输送机的最大张力为140000N，采用硫化接头的强力胶带，安全系数m为10，层数Z为10层，求该带式输送机的带宽B为多少。（强力胶带的扯断强度每层为$\sigma=100$N/cm）？

解： ∵　$Z=S_{max}m/B\sigma$

∴　$B=S_{max}m/Z\sigma$

又∵ 强力胶带的扯断强度每层为$\sigma=140$N/cm

∴　$B=(140000\times10)/(10\times100)$

$=1400$(mm)

答： 该带式输送机的带宽为1400mm。

15. 某锤击式碎煤机转子半径为0.5m，转子工作部分长度L为3m，转子转数n为980r/min，求该碎煤机的电动机的功率？

解： 由电动机经验公式得

$N=0.15D^2Ln=0.15\times(0.5\times2)^2\times3\times980$

$=441$(kW)

答： 该锤击式碎煤机电动机功率应为441kW。

16. 一锤击式碎煤机的转子转速$n=590$r/min，转子直径$D=1.8$m，转子工作部分的长度$L=1.6$m，求该碎煤机电动机功率？

解： 破碎机的功率经验公式如下

$$N = 0.15D^2Ln = 0.15\times1.8^2\times1.6\times590$$
$$\approx 459(kW)$$

答：该碎煤机电动机功率是459kW。

17. 圆柱齿轮减速器，两圆柱直齿轮啮合，该齿轮组模数为4，大齿轮齿数为36，小齿轮齿数为24，求中心距A？

解：　$m=4$，$Z_1=36$，$Z_2=24$

$$A = \frac{1}{2}m(Z_1+Z_2)$$
$$= \frac{1}{2}\times4\times(36+24)$$
$$= 120(mm)$$

答：中心距A等于120mm。

18. 某油罐车装运原油到电厂后，实测油面高度为2.493m，原油温度为40℃，采样后，用密度计测得油温度为42℃时，视密度为847kg/m^3，计算该罐车内油的空气中质量是多少？（油面高度为2.493m时，容积为51.287m^3，20℃时标准密度为860.9kg/m^3，体积温度系数f=0.00076/℃）

解：根据公式：① $V_{20}=V_t[1-f(t-20)]$

$$=51.287[1-0.00076(40-20)]$$
$$=51.278\times0.9848$$
$$=50.507(m^3)$$

② $m=(\rho_{20}-1.10)V_{20}$

$$=(860.9-1.10)\times50.507$$
$$=859.8\times50.507$$
$$=43426(kg)$$

答：罐车内油的空气中质量是43426kg。

19. 有一段管直径为150mm，管内液体流速为2.5m/s，流体运动的黏度为0.001m^2/s，求雷诺数。

解：已知　$d=150mm=0.15m$，$Q_L=2.5m/s$，$v=0.001m^2/s$

$$Re=Q_L\times d/v=2.5\times0.15/0.001=375$$

答：雷诺数为375。

20. 有一离心泵，叶轮外径$D_2=220mm$，转速$n=2900r/min$，设液体径向流入叶轮，即$x_1=60℃$，求叶轮叶片出口边的圆周速度u_2。

解：根据公式

$$u_2=\pi D_2n/60=3.14\times0.22\times2900/60=33.38(m/s)$$

答：叶轮叶片出口边的圆周速度33.38m/s。

21. 已知某泵的有效功率为80kW，轴功率为100kW，求其效率η。

解：根据公式 $\eta = P_e/p\times100\%$

$$=80/100\times100\%$$
$$=80\%$$

答：其效率为80%。

22. 有一台送冷水的离心泵，当转速为 1450r/min 时，$q_v=1.24m^3/s$，$H=70m$，此时轴功率为 $P=1100kW$，容积效率 $\eta_v=0.93$，机械效率 $\eta_m=0.94$，求流动效率 η_h。(水的密度 $\rho=1000kg/m^3$)

解：根据公式 $\eta=P_e/p=\rho g q_v H/(1000\cdot P)=1000\times9.81\times1.24\times70/(1000\times1100)=0.774$

∵ $\eta=\eta_h\cdot\eta_v\cdot\eta_m$

∴ $\eta_h=\eta/(\eta_v\cdot\eta_m)=0.774/(0.93\times0.94)=0.774/0.874=0.885$

$0.885\times100\%=88.5\%$

答：流动效率为 88.5%。

23. 某电厂有两台同流量的同扬程离心泵，其中一台轴功率为 110kW，有效功率 80kW，另一台轴功率为 110kW，有效功率为 60kW，应选用哪台离心泵？

解：泵$_1$的效率 $\eta_1=Pe_1/p_1=80/110\times100\%=72.3\%$

泵$_2$的效率 $\eta_2=Pe_2/p_2=60/110\times100\%=54.5\%$

答：$\eta_1>\eta_2$在同流量、同扬程情况下选用效率高的泵，即泵$_1$。

24. 某离心泵输送的流体单位时间内体积流量为 $0.08m^3/s$，质量流量为 $0.07kg/s$，求此流体的密度？

解：根据公式：$q_m=\rho q_v$ 得 $\rho=q_m/q_v$

$$\rho=q_m/q_v=0.07/0.08=0.875(kg/m^3)$$

答：流体的密度 $0.875kg/m^3$。

四、技能操作鉴定要素细目表

鉴定范围						鉴定点	
一级		二级		三级		代码	名称
代码	名称	代码	名称	代码	名称		
A	技能要求	A	故障分析与处理	A	分析处理燃煤设备故障	001	斗轮机故障的分析
						002	电子皮带秤故障的处理方法
				B	分析处理燃油设备故障	001	燃油窜入蒸汽系统原因的分析
						002	蒸汽系统压力不足的处理方法
						003	燃油窜入蒸汽系统的处理方法
						004	污水处理系统故障的处理
						005	吹扫油污系统故障的处理
						006	供油泵启动后不上油的处理方法
						007	供油泵汽化的处理方法
						008	储油罐着火事故的处理方法
						009	储油罐冒顶的处理方法

续表

鉴定范围						鉴定点	
一级		二级		三级		代码	名称
代码	名称	代码	名称	代码	名称		
		B	设备维护与保养	A	维护输煤及卸储煤设备	001	垂直拉紧滚筒积煤的清理
						002	原煤斗箅子积煤的清理
				B	维护燃油设备	001	蒸汽系统的维护保养
						002	污水处理系统的维护保养
						003	吹扫油污系统的维护保养
		C	设备调试与验收	A	调试验收输煤及卸储煤设备	001	碎煤机的验收
						002	带式输送机检修后的验收
						003	螺旋卸车机的验收
				B	调试验收燃油设备	001	离心泵的调试
						002	油泵的验收
		D	综合管理	A	生产管理	001	输煤系统流程图的绘制
						002	皮带撒煤事故预案的编写

五、技能操作试题

试题 1：斗轮机故障的分析（笔试）

（考核时间：25min）

序号	考核内容	考核要点	配分	评分标准	检测结果	扣分	得分	备注
1	机械故障	油压低，运行不稳定	10	未答此项扣 10 分				
		油路漏油	10	未答此项扣 10 分				
		油量不足，液压缸动作迟缓	10	未答此项扣 10 分				
		悬臂皮带不转	10	未答此项扣 10 分				
		尾车不动作，不脱钩	10	未答此项扣 10 分				
		回转机构不动作	10	未答此项扣 10 分				
		液压机构不动作	10	未答此项扣 10 分				
		斗轮不转，运行中停止	10	未答此项扣 10 分				
2	人为因素	臂架升降不均匀，抖动	10	未答此项扣 10 分				
		误操作	10	未答此项扣 10 分				
3	考核时限	在规定时间内完成		超时停止答卷			—	
合计			100					

试题2：电子皮带秤不准确的处理(现场模拟操作)

(考核时间：25min)

序号	考核内容	考核要点	配分	评分标准	检测结果	扣分	得分	备注
1	准备工作	工具、用具准备	2	工具、用具不齐全扣2分				
		穿戴劳保用品规范	3	穿戴不规范扣3分				
2	故障处理	接好传感器接头	10	未接传感器扣10分				
		处理进水、进尘	10	未处理扣10分				
		恢复供桥电源	5	未去恢复扣5分				
		联系热工人员，恢复A/D板及其接口	10	未去恢复扣10分				
		清除对秤体发生附加力的物体	10	未清除扣10分				
		关严闸板门	10	未关严扣10分				
		延长热机时间	10	未延长扣10分				
		修复液压系统漏点	10	未修复扣10分				
3	完成操作	由热工人员用挂码法验证皮带秤准确度	10	未验证扣10分				
		试运行	5	未试运扣5分				
		清理现场	5	未清理扣5分				
4	安全及其他	按国家或企业有关安全规定执行操作		违规一次从总分中扣5分；严重违规停止操作			—	
		在规定时间内完成		超时停止操作			—	
	合计		100					

试题3：油罐着火的处理(笔试)

(考核时间：25min)

序号	考核内容	考核要点	配分	评分标准	检测结果	扣分	得分	备注
1	切断油源	关闭着火油罐供油门	10	未答此项扣10分				
		切断着火油罐回油门	10	未答此项扣10分				
		火势大，停止系统运行	10	未答此项扣10分				
2	启动泡沫消防	打开进水门	10	未答此项扣10分				
		打开放空门，出水时关闭	10	少答一项扣5分				
		压力足够时打开出口阀门	10	未答此项扣10分				
		打开对应油罐的阀门	10	未答此项扣10分				

续表

序号	考核内容	考核要点	配分	评分标准	检测结果	扣分	得分	备注
3	灭火	使用油区所有消防器材灭火	10	未答此项扣 10 分				
		用消防水对油罐降温	5	未答此项扣 5 分				
		疏散物资	5	未答此项扣 5 分				
		筑堤堵流	5	未答此项扣 5 分				
		清理现场	5	未答此项扣 5 分				
4	考核时限	在规定时间内完成		超时停止答卷			—	
合　计			100					

试题 4：储油罐冒顶的处理（笔试）

（考核时间：25min）

序号	考核内容	考核要点	配分	评分标准	检测结果	扣分	得分	备注
1	准备工作	工具、用具准备	5	未答此项扣 5 分				
2	停止对油罐上油	立即停止油罐上油	10	未答此项扣 10 分				
		关闭油罐进油门	10	未答此项扣 10 分				
		关闭油罐进油旁路门	10	未答此项扣 10 分				
3	停止对油罐加热	立即停止油罐局部加热器	10	未答此项扣 10 分				
		立即停止对油罐进行的冲洗	10	未答此项扣 10 分				
4	降低油罐油位	打开油罐供油门，与运行油罐并列	10	少答一项扣 5 分				
		观察油温、油压变化	10	少答一项扣 5 分				
5	检查油罐状况	检查油罐油温	10	未答此项扣 10 分				
		检查油罐油位	5	未答此项扣 5 分				
		检查油罐阀门情况	5	未答此项扣 5 分				
		清理现场	5	未答此项扣 5 分				
6	考核时限	在规定时间内完成		超时停止答卷			—	
合　计			100					

试题 5：垂直拉紧滚筒积煤的清理（现场模拟操作）

（考核时间：25min）

序号	考核内容	考核要点	配分	评分标准	检测结果	扣分	得分	备注
1	准备工作	工具、用具准备	2	工具、用具不齐全扣 2 分				
		穿戴劳保用品规范	3	穿戴不规范扣 3 分				
		切断电源，挂禁止操作牌	10	未切断电源扣 5 分				
				未挂牌扣 5 分				

续表

序号	考核内容	考核要点	配分	评分标准	检测结果	扣分	得分	备注
		将皮带机打到检修位置	10	未打到检修位置扣10分				
		将转换开关切换到就地位置，挂禁止操作牌	10	未切换就地开关扣5分				
				未挂牌扣5分				
		设专人监护	10	没有监护人扣10分				
2	开始工作	使用扁铲顺滚筒与轴承基座固定框架自然形成的沟槽清理积煤	10	操作不正确扣10分				
		必须顺向清理，不可损伤滚筒包胶	10	方向错误扣5分				
				损伤滚筒扣5分				
		清理配重积煤	10	未清理配重扣10分				
		清理构架上的积煤	10	未清理构架扣10分				
3	工作结束	清理完毕通知程控	5	未通知扣5分				
		恢复措施	5	未恢复措施扣5分				
		清理现场	5	未清理扣5分				
4	安全及其他	按国家或企业有关安全规定执行操作		违规一次从总分中扣5分；严重违规停止操作			—	
		在规定时间内完成		超时停止操作			—	
合计			100					

试题6：原煤斗箅子积煤的清理(现场模拟操作)

（考核时间：25min）

序号	考核内容	考核要点	配分	评分标准	检测结果	扣分	得分	备注
1	准备工作	工具、用具准备	2	工具、用具不齐全扣2分				
		穿戴劳保用品规范	3	穿戴不规范扣3分				
		巡回检查及时发现煤斗积煤	10	未巡回检查扣10分				
		将上煤中的犁煤器抬起	10	未抬起扣10分				
		落下另一犁煤器	10	未落另一犁煤器扣10分				
		向程控汇报	10	未汇报扣10分				
2	开始工作	将原煤斗中杂物捡出	10	未捡出杂物扣10分				
		将积煤捅入斗中	10	未捅积煤扣10分				
		将撒煤送回斗中	10	未清理撒煤扣10分				
		清理犁刀上杂物	10	未清理犁刀上杂物扣10分				
3	工作结束	清理完毕通知程控	10	未通知扣10分				
		清理现场	5	未清理扣5分				

续表

序号	考核内容	考核要点	配分	评分标准	检测结果	扣分	得分	备注
4	安全及其他	按国家或企业有关安全规定执行操作		违规一次从总分中扣5分；严重违规停止操作			—	
		在规定时间内完成		超时停止操作			—	
合　计			100					

试题7：蒸汽系统的维护保养(现场模拟操作)

(考核时间：25min)

序号	考核内容	考核要点	配分	评分标准	检测结果	扣分	得分	备注
1	准备工作	工具、用具准备	2	工具、用具不齐全扣2分				
		穿戴劳保用品规范	3	穿戴不规范扣3分				
2	外部保养	巡检蒸汽系统管道	10	未检查管道扣10分				
		巡检蒸汽系统阀门	10	未检查阀门扣10分				
		各疏水门严密	10	未维护疏水门扣10分				
		各排汽门无泄漏	10	未维护排汽门扣10分				
		做好防冻措施	5	未做防冻措施扣5分				
3	系统维护	蒸汽压力保持正常	10	未检查蒸汽压力扣10分				
		蒸汽系统运行平稳	10	未检查运行情况扣10分				
		蒸汽系统保温情况正常	10	未检查保温情况扣10分				
		检验各压力表门	10	未检验压力表门扣10分				
		检查流量计	10	未检查流量计扣10分				
4	安全及其他	按国家或企业有关安全规定执行操作		违规一次从总分中扣5分；严重违规停止操作			—	
		在规定时间内完成		超时停止操作			—	
合　计			100					

试题8：污水处理系统的维护保养(现场模拟操作)

(考核时间：25min)

序号	考核内容	考核要点	配分	评分标准	检测结果	扣分	得分	备注
1	准备工作	工具、用具准备	2	工具、用具不齐全扣2分				
		穿戴劳保用品规范	3	穿戴不规范扣3分				
2	清洁保养	保持系统清洁	10	不清洁扣10分				
		分离器整洁	10	不整洁扣10分				
		污油泵泵体清洁	5	不清洁扣5分				
		维护污油泵各部阀门	10	未维护扣10分				

续表

序号	考核内容	考核要点	配分	评分标准	检测结果	扣分	得分	备注
3	系统维护	分离器内贮满清水	10	未贮满扣 10 分				
		保证加热器完好	10	损坏扣 10 分				
		校验压力表	10	未校验扣 10 分				
		控制污油池液位	10	超标扣 10 分				
		控制集油池液位	10	超标扣 10 分				
		控制隔油池液位	10	超标扣 10 分				
4	安全及其他	按国家或企业有关安全规定执行操作		违规一次从总分中扣 5 分；严重违规停止操作			—	
		在规定时间内完成		超时停止操作			—	
合　计			100					

试题 9：吹扫油污系统的维护保养(现场模拟操作)

(考核时间：25min)

序号	考核内容	考核要点	配分	评分标准	检测结果	扣分	得分	备注
1	准备工作	工具、用具准备	5	工具、用具不齐全扣 5 分				
		穿戴劳保用品规范	5	穿戴不规范扣 5 分				
2	维护部件	保持系统清洁	10	不清洁扣 10 分				
		维护阀门	10	未维护扣 10 分				
		维护法兰	10	未维护扣 10 分				
3	运行中的维护	保证系统不超压	10	超压扣 10 分				
		操作系统要缓慢	10	未按要求扣 10 分				
		保证系统运行平稳	10	不平稳扣 10 分				
		保证系统无振动	10	振动大扣 10 分				
		保证系统无冲击	10	受冲击扣 10 分				
		校验压力表	10	未校验扣 10 分				
4	安全及其他	按国家或企业有关安全规定执行操作		违规一次从总分中扣 5 分；严重违规停止操作			—	
		在规定时间内完成		超时停止操作			—	
合　计			100					

试题 10：碎煤机的验收（现场模拟操作）

（考核时间：25min）

序号	考核内容	考核要点	配分	评分标准	检测结果	扣分	得分	备注
1	准备工作	工具、用具准备	2	工具、用具不齐全扣 2 分				
		穿戴劳保用品规范	3	穿戴不规范扣 3 分				
2	验收项目	检查所有紧固螺栓	10	有松动扣 10 分				
		检查筛板与环锤之间的破碎间隙，衬板应完好无损	10	未检查扣 10 分				
		碎煤机启动前应人工盘车或点车试转	10	未操作扣 10 分				
		外壳与入口门及其他连接部分应封闭严密	10	未查看扣 10 分				
3	试运行	空负荷运行，轴承温升≤45℃，温度≤80℃	10	未达标扣 10 分				
		运行中振动的振幅值不超过0.1mm	10	未达标扣 10 分				
		运行中无异音	5	未达标扣 5 分				
		碎煤机出料粒度≤25mm	10	未达标扣 10 分				
		密封部位无漏风、漏粉现象	10	未验收扣 10 分				
		清理现场	10	未清理扣 10 分				
4	安全及其他	按国家或企业有关安全规定执行操作		违规一次从总分中扣 5 分；严重违规停止操作			—	
		在规定时间内完成		超时停止操作			—	
合　计			100					

试题 11：带式输送机检修后的验收（现场模拟操作）

（考核时间：25min）

序号	考核内容	考核要点	配分	评分标准	检测结果	扣分	得分	备注
1	准备工作	工具、用具准备	2	工具、用具不齐全扣 2 分				
		穿戴劳保用品规范	3	穿戴不规范扣 3 分				
2	验收项目	检查所有紧固螺栓	10	未检查扣 10 分				
		所有转动部件的附近应无杂物、无被卷入的危险	10	未检查扣 10 分				
		检查皮带、托辊	5	未检查扣 5 分				
		皮带接口应平整、边缘整齐	10	未验收扣 10 分				

续表

序号	考核内容	考核要点	配分	评分标准	检测结果	扣分	得分	备注
		导料槽无漏粉现象，无刮损皮带的危险	10	未验收扣 10 分				
		检查清扫器与皮带的接触是否平直，应无刮损皮带的危险	10	未验收扣 10 分				
3	试运行	启动皮带	10	未启动扣 10 分				
		皮带初张力恰当，无打滑现象	10	未验收扣 10 分				
		电动机无异常声音，温度不超过 65℃，减速机轴承温度不超过 80℃	10	未验收扣 10 分				
		头、尾部滚筒中心应对正	10	未验收扣 10 分				
4	安全及其他	按国家或企业有关安全规定执行操作		违规一次从总分中扣 5 分；严重违规停止操作			—	
		在规定时间内完成		超时停止操作			—	
	合　计		100					

试题 12：螺旋卸车机的验收(现场模拟操作)

（考核时间：25min）

序号	考核内容	考核要点	配分	评分标准	检测结果	扣分	得分	备注
1	准备工作	工具、用具准备	2	工具、用具不齐全扣 2 分				
		穿戴劳保用品规范	3	穿戴不规范扣 3 分				
2	验收外表	检查设备轨道	10	未检查扣 10 分				
		检查紧固螺丝、螺母、构架	10	未检查扣 10 分				
		内外刷防腐漆	10	未验收扣 10 分				
3	验收机体	检查提升机构制动系统	10	未检查扣 10 分				
		检查升降机构	10	未检查扣 10 分				
		螺旋本体安装情况	5	未验收扣 5 分				
		螺旋本体转动	10	未验收扣 10 分				
		旋转机构链轮轴心线平行	5	未验收扣 5 分				
		检查滚子链链销	5	未检查扣 5 分				
		检查限位开关	5	未检查扣 5 分				
		检查齿型联轴器接触情况	10	未检查扣 10 分				
		检查行走轮	5	未检查扣 10 分				

续表

序号	考核内容	考核要点	配分	评分标准	检测结果	扣分	得分	备注
4	安全及其他	按国家或企业有关安全规定执行操作		违规一次从总分中扣 5 分；严重违规停止操作			—	
		在规定时间内完成		超时停止操作			—	
合　计			100					

试题 13：离心泵的调试(现场模拟操作)

(考核时间：25min)

序号	考核内容	考核要点	配分	评分标准	检测结果	扣分	得分	备注
1	准备工作	工具、用具准备	2	工具、用具不齐全扣 2 分				
		穿戴劳保用品规范	3	穿戴不规范扣 3 分				
		现场清洁无杂物	5	有杂物扣 5 分				
		地脚螺丝无松动	5	松动扣 5 分				
		各部件完整	5	未检查扣 5 分				
		开启入口门	5	未开启扣 5 分				
		关闭出口门	5	未关闭扣 5 分				
		排净泵内空气	5	未排空扣 5 分				
2	调试操作	投入离心泵操作开关	10	未投入扣 10 分				
		检查离心泵空载电流	10	未检查扣 10 分				
		缓慢开启离心泵出口门	10	未开启扣 10 分				
		监视电流变化	10	未监视扣 10 分				
		离心泵运行无窜轴现象	10	未检查扣 10 分				
		调试完毕，停止运行	10	未停运扣 10 分				
		清理现场	5	未清理扣 10 分				
3	安全及其他	按国家或企业有关安全规定执行操作		违规一次从总分中扣 5 分；严重违规停止操作			—	
		在规定时间内完成		超时停止操作			—	
合　计			100					

试题 14：油泵的验收(现场模拟操作)

(考核时间：25min)

序号	考核内容	考核要点	配分	评分标准	检测结果	扣分	得分	备注
1	准备工作	工具、用具准备	2	工具、用具不齐全扣 2 分				
		穿戴劳保用品规范	3	穿戴不规范扣 3 分				
		检修现场应清洁	5	未检查扣 5 分				

续表

序号	考核内容	考核要点	配分	评分标准	检测结果	扣分	得分	备注
2	验收项目	管道、阀门连结正常无泄漏	5	未检查扣5分				
		测量仪表投入指示正常	5	未检查扣5分				
		基础牢固，无松动	5	未检查扣5分				
		手动盘车无卡涩	5	未检查扣5分				
		吹扫系统良好	10	未检查扣10分				
		检查电动机绝缘	10	未检查扣10分				
		泵体无泄漏	10	未检查扣10分				
		向泵体充油，压力正常	10	未检查扣10分				
		联轴器连接良好	10	未检查扣10分				
		轴承润滑达到标准要求	10	未检查扣10分				
		冷却水畅通，水量充足	10	未检查扣10分				
3	安全及其他	按国家或企业有关安全规定执行操作		违规一次从总分中扣5分；严重违规停止操作			—	
		在规定时间内完成		超时停止操作			—	
	合　计		100					

试题15：输煤系统流程图的绘制(笔试)

（考核时间：25min）

序号	考核内容	考核要点	配分	评分标准	检测结果	扣分	得分	备注
1	图形绘制	工艺流程走向	10	走向错一处扣1分				
		工艺流程排布	10	画错一处扣1分				
				排列不整齐扣3分				
		流程图内设备	10	设备画错一处扣1分				
				设备漏画一处扣1分				
				流程图内设备排列不整齐扣3分				
2	绘图标注	标注设备名称	10	设备名称标错一处扣1分				
		标注设备位号	10	设备位号标错一处扣1分				
		标注介质来源	10	设备介质来源标错一处扣1分				
		标注介质去向	10	设备介质去向标错一处扣1分				
		标注位置	10	设备位置标错一处扣1分				
3	卷面情况	绘图卷面清晰	10	卷面不清晰扣10分				
		绘图卷面整洁	10	卷面不整洁扣10分				
4	考核时限	在规定时间内完成		超时停止答卷			—	
	合　计		100					

试题16：皮带撒煤事故预案的编写(笔试)

(考核时间：25min)

序号	考核内容	考核要点	配分	评分标准	检测结果	扣分	得分	备注
1	编写要点	预案题目	5	未答此项扣5分				
		发生事故时间	10	未答此项扣10分				
		发生事故地点	10	未答此项扣10分				
		参与人员	5	未答此项扣5分				
		故障点具体位置	10	未答此项扣10分				
2	预案内容	事故现象	10	未答此项扣10分				
		事故影响	10	未答此项扣10分				
		人员分配	10	未答此项扣10分				
		事故处理	10	未答此项扣10分				
3	总结	事故分析	10	未答此项扣10分				
		点评	10	未答此项扣10分				
4	考核时限	在规定时间内完成		超时停止答卷			—	
合　计			100					